电子商务及经管类专业实践教学创新系列教材

中国互联网协会
全国大学生网络商务创新应用大赛

优秀案例选辑 3

李江予　编

机械工业出版社

本案例选辑分为两个部分。第一部分简单介绍了整个大赛的背景、组织机构、赛事设置及说明等。第二部分收集了20个有代表性的优秀案例，每个案例包括了参赛团队的背景及其团队成员的构成、参赛与选题的过程、参赛方案简介和详细的方案设计、参赛方案的实施活动、竞赛结果、方案点评等内容，并尽可能保留、展示出竞赛者参赛时的状况和参赛历程，使读者感觉亲临大赛之中。

本书可作为参与新一届大赛的指导用书，还可作为高校、职业院校电子商务等专业的实践教材。本书为关注大学生职业能力发展、相关专业建设和人才需求的师生、业界人士提供了有益的参考，也为企业提供了很多网络商务创新应用的启示。

图书在版编目（CIP）数据

中国互联网协会全国大学生网络商务创新应用大赛优秀案例选辑3/李江予编. —北京：机械工业出版社，2011.5

电子商务及经管类专业实践教学创新系列教材

ISBN 978-7-111-34588-6

Ⅰ. ①中… Ⅱ. ①李… Ⅲ. ①电子商务—案例—高等学校—教材 Ⅳ. ①F713.36

中国版本图书馆CIP数据核字（2011）第084462号

机械工业出版社（北京市百万庄大街22号 邮政编码100037）

策划编辑：梁 伟 责任编辑：蔡 岩 责任校对：姜 婷

封面设计：鞠 杨 责任印制：杨 曦

保定市中画美凯印刷有限公司印刷

2011年8月第1版第1次印刷

184mm×260mm · 15.25印张 · 362千字

0 001—3 000册

标准书号：ISBN 978-7-111-34588-6

定价：35.00元

凡购本书，如有缺页、倒页、脱页，由本社发行部调换

电话服务

社服务中心：（010）88361066

销售一部：（010）68326294

销售二部：（010）88379649

读者购书热线：（010）88379203

网络服务

门户网：http://www.cmpbook.com

教材网：http://www.cmpedu.com

大赛寄语

创新始终是互联网发展的不竭动力，从互联网正式进入中国以来，我国的互联网产业实现了由无到有、从小到大的跨越式发展。2010 年底我国互联网网民、宽带网民数量分别达到了 3.84 亿和 3.46 亿，位居世界首位。互联网普及率达到了 28.9%，超过了全世界的平均水平。互联网基础资源持续扩大，网站数量达到 323 万个，互联网经济蓬勃发展已成为新的经济增长点，特别是在国际金融危机席卷全球的情况下，IT 和互联网产业依然保持了良好的发展态势。互联网向各领域渗透，它们提供了丰富、多元化、个性化的服务。为经济社会的发展发挥了越来越重要的作用。随着我国 3G 和三网融合的有效推进，为三网融合微电子商务的进一步发展带来了新的更大的机遇。

在工业和信息化部的支持下，由中国互联网协会主办、中国建设银行特别支持的全国大学生网络商务创新应用大赛已成功举办了三届，活动得到了上千所高校的关注，近 10 万名大学生的参与，并在历届大赛中都取得了优秀的成果。我们非常高兴地看到大学生利用互联网平台和各种信息化手段，为推动中小企业的发展贡献自己的聪明才智。我们希望通过社会各方的共同努力，发挥各自的优势，为建设一个繁荣、健康、安全的互联网贡献力量。

——赵志国　工业和信息化部通信保障局副局长

2010 年 11 月我会在清华大学启动了第三届全国大学生网络商务创新应用大赛，在中国建设银行、淘宝网、中国移动飞信、和讯网、酷 6 网等企业的大力支持下，本次大赛历时 7 个月，吸引了来自全国各地的 2000 多所高校，近 10 万名大学生的参赛，目前为止有 160 多所院校的 240 支代表队成功晋级大赛总决赛。与往届相比，本届大赛的参赛选手更加务实，他们勇敢地走出校园，主动与企业联系、洽谈，开拓了思路也取得了突出的成效。其中有获得当地旅游局支持的推荐地方文化旅游的项目，有网络推广家乡特产、传统文化的项目，还有针对本地区制造类企业进行市场调研、开展网络贸易的一些项目，本次大赛极大地调动了广大大学生的积极性、创造性，几乎所有坚持下来的同学都认为，在本次大赛中他们学到了课堂上没有学到的知识。在高校老师的辅导下，同学们把所学的专业与社会现实相结合，获益匪浅。

社会信息化发展趋势，促使我国各个领域对互联网服务依赖逐渐加强，互联网不仅是一个便捷的信息交流平台，更是一个巨大的数据资源库，是一个开放的信息网络。在工业化和信息化融合的过程中，以互联网为代表的现代电子服务业在全球经济向服务业转型的过程当中承担着重要的载体作用。发展以互联网为代表的现代服务业应该成为拉动国民经济增长的倍增器和放大器，有利于推动经济发展方式的转变，提高产业竞争力、国家科技创新力、人民的生活质量和社会的就业率。目前我国互联网的网民人数已经超过了 4 亿，其中大学生不仅仅是我国使用互联网的重要人群，而且也是建设、发展互联网的重要群体。

2011 年的大赛中，参赛选手的选题务实创新，融入了提高区域经济发展的诸多元素，作为主办方看到这些成绩感到由衷的欣慰。我们希望大会能为同学们创造一个学习互联网、使用互联网和应用互联网的广阔平台，通过这个平台，让同学们参与社会实践，在学习实践过程中了解互联网应用的内在规律，完善自身的职业能力发展。

——马宁　中国互联网协会秘书长

祝贺第三届全国大学生网络商务创新应用大赛全国总决赛圆满成功！向参加本次大赛的全体高校老师和同学们表示诚挚的问候，向各位领导和关注大赛的企业代表和新闻媒体朋友们表示衷心的感谢！本届大赛规模超过往届，有 3900 多支参赛队伍提交了方案，其中 240 多支参赛队伍凭借出色的创意方案和扎实的社会实践脱颖而出，进军总决赛，完成最后比拼。选手们展现了当代大学生的风采，总决赛优胜者体现出大学生们网络商务应用的最高水平。

中国建设银行作为大赛主协办方，积极参加大赛的各环节工作，我们有关分行、支行的同志们与组委会一起，到大学校园进行入校宣讲，与选手交流。我们还选派教官辅导参赛队伍，开展市场调研，点评参赛方案，提供专业知识。我们力求以优质的服务，为同学们的创意设计和实践方案提供有效的帮助，希望把服务的内容与高校的教学与科研相结合，为同学们就业、创业提供实践锻炼机会。借助大赛向同学们提供崭新的平台，带动大学生增强兴趣，打开创业思路，通过实践成为专业人才。

——马春峰　中国建设银行电子银行部副总经理

全国大学生网络商务创新应用大赛以企业真实的网络商业问题作为竞赛项目的创新竞赛形式，对参赛队伍的实践有了新要求。参赛大学生通过大赛增加了与企业的交流沟通，完善了自身的知识结构，提升了职业素养。北京师范大学对本次大赛高度重视，学校电子商务研究中心在大赛过程中梳理了企业对网络商务人才的标准，整理了参赛案例，对优秀大学生的商务作品进行汇编，同时还派出多位教授作为大赛顾问。北京师范大学将继续探索教学模式，调动学生的主动性、积极性、创造性，激发同学创新思维和意识，提高实践能力。今天大赛取得了圆满成功，不仅仅是他们凭借创意方案赢得了奖项，更重要的是对我国网络商务人才起到了促进作用，对高校网络商务电子商务专业以及相关学科建设做出了重要贡献。

本次赛事的落幕意味着下次赛事的开始，我们相信在政府部门的指导下，全国大学生网络商务创新应用大赛将迈向新的辉煌，谢谢大家！

——陈光炬　北京师范大学副校长

大赛形式很好，已深入到各个地区、各个高校，有一定的普及性。大赛走到今天已经第三届了，一届比一届办得好，参赛队伍越来越多，我们的水平也越来越高，大学生的热情越来越高，大家的创新意识越来越强。参赛学生的就业率今年可能会达到 100%。还有一个数字就是把大赛纳入教学计划中的学校，在第一次大赛时有 100 多所，第二次有 200 多所，第三次有 300 多所。我谈了这几个数据说明什么问题呢？我觉得大赛得到了学校师生的认可，大赛已经渗透到教学环节，一直延伸到就业范畴。这是我们在教学改革的道路上迈出的一个新的步伐。再有大赛参与者有高校的老师、学生、企业教官，这一届大赛的支持单位甚至还包括上海市浦东新区政府，评委里有政府官员，我觉得这是别的大赛所没有的。这预示着什么呢？说明如果我们再继续努力的话，可以创造一个新的品牌来。

——梅绍祖　北京科技大学教授

参加这次赛事使我想起闻名全国的一个重大的赛事——“赢在中国”。“赢在中国”这个赛事体现了新的人才观、价值观和一种先进的文化。同样，我觉得今天我们举办这个网络大赛也可以把它叫做“赢在高校”，因为通过这个赛事我们感觉到了一种新型的教育观、教学观、课程观和人才观。这个过程中我们培养了人才，是与社会需求相结合的，采取的课程方式是与实践相结合的。因此在最近教育发展纲要规划和教育部的工作要点上多次谈到了要尽可能多地运用网络技术手段提高高等教育质量，同时又明确提出了要尽量采取实践教学的手段来提高和改变人才培养。我个人认为这几次大赛透露出的改革趋向对创意创新人才的培养有着重大的前瞻性和现实意义。我们祝愿这次大会和以后的赛事越办越好，办出更多的成绩，为我国培养出更多的创新创意人才，为建设中国特色的社会主义现代化国家贡献出更大的力量！

——曹胜利　中国高等教育学会会长助理

对大赛获奖团队及大赛的圆满成功表示热烈的祝贺！

我院成为本届大赛的承办院校，既深感荣幸同时又深感责任重大。作为全国的百所示范高职院校建设单位之一，我们有责任与义务为大赛提供优质的服务。为此，学院成立了专业班子，提供了专项资金，协调学院最好的专用场地。我们对为大赛专科组 60 余所高校、96 支参赛队、600 名参赛选手服务感到非常荣幸。在 5 个月的参赛过程中，参赛选手搭建网站，调研市场，上传商品，维护网页，编辑信息，投身物流配送，在市场化、企业化、网络化的生产流程中，不仅锻炼培养了大学生对互联网工具的使用能力，还提升了创业能力和职业发展能力。在服务大赛的同时，我院在校企合作中也有了新的体会和收获。大赛就要圆满结束了，我们相信大赛会在提升大学生对互联网知识的学习热情，发现互联网人才，促进互联网技术的广泛应用，促进大学生就业和创业能力培养中得到持续的发展。

——姜韵宜　北京财贸职业学院副院长

前　言

“建行‘e 路通’杯 2009 全国大学生网络商务创新应用大赛”已于 2010 年 5 月落下帷幕，但大赛给我们带来的热情、满足、遗憾、期望与思考却一直在持续，在本次大赛案例选辑面世的时候也将是新一届大赛正酣的时候，我们将要在新一届大赛中来探索和实现我们的期望。

在“建行‘e 路通’杯 2009 全国大学生网络商务创新应用大赛”举办期间，金融危机的阴云并未散去，其所带来的余震依然在推动着企业变革的努力；在此期间，网络的发展依然表现出了其独有的魅力，新的模式、对人们和企业竞争的新的启示不断给人以期望，网络成为个人和企业寻求突破的重要途径；我们所感受到的大学生就业压力未曾减弱，高校对专业发展与实践教学变革的努力也在持续着，但我们越发感到了期望，我们也越发感受到了大学生群体在网络时代的独有优势，他们的学习能力、进取意识、网络能力将会构成未来职业发展的最大竞争优势。这些都能从这次大赛参与的企业、学校、教师和学生所寄予的期望、所做出来的努力、所展现的成果中看到。

本届大赛依然延续往届的宗旨，侧重在：

1）对大学生专业能力的提升。相关专业的学生（或者说不限专业），可以最大程度地发挥自己的专业优势或是提升自己的专业能力，专注于对特定企业的商业问题或者创业问题的分析和解决，并在这个过程中提升自己的专业能力。

2）对大学生社会现实认知的帮助。脱离现实或者对社会、企业运作与人才需求的认知的缺乏，实际上大大制约了学生学习的方向，制约了自己对于未来发展的信心和现实性，大赛将促进学生努力尝试了解社会和企业的需求，深刻理解自己未来职业发展的优势能力的培养。

3）对大学生综合职业素养的促进。包括自己对自己能力的认识、对网络及其商务应用对于企业竞争力意义的认识、对现实问题分析能力的认识、与人有效沟通与协作的意识与能力、学习能力、创新意识、责任意识、坚韧等。

4）对高校培养模式变革的促进。促进学校了解企业的需求，并进一步清晰本校或者本专业的培养目标，尽快促进培养模式的有效改进，不局限于自己的资源和能力，而是基于对社会资源的有效整合和应用，创新人才培养和教学模式。

在大赛的赛制设置方面，本届大赛基本保留了之前关于大赛阶段和评价体系的设计，但是在主题赛的设置方面作了改善，不再以网络商务的外在形式来区分赛事主题，而是以商业的领域类别、商务活动的创新或构成来区分赛事，设置了网络零售主题赛、网络贸易主题赛、商务模式创新主题赛、移动网络商务主题赛、金融与支付主题赛、网络营销与策划主题赛等，尽管各主题赛在实际的内容上可能互有重叠，但这种赛制设置更有利于归类参赛学生的选择，每一个主题赛都体现了综合的商务问题分析与解决，要求对商业问题的多个环节和多种网络工具的分析和使用。

大赛在组织方面，也有意侧重对校企交流与协作的支持，如组织了156次的企业入校巡讲，有300余名企业专家通过现场和在线方式与高校师生交流专业的理解，共有300余所高校院系领导或学科负责人参与各种形式的校企研讨。

我们欣喜地看到：大赛得到了更多学校的认可。有327所高校成为了大赛的协办高校，有780多名高校老师成为大赛指导老师，高校采取了更有效的策略来激励和促进参赛学生的热情和竞赛效果，如：

1）有近100所大赛协办院校把大赛与本校实践教学相融合，将学生参赛直接作为学生实践课的成绩或相关学分。

2）对于取得的优异成绩，学校予以明确的表彰，如山东科技大学泰山科技学院对本校的沂蒙山开心农场参赛项目获奖后举办表彰会，给了参赛者和其他学生以很好的激励和导向性。

3）指导教师（包括企业教官）对参赛学生的指导更具体、更有针对性、更到位，对参赛学生的商业与专业能力的提升意义更大，如指导教师对于九江学院的浔阳麦秆画网络创新营销参赛项目的指导，就涉及了营销平台的选择、网络营销工具的有效性以及商业项目出现问题的真正原因等方面。

经过近7个月的紧张而激烈的竞赛，基本达到了大赛的预期，参赛大学生团队对于大赛的期望更加清晰，对于参赛的程序和要求也更加熟悉和专注，因此表现出来的效果也更加明显，主要体现在如下几个方面。

1）体现了较高的商业敏感度和商业问题的分析策略，能够敏锐地捕捉到现实的商机并尽快形成清晰的项目商业模式，同时也能展开细致而富逻辑的商业分析，选择有效的商业策略，体现学生在自身网络及其商务分析的优势、自己对于大学生市场的熟悉优势，如上海外贸学院的丁狗网团购项目、天津商业大学的维度女性网+娜美商城营销组合策略。

2）一些团队基于自己的参赛历程和参赛结果，看到了自己商业项目实施的不足和自己应该努力的方向，如九江学院的浔阳麦秆画网络创新营销，这实际上也是自身能力提高的一种体现。

3）不少团队的参赛项目很有创意，竞赛项目选题很新颖并具现实性，如“5动手机银行”项目、“ProMe即时问答工具方案（涉及移动互联网的商务应用模式设计）”项目等。

4）体现对深度商业策略的使用意识和能力，如“校园百付通”项目中对上届大赛全国总决赛第一名团队 Tinygroup 的市场及方案授权的获得，以及对其旗下高浏览量的电子银行推广和讯博客和酷6视频的使用权的授权使用等。

5）参赛项目的商业方案更趋完整性，体现了参赛团队系统的商业分析逻辑，如河北软件职业技术学院的“丝织品营销方案”项目方案，包括了项目目标、计划、成本、代理商的发展策略等要素。

但大赛中，也表现出了一些普遍的问题，如：

1）商业方案的完整性和逻辑性有待提高，主要体现在商业分析方面，包括市场的机会与环境的分析、资金资源与优势的分析、商业问题与商业目标的清晰等，这是自己选择特定适当而有效的商业策略的基础，大学生的商业能力或者专业能力的主要体现之一就是分析并找到一个有效的商业方案，而不是一下子就提出一个商业方案，这需要一个深入而严谨的分析过程，否则商业风险将会很大。

2）注重各种网络工具的使用（如各个博客平台、B2B平台、C2C平台、搜索引擎等），但是缺少对这些平台工具的适应性的分析（包括必需的成本效益分析），如目标用户的适应性、商业目标的适应性、必要资源可支持性等，似乎为了使用这些工具而使用这些工具，也缺少对这些网络推广工具使用效果的评价和分析。网络商务的能力不仅在于对网络工具的使用方法上，更在于对于特定商业问题的适应性及其使用策略的选择上，一个企业或者商业项目不可能不加区分地采用各种网络工具并投入相应的资源。

3）项目实际的成本花费与项目成本分析计划之间的差异区分不清楚、计划及其实施不清晰，看不清楚哪些是商业分析和计划中的内容，哪些是已经尝试和实施的部分，其间的实际花费与可能的计划花费之间有什么关系。

4）一些项目主要是依赖特定的创意产品的，但在参赛项目的推进过程中，创意产品还没有实现或者还不能推出来的时候，系列的大规模的线上与线下的营销活动就铺开了，这样的商业项目筹划和实施实际上是没有意义的，甚至是很危险的。

5）只是创意方案，设想的成分很多，但现实性与可实施性有待检验，如“江西高校同城易物网”项目。

参赛团队表现出来的这些优势和弱势很值得我们思考和借鉴，那些优秀团队在参赛过程中对于商业问题的分析方法、对项目的控制方法、尝试并选择适当策略的方式、表现出来的对专业知识的运用方式等，都值得我们借鉴和学习，或者这实际上也是我们有效学习的很好的途径。这些优势和问题，也会给我们教师带来启示，我们需要在相应的教学、实践课程中对此注意。

大赛选手的创新成果及其表现出来的专业能力也给业界带来了惊喜，一些大赛的直接参与企业从中得到了自己企业商务改善的策略或启示，一些企业从中发现了自己急需的人才，这也正是我们大赛的初衷。

这次的案例选辑，依然分为两个部分。第一部分介绍整个大赛的理念、策略设计、组织方式，第二部分收集了20个有代表性的案例，它们基本上也是获奖的团队，每一个案例都包括了每一个团队的构成及其参赛选题过程、商业分析、方案设计及其实施、实施结果，也包括该团队对自己参赛以来的感言。为了能使每个案例具有更大程度的启示和借鉴意义，这里依然对每一个案例都力求保持参赛团队原始结构和表达方式，以便能够保留参赛团队真实的状况，在部分案例后面，附上了一些专家对于该案例在参赛过程中表现的点评。这20个案例没有刻意按照某种标准排序。限于篇幅，有很多优秀的案例没能包括进去。

大赛过程中也得到了政府机构、学术专家和业界专家的高度关注和支持，所以在本书的前面，特意摘取一些他们对于大赛、对于行业的发展及其对于人才发展的观点以及对于广大参赛学生的肯定、鼓励和期望。

作为本次大赛的策划人，在大赛的创意和策划过程中，在本案例选辑的选择过程中，得到了很多领导和专家的指导和支持，教育部高教司的刘英处长为大赛提出了指导意见，教育部大学生就业指导中心的杨洪涛副处长也多次提供指导和启发意见，陈禹教授、梅绍祖教授、方美琪教授、朱岩副教授多次对大赛予以点评和指导，中国互联网协会的孙永革部长、刘天宇先生提供了很多互联网行业的指导和意见，江西省教育厅的杜侦副研究员、中央电大的张少刚副校长提供了很多鼓励和建议，北京师范大学教务处的赵欣如处长、经济与工商管理学院的领导为大赛的策划和相关设计工作提供了很大的支持，还有许多的参与高校的老师提供的意见和建议。中国建设银行的马春峰副总经理、纪朝晖总经理助理一直参与了对大赛方案的设计并提供了很多创意和期望，网盛生意宝北京分公司的王春雨总经理、中国电子商务研究中心的曹磊先生、中国移动飞信的杨政武先生和李卫卫先生、和讯网的吴亚军总监、淘宝网的家洛、万善和唐亮先生、西祠胡同的市场副总裁龙美玲女士、苏红钢先生及徐超女士、海尔集团、御泥坊、艾米丽商城等企业的业界专家也一直对大赛的设计予以关注，他们的热情和支持使得本次大赛的设计得以有效实施，对此一直心存感激。在本案例选辑过程中，大赛组委会的李媛媛、郭洪莉给予了很多资料的收集和整理工作，在这里向她们表示感谢。

在大赛的过程中，我们也时时为参赛者的热情及其刻苦的工作所感动，祝愿他们的学业和职业辉煌和成功，他们将是我国网络商务领域的主力军。

希望能有更多的人和机构参与到大赛中来，为大学生的职业发展提供良好的支持环境。希望更多的大学生参与到大赛中来，以推动我国网络商务人才的快速成长，进而推动我国网络及其商务应用的快速健康发展。

李江予
北京师范大学经济与工商管理学院

目　录

第一部分

大赛概述

第1章 大赛概述

1.1 大赛背景与简介

中国互联网协会“建行‘e路通’杯全国大学生网络商务创新应用大赛”，是工信部、教育部指导并支持，中国互联网协会主办、中国建设银行主协办的全国大学生职业能力赛事活动，是中国互联网协会“互联网应用实训促就业工程”的重要内容之一。

大赛以真实企业商业问题作为比赛内容，辅以企业资深人士作为企业教官及业界专家的点评与辅导，让大学生与高校老师在了解企业现实的基础上，与企业配合解决实际问题，从而帮助大学生提升职业能力、促进大学生就业、促进高校相关专业的发展及其人才培养模式的改善。通过大赛，也希望能够帮助建立高校与企业间长期的实习实践合作关系，从而实现产、学、研相结合的远程实践教学方式。

自2007年以来，全国大学生网络商务创新应用大赛已成功举办了三届，每届大赛均持续7个月的时间，以便让学生充分理解企业的需求、学习使用相关互联网工具、在团队的协作和与企业的交流中为企业解决实际问题。这一创新的形式得到了来自全国高校和行业企业的广泛支持与热烈响应，已吸引了来自全国数十万大学生、上千名高校指导老师、近千名企业教官的积极参与。业界知名企业如中国建设银行连续三届作为大赛主协办单位；阿里巴巴、淘宝网、中国制造网、网盛科技、腾讯网、和讯网、CCMEDIA、酷6网、买麦网、西祠胡同、卓越网等知名互联网平台纷纷作为大赛协办单位及出题单位参与赛事；大赛还吸引了众多的传统企业如海尔集团、中国移动飞信，以及一些增值服务提供商、内外贸企业、制造厂商等。现在，大赛已成为每年一度的大学生职业能力相关的知名品牌赛事活动。

每届大赛分为初赛、复赛、决赛三个阶段。初赛为学生组队选题、提交策划方案的环节；复赛为学生实施方案的过程；决赛则需要学生面对企业专家和业界专家进行现场陈述和答辩，展示其网络商务的创新能力、协作能力以及对企业现实的理解能力，最终综合方案质量、实施成果、陈述水平等综合指标，确定优胜者。优胜选手可以得到参赛企业的实习实践乃至就业机会，并可以得到由中国互联网协会颁发的获奖证书。获胜选手的简历及获奖作品将进入大赛官网的人才简历库，推荐给企业浏览。

大赛开创了高校与企业合作及大学生远程实践的创新方式，经过两届大赛的成果检验，证明这种创新的方式是行之有效的。据组委会对首届大赛的获奖选手的追踪访谈结果显示：参赛并获奖的团队成员，其实习就业比率达到了46.48%，创业比率达到了7.05%；而担任团队队长的学生，就业率高达75.51%。93.89%的学生对于大赛促进其与企业交流、提升其职业能力的价值相当的满意。

本届大赛依然延续了上届大赛的基本宗旨：

1）普及和推动大学生的网络商务应用能力与网络商务创新的教育与发展。

2）普及和推动大学生对于电子银行业务及业界领先企业业务发展现实的了解。

3）促进学生对社会和企业实际运作的感知和了解。

4）激发和促进学生网络创业能力的提高（把创业作为新的就业出路，或积累经验的过程），吸引企业的关注、参与和支持。

5）促进学生职业能力与企业人才需求之间的沟通和协调发展，成为学生才能展示和企业人才选拔的主力渠道之一。

6）促进我国企业应用网络解决商务问题的能力及其人才状况的改善。

1.2 大赛组织机构

1．大赛指导单位

工业和信息化部

共青团中央

2．支持单位

教育部高等教育司

3．大赛组委会领导小组

主席：中国互联网协会常务副理事长高新民。

副主席：中国建设银行副行长范一飞、中国互联网协会秘书长马宁。

4．大赛组委会专家顾问

北京科技大学梅绍祖教授、中国人民大学陈禹教授、中国人民大学方美琪教授、清华大学经管学院朱岩教授、中国建设银行电子银行部总经理徐捷、中国建设银行电子银行部副总经理马春峰、中国建设银行公关部总经理胡昌苗、淘宝网副总裁无崖、网盛生意宝总裁助理朱小军、和讯网董事副总经理江涛、酷6网市场总监姚建疆、海尔集团团委书记宋宝爱、西安邮电学院张鸿教授、上海对外贸易学院章学拯副教授、西祠胡同运营市场经理苏红钢、中国移动飞信经理杨政武、新智诚新媒体营销策划机构总经理梁晔、中国移动二维码应用与推广机构总经理郑芳蛟。

5．大赛组委会办公室

组委会办公室主任：中国互联网协会综合事务部部长孙永革。

组委会办公室副主任：中国建设银行电子银行部高级经理纪朝晖、中国互联网协会刘天宇、新赢家网常务副总裁刘芳。

组委会成员：各协办企业直接部门负责人、各承办院校院系负责人等。

6．大赛特邀策划顾问

北京师范大学电子商务研究中心副主任李江予。

7．分赛区设置

1）北京独立赛区。

2）上海独立赛区。

3）两广赛区（广东和广西）。

4）华东分赛区（山东、江苏、浙江、安徽）。

5）华北赛区（河北、天津、内蒙古、山西）。

6）华南分赛区（福建、江西、海南、中国台湾）。

7）东北分赛区（辽宁、吉林、黑龙江）。

8）西北分赛区（陕西、甘肃、宁夏、青海、新疆）。

9）西南分赛区（四川、云南、贵州、西藏、重庆）。

10）华中分赛区（河南、湖北、湖南）。

1.3 赛事设置及其说明

本届大赛设置了六个主题赛：

1．网络零售主题赛

在面向个人消费者的企业或厂商中，如何利用 B2C/C2C 或其他网络工具来寻求新的机会和获得新的竞争力？这些企业运用互联网的意愿与能力现实是怎样的？遇到了怎样的问题？该如何解决在此过程中的进销存问题？网络零售企业的出现，对于传统的经营、销售模式乃至生产模式会起到怎样的影响与改变？如何改善企业内部的管理机制，为企业的腾飞插上互联网的翅膀？

此主题赛，侧重于让学生基于 B2C/C2C 平台，结合其他互联网工具，为面向终端消费者提供产品或服务的企业创新解决各种真实的商业问题，为其提供策划方案并予以实施；或通过实践，检验其为当前市场上现有的 B2C/C2C 平台的服务或功能提出的创新与创意。

典型商业问题举例：某品牌服饰企业，如何利用第三方平台（如淘宝网等工具）获取经济增长？其面临的机会和问题是什么？其间应该解决什么样的问题，才能使互联网成为推动本企业发展的“加速器”？

2．网络贸易主题赛

在金融危机的背景下，传统的贸易企业该如何寻找或开拓新的市场？传统的销售渠道或宣传方式在当前的经济背景下是否依然有效？网络贸易平台在此类公司中的应用现实与问题在哪里？网络贸易平台对于贸易企业目前的生存与未来的发展应该扮演怎样的角色和起到什么样的作用？企业如何利用网络贸易平台获取更大的收益？

此主题赛，侧重于让学生基于 B2B 平台和其他网络（不限于此），为企业（尤其是做国际和国内贸易的企业）找到新的业务应用方式，以拓展企业的商业机会和竞争能力，研究并为其提供有效的商业方案。

典型商业问题举例：请选择某一传统的生产型或贸易型企业（或者面临巨大经营压力的企业），利用 B2B（如阿里巴巴、网盛科技）平台，为企业解决网络销售或网店策划与运营方面的问题。

3．商务模式创新主题赛

该类课题既有企业提供、组委会组织专家也会予以设计，学生也可自行提出创业或创新商业的模式创意。

此主题赛，侧重于让学生基于对网络及其新应用的理解、基于对企业运营的理解，针对特定类型的企业（特定的领域或者面临特定类似的商业困境等）创新（有别于或者整合或者改进）网络应用模式，以提供平台性的或工具性或策略性的解决方案。该主题主要针对提供网络商务服务的企业和采用网络商务应用策略的企业，它们所遇到的典型商业问题，引导高校师生作深度研究，或者提供创新设计与试验，以提供对问题深刻理解的知识和洞察，探索网络商务未来发展方向及企业端的应用。此主题赛适合于研究意愿和能力较强的学生参与。

4．移动网络商务主题赛

移动网络商务是互联网商务领域中的一朵奇葩。随着各大运营商陆续推出的各种平台、服务，移动网络商务正在逐渐形成一条崭新的产业链，为大学生的就业创造了全新的空间与各种可能。

本届大赛设置移动网络商务主题赛，将帮助大学生了解各大运营商的移动网络商务模式，通过其领域内专业机构提供的商业问题，帮助大学生了解移动网络商务领域中出现的就业机会与就业空间。

典型商业问题举例：二维码商务应用设计、中国移动飞信应用推广与应用设计。

5．金融与支付主题赛

随着电子银行业务在各大银行的开展，金融与支付业务相比较传统的模式也发生了很大的变化。这也为各高校相关专业学科的教学提出了新的挑战。

此主题赛，侧重于让学生增强支付对于企业电子商务支撑环境的理解，为企业增强网络支付的应用信心与应用能力提供创新方案。

典型商业问题举例：电子银行安全吗？如何支持特定企业的电子商务应用？如何能让更多的企业和个人接受和使用电子银行？

6．网络营销与策划主题赛

真正的网络商务并不是互联网企业的商业行为，而是传统产业的革命！大赛将为参赛高校师生提供大量传统企业的典型商业问题，学生也可以自行寻找、联络相关企业，利用和讯、酷 6 网等专业互联网平台工具，开展网络营销活动的策划。从而寻找传统的市场营销与互联网营销之间的差别、对传统的营销模式加以完善。

典型商业问题：如何利用和讯博客、酷 6 网的视频工具，对企业的某类产品、或客户体验、或市场调研等进行问卷设计或推广营销？请策划方案并予以实施。

1.4 适宜参赛的高校及专业

鉴于大赛的竞赛主题设置和竞赛平台的特征，大赛对于参赛的高校与选手专业并无特别要求，但大赛组委会鼓励跨专业的学生结为参赛小组，每个小组不超过5人，发挥各自的专业优势。根据企业的商业问题类型，建议参赛的专业有：经管类专业、电子商务类、贸易类、市场营销类、工商管理类、广告设计类、计算机类、信息管理类、金融财经类等专业。

1.5 大赛日程

2009年11月10日：启动仪式。

2009年10月20日至2009年11月30日：承办高校与协办高校报名。

2009年11月10日至2010年3月31日：报名、初赛，学生选择商业问题，提出策划方案、并参加在线笔试。

2009年12月1日至2010年4月30日：复赛，参赛团队使用各种互联网工具，对初赛策划方案予以实施。其间企业教官辅导、专家点评作为辅助。

2010年4月1日至2010年4月30日：分赛区决赛，以省或赛区为单位的分赛区决赛陆续进行。

2010年5月20日左右：全国总决赛及颁奖典礼来自分赛区决赛的优胜者参与全国总决赛，并进行现场颁奖典礼。

1.6 大赛流程

报名和初赛：

1）在线学习网络商务相关知识，参加在线笔试。

2）掌握主流的网络商务工具使用方法，以为企业提供网络商务解决方案为初赛的内容。

3）入校路演、宣讲，现场应用、体验网络商务服务与产品。

4）根据评委的评判确定初赛的胜出者。评委由高校专家、企业专家构成。其中出题企业的意见占据较多比重。

复赛：

1）初赛胜出的团队实施方案。

2）实施过程中体现的效果、结果、企业评价、网友评价为复赛胜出的标准。

3）大赛组委会提供免费或优惠网络资源给选手使用。

4）对参赛选手的相关网络商务能力予以认定。

决赛：

1）现场答辩，阐述方案策划与实施过程、方案实施结果。

2）现场回答评委和专家提出的实际问题。

3）现场回答选手提问。

4）终极对决。

第二部分

大赛优秀案例

第2章

打造新型网络团购，引领电商尖锋潮流

作者：上海对外贸易学院　团队：High Key

2.1 团队介绍

我们是来自上海对外贸易学院的 High Key 团队，成员分别来自电子商务和旅游管理专业。

我们成立了一家先趣屿电子商务有限公司，旗下有一家成熟的网站——丁狗网。公司成员有 18 名，分别来自不同学校，不同专业，包括上海对外贸易学院、华东理工大学等。作为公司的支柱成员，我们代表公司参加本次比赛。如图 2-1 所示。

图 2-1　团队合影

1．成员及分工

队长：孙培禹，公司的CEO，主持公司的整体运作，具有对公司的一切重大经营运作事项的决策权。

成员：陈玲，市场部经理，负责团购商品开发和商家合作各项事宜。并根据市场反馈做出相应的策略调整。

成员：刘瑾，运营部经理。负责对公司的业务、财务等运营流程和相互衔接执行具体的指导、协调和监督职能。

成员：汪珍珍，营销部经理，配合市场部做好项目开发前期的市场调研工作。在团购模式推行之后做好一系列的网络营销，线下推广活动。

成员：郭研敏，财务部经理。负责记录公司的收支状况，为每个新开发的项目做好项目预算、风险分析等一系列数据资料。

2．团队宣言

挑战自我，追求卓越！

2.2 选题经过

互联网产业是刚刚发展了十几年的新兴产业，远远未达到饱和，还存在着无限的商机等待人们去挖掘。但是纵观整个行业，阿里巴巴、淘宝、卓越、校内，还有各大论坛，这些互联网巨头们已经把市场瓜分得所剩无几，网站要做出新意并不容易，但并不是没有可能。

统计显示，在网购宏观市场分析中，白领和大学生的消费观念是最为前卫的，他们中的大部分人已经有了一定的网购习惯。根据我们自身的优势，我们把目标市场定位为大学城和白领市场，也是消费能力最强的市场。

2.3 方案

2.3.1 简介

我们通过分析目标市场的特征，开发出一整套新颖的商业模式——地域化团购模式。是团购，但又不只是团购。我们的商业模式简单易懂，盈利能力又快又强。相信不久之后，丁狗团购会成为互联网界不可多得的好项目。

2.3.2 正文

1．丁狗模式

每天，我们都会在丁狗网上发起一笔精品团购，每天做且只做一单。这些团购不是真正的商品，而是以服务业为主的折扣价电子消费凭证，比如：电影票、餐饮、SPA、各类培训课程的代金券等。我们的折扣价电子消费凭证不同于普通的优惠券，它提供的折扣非常低——四折、三折、一折。用户想要购买，就通过网银或者支付宝在丁狗网在线支付。但是每件团购都有一个特定的人数底线，一天之内，如果达不到人数底线，那么团购失败，我们会对消费者全额退款，并对商家分文不取；但如果团购成功，我们会向消费者的手机发送电子消费凭证，并向商家收取30%～50%的佣金，如图2-2所示。

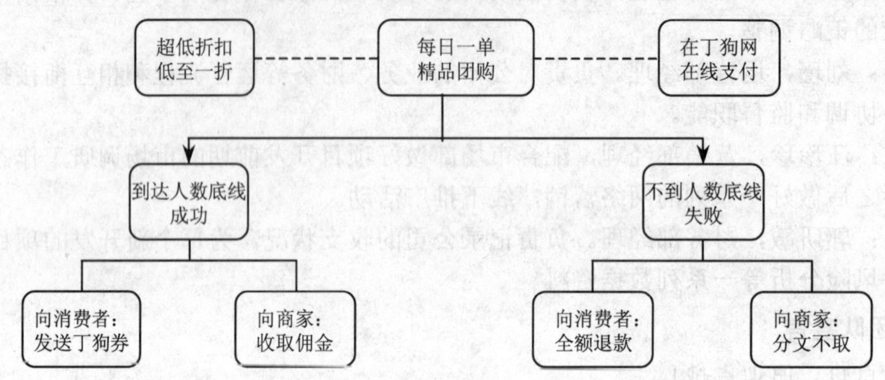

图 2-2　模式图解

模式特点：

1）商品类型——服务类商品：商家边际成本低，可以提供较低折扣；适用代金券的形式实地消费，完全避免物流成本。

2）每日一单，避免营销过度，打破销售阻力，提升销售效率与数量。

3）精品原则与超低折扣。

4）页面设计符合消费心理学要求。

5）病毒式营销，成本低，效果好。

6）三方盈利（商家、用户、丁狗网）。

7）模式简单，门槛低。

8）本地化经营，地域化扩张。

2．盈利模式（见图2-3）

团购成功之后，我们会向商家收取事先约定比例的佣金，一般在总销售额的30%～50%之间。

丁狗团购模式的亮点在于，为什么商家愿意在提供了这么大折扣的基础上，还愿意出那么高的佣金呢？

这全归功于我们给商家带来的两大好处——低成本的大量客源和高质高量宣传推广。

我们向商家收取的30%～50%的佣金，其实就是不仅仅在于团购商品本身的销售利润，其更大的益处在于商家通过丁狗网这个近似于媒体广告的平台对自己的商品和自己的店铺进行了很大程度上的宣传。我们的网站每天上万个浏览者的目光全部都聚焦在这唯一的一件商品上。这样的宣传给商家带

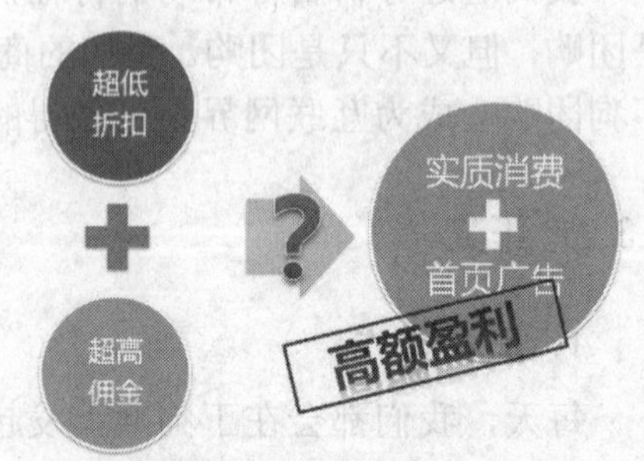

图 2-3　盈利模式

来了各层面上的收益，包括一批真正意义上的新客户、针对目标客户群体的密集曝光、长期的良好口碑等，而这种宣传所带来的效益要远远大于销售产品本身的价值，事实上超低折扣加超高佣金其实就是一种变相的广告费。就算最后团购不成功，商家也得到了一整天的免费整版首页宣传。

正因为如此，与丁狗网合作过的98%的商家都表示希望能跟我们进行再一次的合作。

3．营销推广

我们采用线上线下相结合，立体化的营销组合策略。线上营销，主要方式有病毒式营销、论坛营销等；线下营销，主要分为DM营销、建设银行活动和商户联合营销。

在这里我们要着重介绍的是病毒式营销，如图2-4所示。

图2-4　病毒式营销图

病毒式营销是丁狗团购最重要的营销手段，它的特征在于，让用户自发地加入我们的营销团队，并通过自己的交际圈，让信息层层扩散。每天的团购人数如果不够，此次交易取消。这就使得希望参与团购的人们疯狂地将团购信息通过口口相传或是网上SNS渠道（校内、开心、微博）、IM渠道（QQ）告诉自己的好友，并以病毒式营销的方式在关系网络中扩散，促成每一笔团购的成功。

我们还设置了邀请好友十元返利优惠，每邀请一名好友注册并第一次购买即可获得10元丁狗账户返利，通过网站上的分享条，用户可以很方便地将当日的团购信息分享到校内、开心、微博、豆瓣等各大社区平台，那么我们的团购信息就会像病毒一样在层层的人际关系网络中扩散开去。

4．经营过程（见图2-5）

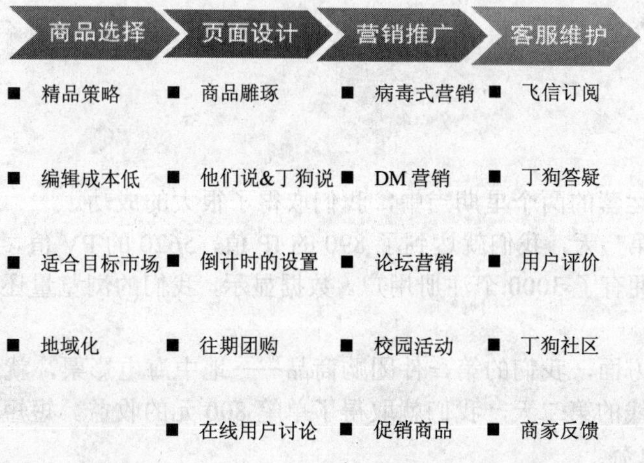

商品选择	页面设计	营销推广	客服维护
■ 精品策略	■ 商品雕琢	■ 病毒式营销	■ 飞信订阅
■ 编辑成本低	■ 他们说&丁狗说	■ DM营销	■ 丁狗答疑
■ 适合目标市场	■ 倒计时的设置	■ 论坛营销	■ 用户评价
■ 地域化	■ 往期团购	■ 校园活动	■ 丁狗社区
	■ 在线用户讨论	■ 促销商品	■ 商家反馈

图2-5　经营过程

在经营过程中，我们也不断总结经营经验，每天的团购商品都有数据分析，并且在今后的经营过程中，总结出一套针对用户群的商品选择范围和标准、页面设计风格、营销推广方案、客服维护技巧。不断改进，追求卓越。

5. 战略规划（见图 2-6）

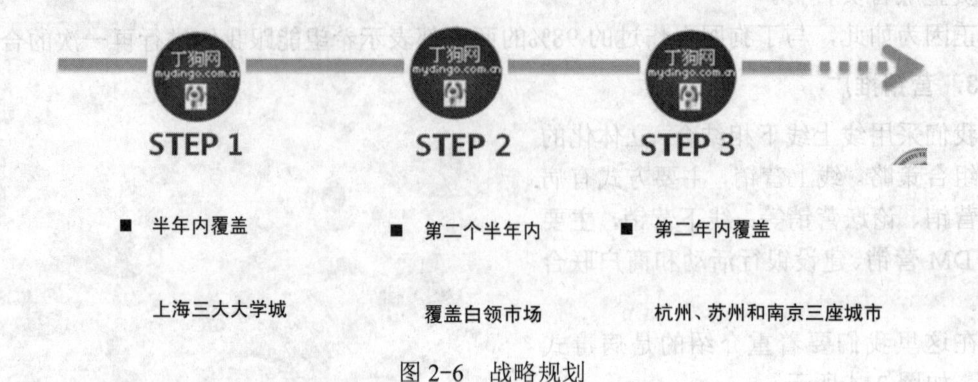

图 2-6 战略规划

首先，我们的第一步，是于 2010 年 9 月份开学时，将南汇大学城、奉贤大学城、闵行大学城这三个分站推行上线，并在半年内全面覆盖。我们在当地挑选优秀的学生团队，负责在当地开发出合适的商品供我们选择，一旦商品被选择上线并且团购成功，我们会给相应业务员一定的报酬。目前我们已经在多所高校进行了宣讲会，而截止到现在，已经有五支团队申请加入我们丁狗商品开发团队。

其次，我们的第二步，是在第二个半年内开通上海市区站，覆盖上海的白领市场。在这个阶段，我们在商品选择和营销推广策略上进行了调整。目前，我们已经与新世界集团相关负责人达成合作关系，得到了他们资金与资源两方面的支持。

最后，我们的第三步是向全国范围内扩张。我们预计在第二年扩展杭州、苏州和南京三座城市。

每座城市的扩张，对于我们的盈利就是成倍的增长。

2.4 竞赛结果

2.4.1 实施结果

在丁狗团购试运营的两个星期当中，我们取得了很大的成功。

首先，团购的第一天，我们就达到了 890 的 IP 值，5620 的 PV 值，而我们团购网站运营两个星期，已经拥有了 3000 个注册用户。数据显示，我们的浏览量还呈现出成倍增长的趋势。

其次，在收益方面，我们的第一件团购商品——地中海电影票，就达到了 155 张的购买数量，在团购上线的第二天，我们就取得了单笔 800 元的收益。短短一周中，我们更是创造了 4000 元总收益。

文汇报、中国青年报、光明日报、新浪科技、搜狐教育等多家媒体都对我们团队进行了报道。并且已经有多家风险投资商对我们表示了投资意向。

2.4.2 名次结果

全国总决赛本科组网络商务创新应用一等奖。

2.5 获奖感言

正如大家所见，我们是一个已经在实施的项目，并且项目可行性非常高，盈利能力良好，我们不会把这个项目只当成是比赛项目，会一直实践下去，把丁狗网团购打造成为松江大学城的品牌公司。公司发展成为上海对外贸易学院电子商务专业的创业实践基地，每一批新生进来都能在这个平台上理论与实践相结合，锻炼自己的能力。这个项目作为我们回报学校的平台，感谢学校和电子商务专业一直以来对我们的支持和帮助。

我们团队也在困难中学会坚持的意义，更在坚持中学会了团结奋斗！我们坚信，只有含泪播种的人才能含笑收获。我们坚信：有志者事竟成！

第3章

维度女性网+娜美商城——女性B2C商城的整合营销

作者：天津商业大学　团队：vdo 商城

3.1　团队介绍

我们是来自天津商业大学的“vdo 商城”团队，团队成员分别来自天津商业大学信息工程学院电子商务专业、信息管理与信息系统专业以及计算机科学专业。

1．成员及分工

队长：唐明民，负责文案策划，组织统筹等，维度女性网+娜美商城网站编辑。

队员：张弢，负责维度女性网+娜美商城的网站制作以及网站运营。

队员：陆明才，负责维度女性网+娜美商城的网站推广以及网站运营。

队员：于施展，负责维度女性网+娜美商城的网站制作。

队员：陈文君，负责维度女性网+娜美商城网站编辑。

2．团队宣言

通过全新的（网站+社区+商城）电子商务模式，为追求生活品质的年轻女性提供一站式购物服务，致力于打造全球领先的时尚品牌网上购物商城，专注中国女性流行消费导向。

3.2　选题经过

今天，全球约有 3 亿人在使用互联网，其中女性占 41%。女性网民已经成为网络媒体受众中不可缺少的一部分。女性的参与使网络商看到了巨大的商机，一些知名门户网纷纷开设了女性频道，一些独立的女性网站也在网络的热浪中悄然亮相，一度颇有占领“半边天”之势。女性的形象更是无处不在，几乎到了无女不成网络的地步。网络的女性化进程一发不可收。

根据调查报表分析，全球女性市场从数量来说只构成了消费市场的一半，但是实际上，女性主宰了或者影响着绝大部分的购买决策。可以说女性是最大的消费团体。国内女性网民数量也逐年大幅度上升。而女性网的存在恰恰迎合了女性消费的市场网络平台。

同时由于 B2C 运营成本投入巨大，而且相当一部分成本来自市场营销推广——广告成本。而我们作为学生很难做到这些资金的投入，为了节约成本，我们自己做一个门户平台投放广告，就像自己的广告公司，提供资金，提供推广。

由此，我们的团队就建立了网站（维度女性网）+B2C 商城（娜美商城），打造一个实现资讯网站＋B2C 商城新型互动模式的全新运营模式。

3.3 方案

3.3.1 简介

本项目包括网站（维度女性网）+B2C 商城（娜美商城），打造一个实现资讯网站＋B2C 商城新型互动模式的全新运营模式。结合媒体、社区、电子商务各自的优势，将资讯网站上的各类专业时尚知识直接链接到娜美商城促进销售，娜美商城的资讯又可以引导用户浏览资讯网站的相关内容，达到一个流量的转换。

3.3.2 正文

方案主要由四个部分组成，包括方案策划、商业模式、推广方案和盈利分析。

1. 维度女性网+娜美商城的建立

维度女性网 www.vdolady.com 是一个定位于中高端品牌消费和高品质时尚生活的垂直女性门户，是服务于中高收入女性网民的专业女性网站。致力于提供关于女性生活的时尚信息，包括美容的、服饰的、亲子的、休闲的、居家的、健康的等时尚生活点滴元素，如图 3-1 所示。

图 3-1　维度女性网 www.vdolady.com

娜美商城 www.namei.net 将着力打造一个针对女性消费者的网络消费专区，以品牌服装为基础，逐步打造一个时尚女性服饰 B2C 购物品牌商城，如图 3-2 所示。

图 3-2　商城截图

2. 方案特色

（1）建立一个垂直女性门户网站

维度女性网：网址是 http://www.vdolady.com，它是高端时尚女性的门户网站，有 15 个频道，内容涉及女性生活的各方面。主站规模之大，内容之丰富可与国内权威的女性门户 yoka 时尚网（www.yoka.com）、瑞丽女性网（www.rayli.com.cn）相媲美。网站页面简洁、独特、时尚。本站主要盈利方式：广告与商家合作宣传。

（2）一个针对女性特色的私密社区和一个交流互动论坛

维度女人帮：网址是 http://home.vdolady.com，它致力于做最专业最安全的女性特色社区。网站的用户年龄在 18～48 岁的女性用户（男性用户不可加入）。网站设计、功能、活动一切迎合女性用户的口味。网站主要赢利点：广告、用户付费、开放的 API 可以整合外部产品，收取服务费。

维度社区：网址是 http://bbs.vdolady.com，它提供一个专属于女性生活的互动空间，是所有美丽女人展现自信风采的地方。网站盈利方式：广告、网页游戏付费、论坛整合淘宝网商家，实现商家付费的论坛淘宝店展示。

（3）特色女性生活宝典，互动百科

维度女性百科：网址是 http://bk.vdolady.com，它是女性的生活宝典。维度女性百科上线两周来，因为内容与功能强大，网站 SEO 初见成效。现在在各大搜索引擎上都取得不错的效果，并被全球最大的中文百科网站：互动百科官方评为 wiki 成功案（http://kaiyuan.hudong.com/bbs/viewthread.php?tid=7685）。

（4）精品品牌女性时尚购物网站

娜美商城：网址是 www.namei.net，娜美商城是专注于女性领域的中国领先的 B2C 电子商务平台，将打造中国电子商务领域最受欢迎和最具影响力的电子商务网站之一。

娜美顺应电子商务发展大势，响应服装、化妆品网购 B2C 期待领袖的迫切需求，凭借浑厚的团队基础，各种助力资源的青睐，以及广大客户的大力支持与信任，将使娜美商城获得飞速发展，产品种类不断丰富，注册会员日益增多，网站影响力大幅提升。

3．商业模式

维度女性网与娜美商城各自独立但又相互联系。女性网发布的关于服饰等方面的资讯也相应链接到商城商品上，在人们关注女性网的同时能很顺利方便地了解娜美商城，从而提高商城的流量，而娜美商城里面的资讯又可以引导客户浏览资讯网站的相关内容，从而达到流量的转换。

女性网门户为 B2C 商城提供了一定的资金支持和推广。

4．推广方案

通过主页频道入口到商城，并有图片链接到商城。如图 3-3、图 3-4 所示。

图 3-3　商城入口

图 3-4　广告推广

在维度女性网主页上投放娜美商城的广告，如图 3-5、图 3-6 所示。

文字链接：在服饰类文章中会有相应的文字链接到商城。

图片链接：利用一些服饰美图吸引用户点击到娜美商城。

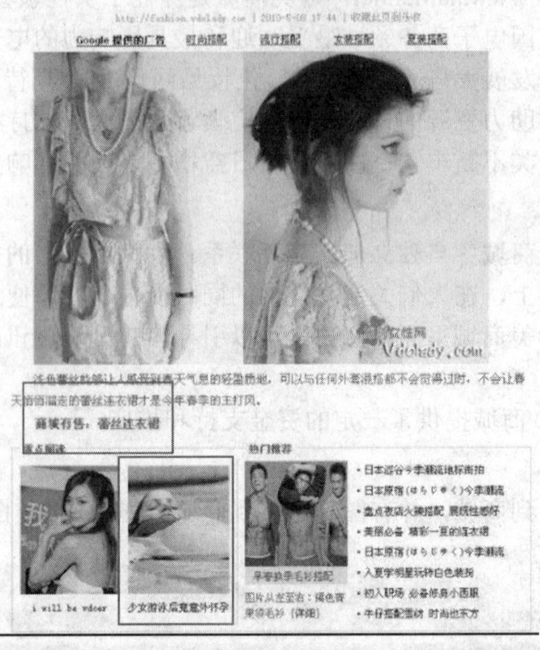

图 3-5 文字及图片链接

图 3-6 软文推广

交叉链接：维度与其他合作媒体的交叉链接，推广娜美。在其他知名网站上发布娜美的广告或资讯，作为回报，在流量更高的维度网上链接对方网站的资讯。

媒体合作：娜美和其他网站做友情链接（见图 3-7），提升网站知名度与流量。合作媒体的软文推广。

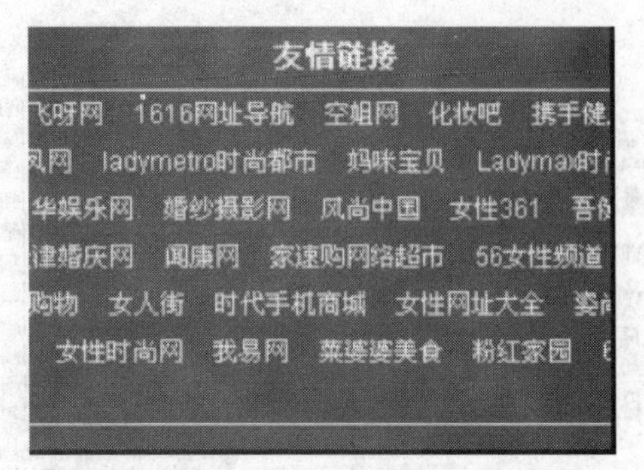

图 3-7 友情链接

5. 资金来源以及盈利预测

目前项目主要资金来源为维度女性网广告收益，当前长期出售 6 个广告位，月毛利润 6 万元。扣除网站推广、网络租金、人员基本收入等运营成本，每月可向 B2C 商城投入 3 万元左右启动资金。对于商城发展仍有较大资金缺口，目前正考虑申请政府创业贷款或风险投资，而后者目前有一定难度。

在综合考虑网站经营规模以及项目在计划时间内顺利实施的基础上，对未来三年的盈利预期见表 3-1。

表 3-1 三年盈利预期

年度	第一年/元	第二年/元	第三年/元
维度	175.2	262.8	350.4
娜美	37.5	288	720
成本	118	177	156
税前利润	94.7	373.8	914.4
税金（10%）	9.47	37.38	91.44
净利润	85.23	336.42	822.96

3.4 竞赛结果

3.4.1 实施结果

网站硬件等设备，考虑到网站的发展，我们采用的是主机托管而非虚拟空间。

主机规格：

Dell PowerEdge 2950（2U）

处理器：两个四核 Xeon(R) X5460，3.1GHz

内存：4GB

硬盘：450GB×3

带宽：20Mbit/s 独享带宽

流量统计（见图 3-8）

	访问量	浏览量
总量:	70480589 IP	239941807 PV
今日流量:	28733 IP	107182 PV
昨日流量:	56608 IP	256121 PV
本月合计:	1220836 IP	5535847 PV
今年合计:	4090132 IP	17986623 PV
平均每日:	59851 IP	203755 PV
预计今日:	56738 IP	253889 PV

维度女性网

当前页 50 条 [更多...]	总量	比例
[列|細|史] http://www.vdolady.com/ [GO] SEO	876	73.6%
[列|細|史] fitness.vdolady.com [GO] SEO	41	3.7%
[列|細|史] http://www.baidu.com/ [GO] SEO	35	3.1%
[列|細|史] http://fashion.daqi.com/ [GO] SEO	27	2.7%
[列|細|史] baby.vdolady.com [GO] SEO	24	2.6%
[列|細|史] health.vdolady.com [GO] SEO	18	2.4%
[列|細|史] beauty.vdolady.com [GO] SEO	15	2.3%
[列|細|史] ent.vdolady.com [GO] SEO	15	2.3%
[列|細|史] www.pclady.com.cn [GO] SEO	14	2.3%
[列|細|史] luxury.vdolady.com[GO] SEO	12	2.2%
[列|細|史] http://www.google.cn/ [GO] SEO	12	2.2%
[列|細|史] http://www.ejia.com/ [GO] SEO	11	2.1%
[史] 直接输入网址访问	8	1.8%
[列|細|史] http://www.kongjie.com/ [GO] SEO	7	1.8%

图 3-8 流量统计

网站每日独立访问用户平均在 55000 左右，而每日 PV 则达到了 25 万左右。网站机房如图 3-9 所示。

图 3-9 机房

娜美商城

累计 16000 独立访问用户，3.1 万 PV。

数据采集当日（5 月 22 日）有 1133 独立访问用户，2243PV。

数据采集当日，娜美 73.6%流量来自维度。

3.4.2 名次结果

全国总决赛本科组网络商务创新应用一等奖。

3.5 获奖感言

vdo 商场团队能在全国本科组中取得这样优异的成绩，首先要感谢我们学校，感谢我们信息工程学院电子商务专业老师对我们的辛勤付出。感谢关心我们的老师和同学们，谢谢你们的支持。非常感谢我们的指导老师——张波老师，张老师不仅解答我们在电子商务方面创业实践的疑问，而且在其悉心指点下，我们的创意逐一实现。

身为一名电子商务专业的学生，感谢主办方能够为我们提供这样一个展示自我和实践的平台，希望经过我们自己的努力，能够为中国未来电子商务事业的发展贡献出自己的一份力量。

“e 路通”风雨同行，期待下次和学弟、学妹能一起来参加比赛。

第4章

浔阳麦秸画网络创新营销策划方案

作者：九江学院　团队：疯狂的石头

4.1　团队介绍

我们是来自九江学院的“疯狂的石头”团队（见图 4-1），团队成员分别来自九江学院电子商务专业与税务专业。团队名称“疯狂的石头”。取“石头”的坚韧，喻我们一路的坚持不懈；“疯狂”喻我们骨子里的拼搏精神。我们“疯狂的石头”五人组合，以最积极的姿态，把自己最好的精神风貌和团队风采展现给此次大赛，在这个迷人的舞台上，秀出自我，放飞理想。用我们的努力奋斗和顽强拼搏去换回属于我们的成功。

图 4-1　团队成员合影

1. 成员及分工

队长：涂龙敬，负责带领团队、问卷调查及分析、营销方案设计及实施。

队员：彭祥萍，负责选题背景调查、校园营销方案的实施。

队员：苏秋任，负责宣传推广、美术支持。

队员：丁强，负责问卷调查、宣传手册的制作。

队员：李正，负责网店的运营和管理。

2. 团队宣言

传承千年文化，立我“浔商”根本。展翅高飞，放飞理想。

4.2 选题经过

立足于九江，我们团队在成立之初就立意挖掘九江的特色旅游产品系列，通过走访和调查，一致选定了浔阳麦秸画工艺品厂作为实施的对象，以大赛为平台进行网络营销方案的设计。选题的主要原因在于以下几点。

1. 中国传统的手工艺文化

麦秸画是我国古文化艺术的一块瑰宝。但长期以来难觅其踪，直至20世纪80年代秦怀王墓发掘时才出土重见天日，虽经风雨腐蚀千余年，仍可见其逼真造型和鲜艳的色彩，依然保留着古朴典雅的特色，实乃稀世珍品。浔阳麦秸画工艺品厂在传统平贴麦秸画的基础上，利用麦秸不同的色泽和质感，研制生产浮雕工艺画，注重物体的立体感和透视效果，强调创意写实，如人物、山水、花鸟、动物、书法。这种将传统艺术与现代科技结合起来的中国独有的民间手工艺品，更是传统文化艺术中的一颗璀璨明珠。

2. 低碳生活，废物的循环再利用

麦秸画是以北方特色小麦秸为材料作基础，用料安全环保，形象生动逼真，符合当前国家提出的低碳环保的理念。其采用纯手工制作、不可严格复制的艺术特点，使其市场价值非一般装饰品所能比拟。因此麦秸画不但有很高的艺术价值，同时还有较高的欣赏、收藏价值，已成为宾馆、会堂、现代家庭装饰和馈赠亲朋好友，传递友情的最佳礼品。

3. 扶植聋哑人的厂商

浔阳麦秸画工艺品厂是一个特殊的工艺品厂。该厂不以赢利为主要目的，始终坚持抱着“聋人自有天音福，一只奇葩出浔来”为社会公益服务的理念，短短几年为江西九江的公益事业做出了重要的贡献。浔阳麦秸画工艺品厂免费为聋哑人传授技艺，增强聋哑人信心，虽身残但其志坚，靠自己的一双勤劳双手为社会、为自己创造幸福的生活，为九江乃至更多地方的聋哑人提供一个工作生活与自立自强的平台。同时，2007年该厂的产品荣获“九江市特色旅游商品研发设计大赛”的优秀商品奖，在2008年荣获“剪剪贴贴—献给改革开放30周年江西省民间手工艺品展”的二等奖。

4.3 方案

4.3.1 简介

前期我们对浔阳麦秸画进行了市场调查分析，并与厂家进行了多次的沟通和洽谈。发现目前浔阳麦秸画在网络这部分是一片空白，没有借助于任何平台推广，之前建立的企业网站也处于关闭状态。

因此，浔阳麦秸画网络创新营销策划方案侧重于利用网络营销的优势，在传统商务模式的基础上，将浔阳麦秸画这种艺术珍品推广到网络平台之上，达到文化宣传和产品销售的目的，进而为浔阳麦秸画开辟一片更为广阔的天地。对于此工艺品而言，这种方法的运用就是一种特色。

4.3.2 正文

正文主要由四个部分组成，包括市场前景分析、SWOT 分析、网络营销方案和校园巡展。

1. 市场前景分析

随着人们生活水平的提高，第三产业中的健康消费和文化消费已成为时代趋势；追求个性、追求品位也成为必然。麦秸立体画的独特性、艺术性及“低碳环保、变废为宝”的环保理念正好符合时代潮流，所以它的市场前景极为乐观。我们将抓住这次机会，利用互联网这一平台，将传统的商务模式与电子商务模式相结合，为麦秸画创造更多、更广阔的市场。

另一方面，由于经济全球化、区域化的深入发展，各国间的经济文化交流日益频繁和紧密。在此形势下我国五千年博大精深的文化以它独特的魅力吸引了国外友人的视线，很多的海外友人对我国的民间艺术更是青睐。相信麦秸画这一艺术珍品将会为增进中外文化的交流与融合贡献自己的微薄力量。同时也将为麦秸画带来广阔的海外市场。

2. SWOT 分析

S（优势）

1）麦秸画发源于中原腹地河南，但经浔阳麦秸画的创始人付文实女士的潜心学习与研究，融合南北地域文化与人文风情，在原有的传统工艺基础之上，创造性地开创了属于九江本土气息的浔阳麦秸画。被美誉为“浔阳第一家”。

2）浔阳麦秸画还得到九江市政府的鼎力支持，在多次的市政府举办的民间工艺艺术活动中获得荣誉。她的作品曾多次作为九江市政府与外国友人经济文化交流时的互赠品。

3）社会方面，江西九江著名景点庐山“石门涧”景区负责人为其提供了展览产品的专门展厅，以此提高浔阳麦秸画的知名度，为其创造品牌。

4）麦秸画的制作原材料来自大自然，它的选材只有一种——小麦秸。这无疑为我国的环境建设作出了贡献，实现了“低碳环保、变废为宝，资源循环再利用”的目的。

W（劣势）

1）麦秸画的制作工艺复杂，制作技艺要求精、细、准。难度高，制作秘籍不可小觑。

想模仿制作，推广发展开来，绝非像竹木雕刻、树脂铜雕等其他工艺制作那么容易。因此其专业制作人员十分欠缺。

2）麦秸画的制作在选材方面要求高，对麦秸的挑选需要专业的艺术眼光，又因为我国小麦的种植地域分布不均和南北土壤差异。选材困难和原材料供应不稳定成为麦秸画发展的两大劣势。

3）由于浔阳并非麦秸画的发源地，目前市场开发不够，活跃因素不太明显，其消费市场出现疲软和下滑现象。但就目前来说它在全国的知名度仍不高，其市场开发力度也不强。

4）由于国家对于民间传统工艺艺术品的相关政策的建立和支持还不够完善，所以在这方面“浔阳麦秸”还需要更大的政府政策支持。

O（**机会**）

1）从地理优势来讲，浔阳麦秸画处在全国知名的风景名胜景区庐山区，来自全国各地和世界的游客给浔阳麦秸画带来了新的市场机会，我们可以通过和景区方面的积极合作将浔阳麦秸画推向全国甚至全世界。

2）江西九江港是大陆首批开放的海运直航中国台湾的港口，以此为优势，麦秸画其制作工艺可以作为两岸同胞非物质文化交流的一部分，也将成为台湾同胞深入了解中华文化的一种渠道。

3）江西推出了以鄱阳湖为龙头推进城乡生态环境建设的战略计划，目前鄱阳湖是中部最大的生态经济区。而九江浔阳也在该生态经济区范围。根据麦秸画的制作无污染，变废为宝，资源循环再利用的特点，这将为麦秸画获取巨大的市场机会。

T（**威胁**）

1）从技艺来看，麦秸立体画经历了几年的市场磨炼和技术革新，制作技术和工艺已炉火纯青，现已进入批量生产时期。而浔阳麦秸画目前还属于家庭式小作坊式的小规模经济模式。

2）从成本看，我们的产品制作工序繁多，致使其产品附加成本变大，以至于同类产品价格相比于其他厂家更高，其市场竞争力不强，其市场占有率也相对不大。

3）从品种内容看，山水、花卉、人物、动物，无一不是麦秸立体画所能表现的内容。目前产品有多个尺寸及300余种构图，还可根据客户需求随时定做。但浔阳麦秸画当前面临的一大问题就是品种相对较单一，无法最大限度地满足顾客差异性的需求。

3．网络营销方案

B2B阿里巴巴网站宣传

作为当今全球领先的网上贸易市场和商人社区，阿里巴巴给所有的中小企业提供了便利。在阿里巴巴网站上我们团队为厂家注册了一个会员账号。目前以个人的身份，在我们的黄页上可以查看浔阳麦秸画的相关信息，如供应信息、求购信息以及联系方式。因为阿里巴巴平台本身以批发为主，在得到浔阳麦秸画厂商的肯定消息后，我们将产品信息改为了支持混批。这样可以寻求到更多的机会。

由于麦秸画是中国传统的手工艺艺术品，对于中外交流日益频繁的今天来说，麦秸画无疑会是外国友人感兴趣的工艺品之一。因此，我们团队还开通阿里巴巴的英文网站。（图4-2是我们的阿里巴巴店铺，店铺网址：http://china.alibaba.com/company/offerlist/tutu0821.html）。

图图（个人） 阿里巴巴普通会员 信用搜索

公司首页 | 公司介绍 | 供应信息 | 求购信息 | 联系方式 | 联系方式 | 手机在线

供应信息分类：工艺画

以目录方式展示 | 橱窗展示

图片	供应信息	单价	阿里旺旺
	庐山麦秸画之花好月圆	120.00/幅到150.00/幅	手机在线
	庐山麦秸画之人物	160.00/幅到180.00/幅	手机在线
	庐山麦秸画之一帆风顺	165.00/幅到180.00/幅	手机在线
	供应庐山麦秸画 01/27 16:52	150.00/幅	手机在线
	供应庐山麦秸画 01/27 16:48	150.00/幅	手机在线

进口因我而易 DHL

阿里巴巴公司黄页 500万企业信息

相关诚信通企业推荐 上网做生意 只选诚信通

图 4-2　阿里巴巴店铺

淘宝网店出售

淘宝，阿里巴巴旗下的全国最大的网络零售平台，给予我们更多的灵感：我们在这里把庐山山麓的麦秸画文化传播出去，帮助那些聋哑的残疾同胞们圆他们的就业梦和人生理想。我们认真地装饰了淘宝店铺，精选了四大产品类目：人物风景、花鸟虫鱼、历史文化、经典图案进行推荐，设计了形象的网店招牌。店铺里的产品通过不同时间段的发布、上架下架、橱窗推荐等，提高了被搜索引擎检索和收录的机会，获得了一颗心的销售业绩。（图 4-3 是我们出售产品后的淘宝店铺截图。店铺网址：http://shop60081459.taobao.com）。

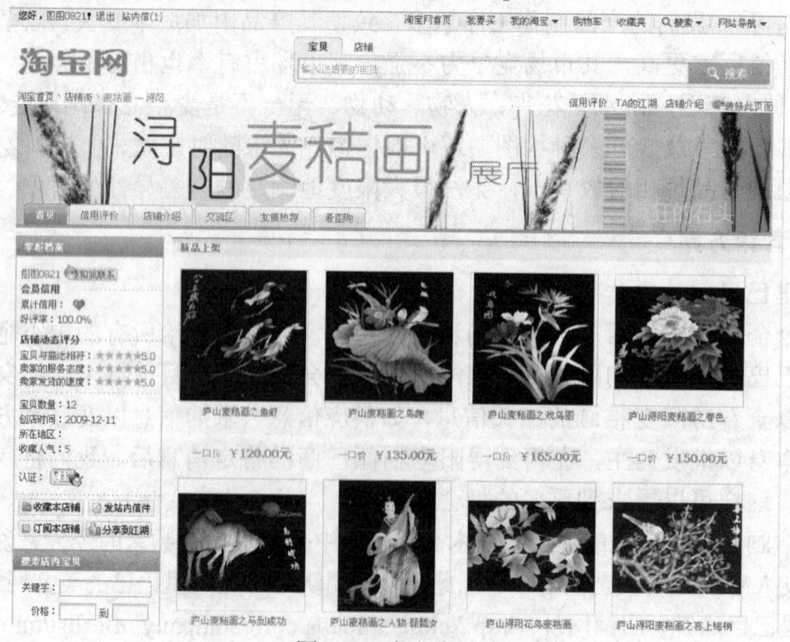

图 4-3　淘宝店铺

百度介绍产品

除了利用专业的商务平台进行营销外，我们还利用百度博客向更多的朋友介绍关于浔阳麦秸画的文化。在空间里我们发表网店所不能详述的浔阳麦秸画文化、历史以及它的相关制作工艺，在有限的相册里展示了浔阳麦秸画艺术珍品，以动态的形式将浔阳麦秸画展现在人们面前。通过百度空间我们不断地更新浔阳麦秸画工艺的相关博文，以及空间关键词的设置、友情链接等以提高被搜索引擎检索和收录的机会。另外利用团队人员的网络人脉关系宣传我们的空间，吸引更多网民的关注，空间获得了不错的访问量。（图 4-4 是百度空间：http://www.hi.baidu.com/庐山 E 路情）。

图 4-4　百度空间

酷 6 网展示视频

酷 6 网上我们制作了别具一格的浔阳麦秸校园画展视频。第一，这是我们大学生举办的画展，新鲜、独特、富有创意，更能让人产生兴趣；第二，画展期间有厂商和制作人现场讲解浔阳麦秸画的工艺，而不是简单的图片展览；第三，这是将传统的校园画展推广和网络视频推广相结合，相信能起到更好的效果。（图 4-5 是我们的画展视频，酷 6 网网址：http://v.ku6.com/show/rh6WJ9WuY-GWqvK0.html，http://v.ku6.com/special/ show_3771902/ESc-IGcgtsvzyDTE.html）。

图 4-5　酷 6 网截图

和讯博客的开通

我们团队也开通了和讯博客。在展示麦秸画的文化方面，首先是从介绍中华民族五千年的光辉历史入手，步步深入，以文化相近和对其的保护来得到顾客对我们浔阳麦秸画的创作加工工艺和艺术价值的认同，从而达到刺激购买的效果。同时密切关注并及时回复平台上客户对于浔阳麦秸画厂及其产品的相关咨询，通过功能强大的博客平台使浔阳麦秸画以零成本获得搜索引擎的较前排名，从而达到宣传营销的目的。

其他各大网站的推广

1）九江学院校友论坛网站的推广。九江学院校友论坛是九江学院网站最活跃的部分。校友们来自全国各地，几乎都是网民，上网的频率高，并且接受过高等教育，具有一定的艺术品位，和所有大学生一样对新鲜事物具有极大的好奇心和浓厚的兴趣。浔阳麦秸画具有浔阳特色，更能吸引他们的关注。在校友论坛发帖回帖使麦秸画通过九江学院校友向全国传播。

2）九江信息网推广。浔阳麦秸画是属于浔阳人自己的特色麦秸画。为了让更多的人认识浔阳麦秸画，我们首先从九江出发，让更多的九江人知道浔阳麦秸画。九江信息港是九江人普遍熟悉并接受的网络信息供求网站，我们团队充分挖掘了它的广阔空间，在其同城信息供求平台上，发布了浔阳麦秸画的相关信息，并发布了相关的特色产品。

3）艺术品网站推广。根据浔阳麦秸画的艺术特点及市场分析，目前在它的消费群体中，艺术品爱好者占了大部分，他们最容易对浔阳麦秸画产生兴趣。为了加强营销的针对性和准确性，我们团队在中国传统工艺网上注册了会员并发布了浔阳麦秸画的相关信息。

搜索引擎

根据浔阳麦秸画目前的市场现状分析，搜索引擎推广几乎是空白。我们首先利用百度搜索引擎。通过百度空间的关键词设置，通过META标签的设置，提高网页被搜索引擎检索和收录的机会。通过利用其他的门户网站，如我们注册了猫扑社区，并设置了关键词，通过在猫扑上发帖回帖，友情链接，分享我们的创意视频，随时更新等，获得搜索引擎检索和收录的机会。同时借助九江市政府门户网站为浔阳麦秸画进行相关的宣传，将浔阳麦秸画作为产品展示。

4. 校园巡展

2010年4月9日我们团队在学校的支持下举办了“九江学院浔阳麦秸画展”，并拍摄了现场情况。巡展的内容包括：①麦秸画实画展览，由我们团队的人向参观的人介绍麦秸画的历史渊源，制作工艺及其艺术价值等。②设置咨询台，由麦秸画制作人付文实女士为同学及老师解答麦秸画相关的问题。③针对画展向同学、老师等做市场调查（调查除了本次画展情况的问卷调查外还附有麦秸画的网络市场问卷调查，如图4-6所示。

通过这次画展，使更多的人了解了麦秸画，希望借助大学生群体在为麦秸画做商业推广的同时，吸引更多的人加入我们传承民间艺术文化的行列。同时此次画展还宣传了一个理念：低碳环保、变废为宝，资源循环再利用。由于麦秸画属于中国的民间手工艺品，因此对于国外友人更具吸引力，画展当天就有外国的留学生朋友询问我们的价格，并且有购买的意向，如图4-7所示。

图 4-6　校园活动（一）

图 4-7　校园活动（二）

4.4　竞赛结果

4.4.1　实施结果

1）方案实施：综合应用了淘宝、阿里巴巴、酷 6 视频、百度空间、和讯博客、校友论坛、九江信息网、中国传统工艺网和各种搜索引擎进行推广，获得了不错的宣传效果和销售业绩。

2）校园巡展：在校园里进行了巡展，通过发放宣传单、实画展览、咨询台等方式，吸引了大量的人流和咨询，为浔阳麦秸画在校园学子和外国留学生中做出了很好的宣传。

3）后续展望：

① 与校友企业（中国香港灵泉十字绣有限公司）合作。要打开浔阳麦秸画的网络市场，除了利用各种网络平台外，还需要相关企业的支持，为此我们主动联系了我们的校友企业“香港灵泉十字绣有限公司”。该厂是利用电子商务创业起家的，我们与校友企业洽谈合作，希望借助于他们已经取得的市场为我们浔阳麦秸画开拓更加广阔的市场。

② 浔阳麦秸画与传统中国绘画和地方人文景观相结合。浔阳麦秸画最大的特点就是具有浔阳地方特色，但这也是它的不足。因为缺少相关素材，所以我们特地上庐山“白鹿洞书院”去拜访当地的画家，希望他们能够给予我们浔阳麦秸画与中国传统画相互结合的、具有九江庐山地方特色的一系列素材画作品，想通过这种手法，展示浔阳特色，同时为传播浔阳麦秸画奠定坚实的基础。

③ 努力开拓浔阳麦秸画的国外市场。因为各方面的原因，阿里巴巴一直是我们的不完善之处，希望能够在以后的沟通中妥善解决此问题，以开发阿里巴巴这一广阔的市场。

4.4.2 名次结果

全国总决赛专科组网络商务创新应用一等奖，两广赛区综合一等奖。

4.5 方案点评

尹叶青【广西民族大学】评论时间：3/9/2010 10:04:57AM 点评等级：★★★★★

麦秸画极具艺术性，是一个很有特色的产品，市场空间很大。方案中对消费群体也做了一个详尽的分析，现在还需继续加强麦秸画的推广，让更多人了解它，并产生想要购买的欲望，也就是要开发市场。另外，可以考虑使用阿里巴巴国际网站将麦秸画推向全球，这样市场空间会更大，继续努力吧。

付强【黑龙江工商职业技术学院】评论时间：4/8/2010 8:25:38PM 点评等级：★★★★★

九江学院的参赛同学你们好，很高兴能够与你们在网络世界上进行交流，看了你们的精彩介绍使我也对你们的产品——麦秸画产生了浓厚的兴趣，同时，随着人们消费水平、消费习惯的提升，更高档次特别是有民族特色的工艺品拥有着广泛的市场，所以可以说你们的选题时十分有价值的，但是同时，针对你们选择的推广产品是手工制造的，因此希望你们为产品的质量把好关，使顾客对你们的服务满意，衷心地祝愿你们能够成功！

代红梅【九江学院】评论时间：27/4/2010 2:48:43PM 点评等级：★★★★★

复赛期间大家都做了很多实质性工作，提交了多个作品链接，在校园里也做了大量的麦秸画宣传。但目前存在的问题是麦秸画的网络推广效果还不明显，淘宝的店铺装修比较简单，产品的拍摄效果很难让消费者识别出麦秸画的精良制作，所以各营销平台的推广技巧还有待加强！加油喔！

郭继武【中国建设银行江西省分行】评论时间：1/5/2010 12:42:24AM 点评等级：★★★★★

产品有特色，但网络营销效果还未完全展现，是价格原因？还是产品原因？建议产品本身要创新，比如开发实用型艺术品，笔筒、灯罩、首饰盒等，考虑增加地方特色，比如庐山旅游纪念品等。

4.6 获奖感言

我们是“疯狂的石头”团队，在北京全国总决赛荣获一等奖的荣誉，我们倍感欣慰。因为这几个月的努力和付出终于有了回报，正所谓一分耕耘一分收获，天道必酬勤。首先要感谢中国建设银行和大赛组委会给予我们这次展示自我的机会，提供锻炼我们能力的平台以及实践的机会，让我们将梦想变为现实。其次感谢学校对我们的支持和鼓励。

第5章

沂蒙山开心农场——博客营销与网络销售创新方案

作者：山东科技大学泰山科技学院　团队：创 e 高飞

5.1　团队介绍

我们是来自山东科技大学泰山科技学院的“创 e 高飞”团队。我们的指导老师是山东科技大学泰山科技学院经济管理系的张岩。团队名称“创 e 高飞”，我们做的是沂蒙山开心农场——博客营销与网络销售创新方案，希望通过我们的努力将新兴的旅游方式与电子商务紧密结合起来，实现营销的新高潮，切实带动沂蒙山旅游经济的发展。如图 5-1、图 5-2 所示。

图 5-1　团队 logo

图 5-2　团队合影

1. 成员及分工

队长：张晓云，山东科技大学泰山科技学院 08 级电子商务专业学生，来自沂蒙山革命老区临沂，主要负责方案策划与撰写、寻找合作商、网页设计技术处理、项目整体策划。

队员：张还梦，山东科技大学泰山科技学院 08 级电子商务专业学生，来自风筝之都潍坊，主要负责博客的美工、搜集沂蒙山资料、演讲者。

队员：和树玲，山东科技大学泰山科技学院 08 级电子商务专业学生，来自旅游城市泰安，主要负责博文撰写、淘宝店铺产品管理，ppt 制作。

2. 团队宣言

创e高飞，e路拼搏；创意百出，e路无阻！

5.2 选题经过

方案选择沂蒙山生态游和沂蒙农家乐出产的天然蔬果和手编工艺品作为销售产品，主要源于以下考虑：

1）沂蒙山有着得天独厚的旅游环境，是国家地质公园、国家森林公园、国家4A级旅游区，被誉为“天然氧舱”。同时沂蒙山又是众所周知的革命老区，因此，红色旅游资源十分丰富。来沂蒙山旅游，游客除了可以在“天然氧舱”里放松身心，感受大自然的美妙之外，还可以了解到沂蒙的革命历史和红色故事，受到革命思想的熏陶。因此沂蒙山旅游具有绿色旅游与红色文化相结合的优势。

通过我们对沂蒙山区的农家游的走访调查，我们发现随着“农家游”这种旅游形式兴起，“农家游”概念已经被很多人知晓，沂蒙山的农家游在当地受到大部分游客的喜爱。但是这里的农家游多数是当地游客知晓，广告宣传做得不够，外地游客的关注度较低。据调查，由于资金问题，现有的宣传方式仅局限在乡镇电视台及县级电视台，受众观众范围小，宣传费用高，信息传播效果较差。

2）现在的游客在消费过程中变得更加理智，更加注重自身感受和所得利益，与以往相比有了很大的改变，人们迫切需求真实全面的旅游信息，而旅游网站和旅游博客大多从商家的角度宣传景点，因此现有的网络宣传方式无法满足游客的需求。另外，2009年随着各种版本的开心农场在网络游戏中的大热，农场效应已经席卷了我国大部分的消费者，人们熟悉也认可这种新型的产品形式。

3）随着近年来食品安全事故的频出，普通消费者对蔬菜瓜果的重视程度越来越高。价格已经不是人们选择购买的主要因素，取而代之的是蔬果天然、绿色、无污染的保证。沂蒙山农家乐在生产过程中完全不使用农药、化肥、生长调节剂等化学物质，不使用基因工程技术，严格遵循有机食品的生产技术标准，并且部分已经获得了相关认证，因此，农家乐里生产的蔬果都是天然蔬果。

根据以上三点，我们提出沂蒙山开心农场—博客营销与网络销售创新研究方案。决定利用网络宣传的优势推广农家游，借助于网络平台，打出“沂蒙山生态游”品牌和“沂蒙天然蔬果”品牌，吸引更多游客，促进农村旅游和蔬果的销售，带动农村经济的发展。如图5-3所示。

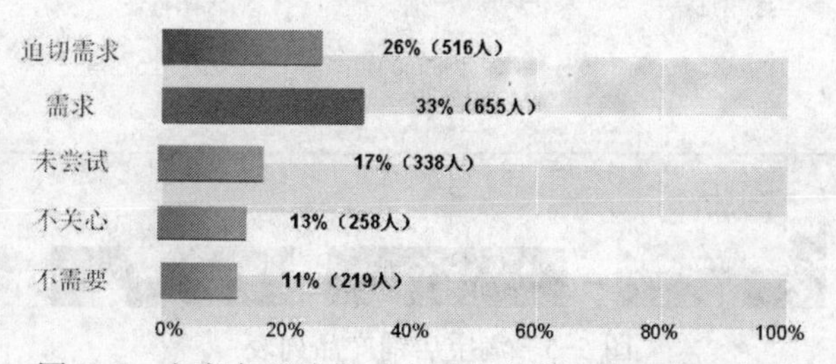

图5-3 方案主题确立后在网络上发表的问卷调查结果

5.3 方案

5.3.1 简介

我们的方案创意就在于以下三点。

1. 利用消费模仿理论创新博客营销方式

我们利用和讯平台创立了沂蒙山博客，其中特别开设了“沂蒙之旅体验记”模块（见图 5-4），借助消费模仿理论，引导游客来沂蒙山旅游。我们的博客链接了一些主要写旅游体验的、网络中有一定名气的草根博客的旅游博文，还会转贴一些与景点相关的评论。另外，博客在“农家乐推荐”、“沂蒙特色美食”、“景点推荐”等模块中都专设了一个“我的体验”栏目，游客可把自己的感受博文放在这里，展现对沂蒙山生态游的个人感受，通过帖子、博文，倡导大家一起来说出最真实的沂蒙生态游，让博客成为游客身边的导游，值得信赖的朋友。

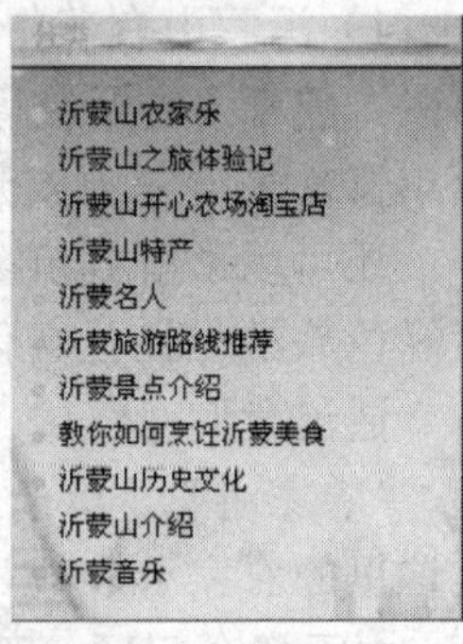

图 5-4 和讯博客分类

2. 无形产品和有形产品的结合

方案采取无形的沂蒙生态游加有形的沂蒙蔬果相结合的方式来建立销售体系，以无形产品带动有形产品的销售。我们的淘宝店铺针对一定范围内销售新鲜无公害蔬果，全部来自沂蒙山区无公害基地的蔬果，如图 5-5 所示。

图 5-5 淘宝店铺产品列表

3．真实版的开心农场

随着网络上的农场席卷全国，我们在淘宝平台上开办了真实版的开心农场——沂蒙山开心农场。除了让顾客有真实的农场体验外，还可让平时工作繁忙的现代人也能随时吃上安全的蔬果。通过与沂蒙多家采摘园的合作，我们在网络销售中率先开展了租地种菜和租果树的活动。游客可以通过我们淘宝店铺认购属于自己的果树及土地，进行自发种植，体验真实版的开心农场，如图 5-6 所示。

图 5-6　淘宝店铺上的真实版的开心农场的租树包地活动

5.3.2 正文

1．方案优势

（1）沂蒙山旅游资源优势

1）独具特色的“绿色文化+红色文化”的旅游方式。

沂蒙山植被覆盖率平均达 90%以上，有“空气维生素”之称的负氧离子含量为 220 万个单位/cm^3，居全国之首，属超洁净地区，被誉为“天然氧舱”。沂蒙山水系发达，泉水甘洌，被称为“美容元素”的偏硅酸等多种微量元素含量丰富。沂蒙山千峰万壑，云海松涛，泉飞瀑鸣，鸟语花香，一年四季，风景奇妙：春季层峦叠翠，林海花潮；夏季飞瀑流水，云雾缥缈；秋季漫山碧透，红叶映照；冬季银装素裹，玉琢冰雕。自然环境和生态条件赋予沂蒙山成为世界养生、长寿圣地，是生态旅游、运动休闲、养生度假的理想场所。

沂蒙，是全国著名的革命老区，红色旅游资源丰富，被旅游专家誉为“两战圣地”（抗日战争和解放战争）。闻名中外的孟良崮战役、大青山战役等都发生在这里，刘少奇、陈毅、罗荣桓、徐向前、粟裕等老一辈无产阶级革命家都在这里工作战斗过。从抗日战争到解放战争的长达 12 年间，沂蒙山区作为八路军山东纵队、八路军 115 师司令部、中共山东分局、山东省政府、中共华东分局、华东军区、华东野战军等党政军机关的所在地，成为华东地区革命斗争的指挥中心和全国著名的革命根据地。当时沂蒙革命根据地 420 万人，有 120 万群众参军支前，10 万多革命先烈的热血洒在了这片热土上。涌现出了闻名全国的用乳汁救伤员的“红嫂”、沂蒙母亲王换于、支前模范“沂蒙六姐妹”、模范担架队等一批英雄典型。富有光荣革命传统的沂蒙军民，在中国共产党的领导下，同生死，共患难，孕育了“爱党爱军、开拓奋进、艰苦创业、无私奉献”的精神。

2）丰富的沂蒙特产。

水果类。沂蒙山出产优质红富士、秀水苹果，金丰、燕山红板栗和乌克兰大樱桃，凯特杏，中华寿桃，河北赞皇枣，蒙山柿子，山楂等名优特产。

地方名吃。山野菜、沂蒙煎饼、芝麻盐、香椿芽、蒙山粉皮、蒙阴光棍鸡等是著名的沂蒙山美食。

食品类。有蒙山全蝎、知了猴（金蝉）、烤花生、大枣、核桃、板栗、糁（sǎn）、八宝豆豉、桔梗酱菜、民间小菜、沂蒙三丝、蒙山草鸡、干煸肉丝、金银花茶、银杏茶、银杏产品、蜂蜜、蜂王浆、蜂巢蜜等沂蒙山特产。

沂蒙民俗工艺品。包括土布家纺、布老虎、绣花鞋垫、手工布鞋、剪纸、柳编物品等特色产品。

（2）独特的宣传方式

我们的店铺与其他淘宝店铺不一样的是，我们采用博客营销带动淘宝店铺产品的销售。我们利用了博客博文广告的优势，通过旅游的推广，给农家乐做广告，同时，还在淘宝店推出真实版的“开心农场”和销售沂蒙山特色产品。

我们不仅采用了博客、视频进行营销，还体现了绿色营销、文化营销、口碑营销及体验式营销和参与式营销的内涵。在团队的宣传上，我们采用了色彩营销，专门选择了贴近主题的“沂蒙山大嫚”服装，采用了独特的色彩营销。我们有自己的团队 logo，是根据每位成员的性格和形象专门设计的。我们的服装也具有代表意义，选择了贴近方案主题的“沂蒙山大嫚”的服装，包含红色和绿色，红色象征着沂蒙山的红色文化，也象征大学生饱满的热情；绿色象征着沂蒙山的生态游，绿色是充满希望的颜色，象征着大学生的朝气蓬勃。

2. 市场分析

（1）农家乐

顾客来沂蒙山旅游，住农家屋、吃农家饭、采农家果、享农家乐。团瓢屋因造型酷似葫芦瓢而得名，具有典型沂蒙特色。树屋也叫树上餐厅，游客可在树上就餐，增加了餐饮的乐趣。如图 5-7、图 5-8 所示。

图 5-7 团瓢式餐厅

图 5-8 树上餐厅

（2）目标顾客

农家乐的受众群体广泛，绿色旅游加红色文化的方式适合各年龄段人群。纯天然、无污染的新鲜蔬果适合所有人群，尤其是老人和儿童。

（3）竞争分析

与其他淘宝特产店铺相比。我们拥有两个优势：

1）新型的营销模式，配合淘宝店的销售，我们特别开设了沂蒙和讯博客，通过博客营销，提高沂蒙蔬果的知名度和美誉度。

2）包地、包树式的网络销售方式。通过线上与线下的同步配合，带给顾客不一样的消费感受。

3. 利润来源

（1）农家乐广告收入

我们会根据各农家乐的特色为其制作相应的视频及软文宣传，初期为沂蒙农家乐提供免费的网络宣传，随着博客关注度的上升，计划在后期收取适当的广告费用。

与合作的农家乐达成协议，凡是持有我们会员卡的游客，即可享受各种形式的打折优惠。游客的住宿、餐饮、娱乐消费，根据会员卡的消费记录，我们会收取一定的提成。

（2）淘宝店收益

目前我们在淘宝网上开设了沂蒙山开心农场，专门销售沂蒙山新鲜的蔬果和工艺品，游客可通过博客链接到我们的淘宝店铺，方便顾客随时对沂蒙特色产品的需求。我们的淘宝店铺主要经营以下几种产品：沂蒙蔬果销售，包括租地、包树式销售和蔬果散卖两种方式；沂蒙特产，包括乡村野菜、干果炒货、农家煎饼、蒙山全蝎、节日食品、蒙山草鸡蛋、风味咸菜等；其他，包括沂蒙山手编工艺品和沂蒙山故事书籍等内容。

4. 成本分析

我们的方案是秉承着大学生切合实际的创业理念，我们团队的成本也是相当低的。表5-1是我们方案实施的主要成本。

表5-1 成本分析

分类	项目	费用/元	总计
固定投入费用	网费	30/月·人	90/月（共三人）
基本费用	差旅费	100/次	300（共三次）
线下推广费用	宣传单页	50	50
	会员卡	0.2/张	200
	资料打印费用	40	40

由此表可以看出，我们团队方案的运营成本很低，其中电费和相关场地费均由学校提供。并且学校为支持我们大学生创业后期专门安排了实验室，因此我们的大部分成本（网费）又可以用于其他宣传推广的费用上了。

5.4 竞赛结果

5.4.1 实施结果

1. 线上成果

全方位的实施平台。我们以和讯博客为主，通过淘宝店铺进行销售，同时在百度贴吧创建沂蒙山贴吧俱乐部，配合酷 6 视频和百度博客，全方位地满足游客的需求。

首先，我们走访了位于沂蒙山区的临沂市蒙阴县的各种风格的农家乐，拍摄了大量的照片，对其目前采用的宣传方式做了具体分析，确立了主题，通过网络博客宣传沂蒙山的生态游。其次，为了让我们的博客做得更加全面，我们开始通过各种方式收集沂蒙山的旅游信息。在宣传农家游的同时，让游客对沂蒙山有整体的了解。我们的目标是做最全面的沂蒙山信息博客。在我们的和讯博客中，包括沂蒙景点、沂蒙山名人故事（王羲之、曾子、匡衡、蒙恬、王详、算圣刘洪、沂蒙六姐妹等）、丰富的沂蒙山美食及其制作方法、沂蒙山旅游专线推荐、沂蒙特产；在酷 6 网中收集了全面的沂蒙视频，包括发生在沂蒙山的电影、电视剧、沂蒙美食制作、沂蒙民间故事等视频。在沂蒙民间故事采集部分，我们采访了沂蒙六姐妹，制作了访谈录视频和故事文章。最后，在淘宝店铺的经营中我们取得了较好的销售业绩，顾客对我们的店铺及产品表示了认可，反馈及顾客的购后评价的好评度达到 100%。截至 5 月中旬，我们已经发放 156 张创 e 高飞会员卡，获得了 156 位对沂蒙山旅游产生兴趣的顾客资料，其中已经有 56 位顾客到我们合作景区旅游。

竞赛项目方案实施平台总体介绍：

我们创 e 高飞团队和讯平台实施的过程：第一，在确立了主题后，分别在和讯博客和酷 6 视频网注册了博客；第二，进行了团队队徽设计和博客首页及风格设计，设计了多种风格，通过多次筛选确立了符合我们团队主题的宣传首页和队徽；第三，进行团队博客宣传，定时发表方案的博文，进行关键词优化，两周时间访问量达到了一万人次；第四，发掘潜在客户，互相沟通交流，与此同时开通淘宝店铺进行销售，使客户对沂蒙山产生旅游的向往，对产品产生购买欲望；发放了我们团队发行的会员卡，顾客带卡旅游可以享受积分，当积分达到指定的分数即可换取我们团队颁发的奖品；第五，结合和讯博客和酷 6 视频的宣传，通过和沂蒙山区当地农民的合作在我们淘宝店铺上进行租地包树式销售。在各大平台实施人气达到一定值后，大量进行淘宝店铺的销售活动。

和讯博客：沂蒙山生态游，给你最真实的体验

和讯博客中主要包括自制宣传视频、自拍景区组成的相册、全面记录沂蒙山文化的博文，此外还专设“我的体验”栏目，此栏目中包含了转载的一些草根博客的沂蒙山游记供访友参考。图 5-9 所示为和讯博客网址：http://hexun.com/threegirls/default.html。

淘宝店铺：沂蒙山开心农场

我们的淘宝店铺中有两个模块：一是沂蒙蔬果销售，包括租地、包树式销售和蔬果散卖两种方式；二是沂蒙特产，包括乡村野菜、干果炒货、农家煎饼、蒙山全蝎、节日食品、山鸡蛋、风味咸菜等。还包括沂蒙山手编工艺品和沂蒙山故事书籍等内容。见淘宝店铺网址：http://shop57895453.taobao.com/。

酷 6 视频：沂蒙山生态游，给你最真实的体验

团队空间中收藏了丰富的关于沂蒙山美食的制作方法视频以及我们特别为合作的农家乐制作的宣传片视频。图 5-10 所示为酷 6 视频上的相关内容，网址：http://threegirls.zone.ku6.com/。

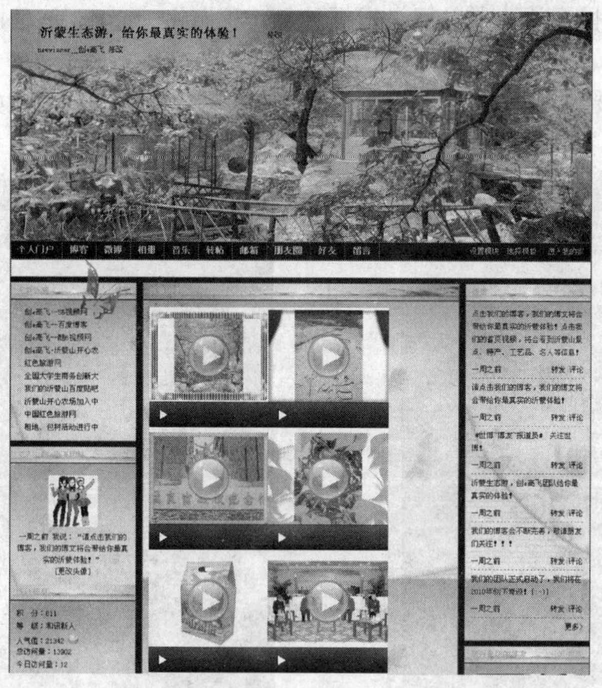

图 5-9　和讯博客

图 5-10　酷 6 视频首页

2. 线下成果

1）我们与多家沂蒙山农家乐和采摘园签订了合作协议（见图 5-11）：有沂蒙六姐妹采摘园、知青之家农家乐、栗子园农家乐等。我们为沂蒙六姐妹采摘园策划了“丰收节”采摘趣味赛，得到了景区负责人的认可，根据计划，我们将于 2010 年暑期与其合作共同举办第一届采摘趣味赛。

2）我们在线下积极采集沂蒙民间故事。例如，我们采访了沂蒙六姐妹，并制作了访谈录视频和故事文章，如图 5-12 所示。

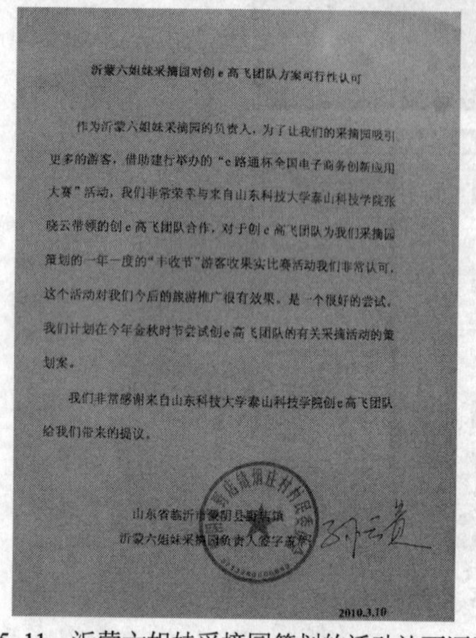

沂蒙六姐妹采摘园对创 e 高飞团队方案可行性认可

作为沂蒙六姐妹采摘园的负责人，为了让我们的采摘园吸引更多的游客，借助建行举办的“e 路通杯全国电子商务创新应用大赛”活动，我们非常荣幸与来自山东科技大学泰山科技学院张晓云带领的创 e 高飞团队合作，对于创 e 高飞团队为我们采摘园策划的一年一度的“丰收节”游客收果实比赛活动我们非常认可，这个活动对我们今后的旅游推广很有效果，是一个很好的尝试。我们计划在今年金秋时节尝试创 e 高飞团队的有关采摘活动的策划案。

我们非常感谢来自山东科技大学泰山科技学院创 e 高飞团队给我们带来的提议。

山东省临沂市蒙阴县[illegible]镇
沂蒙六姐妹采摘园负责人签字盖章

2010.3.10

图 5-11　沂蒙六姐妹采摘园策划的活动认可证明

图 5-12　队长张晓云与沂蒙六姐妹（伊淑英老人）的合影

3）我们特别为合作的农家乐设计了服装（见图 5-13），形似新鲜饱满的大樱桃。顾客不用查找宣传手册，只要看到服务员醒目的标志性服装，就知道这是“创 e 高飞”的合作农家乐了，在这里，顾客可享受到会员特别的优惠（见图 5-14）。

图 5-13　创 e 高飞团队合作农家乐的服装

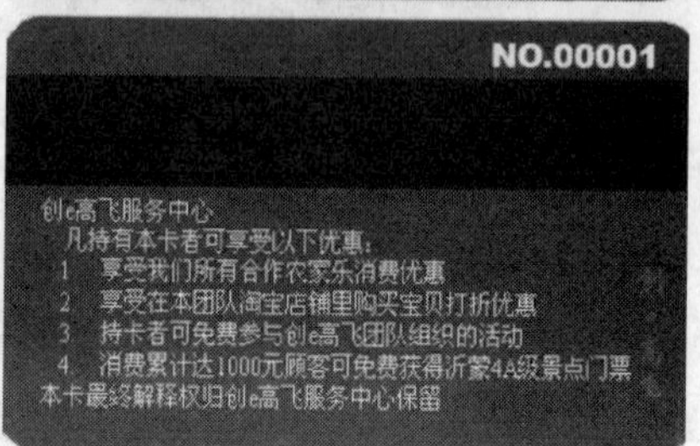

图 5-14　创 e 高飞团队设计的会员卡

4）顾客关系管理。目前，通过会员卡制度，我们已经获得了不少顾客的资料。通过与顾客的良好互动和沟通，努力培养忠诚的顾客群。对顾客提出的合理建议立即回应，积极改进；新鲜蔬果收获时通过飞信、QQ、旺旺及时通知；节假日和顾客生日时送去问候；每年的采摘节大赛邀请顾客参与其中，让我们成为顾客的贴心朋友。

5.4.2 名次结果

全国总决赛本科组网络商务创新应用一等奖。

5.5 方案点评

5.5.1 官网专家点评

文磊【山东科技大学】评论时间：13/4/2010 10:31:12 AM

执行层面多多努力，方案需要在一定程度上提升层次，标准化，做得专业一些。

魏开言【大赛组委会】评论时间：6/5/2010 10:44:17 AM

现在复赛阶段，关于专家平台的应用，我个人有以下建议：
① 专家平台总体应用不错，内容较为丰富，但每个专家平台的外在美观还是要考虑的。
② 多加强与其他团队间以及各个专家平台网站的网友的交流互动工作。

5.5.2 决赛现场评委点评

龙美玲【西祠胡同】评论时间：15/5/2010

网络营销的手法运用得很好，方案可以尝试挖掘其他商业模式，但是方案的基本要素已经具备，挺好。

李楠【淘宝大学】评论时间：29/5/2010

方案很有创意，在网络上开展租地种树这个创意很好，在淘宝上只有你想不到而没有你买不到的，你们这个项目考虑得比较全面，也很有特色，具有相当的发展空间。

5.6 后期计划

继续推广“沂蒙山生态游博客”和“沂蒙山开心农场”淘宝店，做出我们的沂蒙山农家乐品牌。这也是我们三个女生在校的创业项目，我们的方案会继续做下去。欢迎大家到沂蒙山旅游，更欢迎大家参与我们举办的活动。

5.7 获奖感言

感谢中国互联网协会、中国建设银行、和讯网、淘宝网、酷6视频网、中国移动飞信等多家单位在这次比赛中为我们大学生提供的展示平台。让我们在这个平台上提出创意、开动思维、创造出自己的价值。比赛中，专家的意见让我们获益匪浅，其他团队的精彩表现也让我们深受启发。我们会吸取各家之长，不断地完善方案，打造沂蒙山生态游加沂蒙山开心农场的团队品牌。请期待我们更好的表现。

在方案实施过程中，虽然前期制订了详细的计划，但很多意想不到的问题接踵而至，理想和现实的差距曾一度让我们动摇，但在指导老师的带领下我们三个女生重拾信心，通过不断地查找资料、讨论问题，一次又一次地尝试解决办法，最终攻破了所有的难关。正是这一次次的发现问题、解决问题的过程，让我们的学习能力得以迅速提升。大赛促使我们在方案实施过程中直接走入社会，使我们提早了解社会，确定了今后的发展目标，大赛真正做到了“彰显网络商务价值，实现创新职业梦想”的主题。

附录一校区寄语

我要特别感谢我的母校—— 山东科技大学泰山科技学院给我们提供的支持与帮助，感谢学校老师和企业教官的指导。当我们从北京回来时，学校领导、经管系领导到火车站举行了迎接仪式（见图 5-15），回到学校的当天领导召开了座谈会（见图 5-16），在会议上对我们取得的成绩表示祝贺，经济管理系党总支副书记陈福刚总结了经济管理系连续三年来参加网络商务大赛的经验。学生处处长宋传文希望大家能够再接再厉，积极进取，取得更多的佳绩。并号召全校师生以经管系大学生科技创新团队为榜样，刻苦学习，努力钻研，不断创新学习方法，迎接新挑战，克服新困难，实现校区（学院）科技创新活动新的辉煌。6 月 10 日，学校在礼堂专门为我们召开表彰大会（见图 5-17），授予“网络商务创新标兵”称号并颁发证书和奖金。按照我校学生综合素质测评评比办法，我们团队成员在学期末综合素质测评中享受加分的政策。

图 5-15　领导火车站迎接我们的凯旋

图 5-16　当天校区经管系召开座谈会

图 5-17　系举办的表彰大会

*图 5-15 中条幅上的“全国电子商务大赛”应为“网络商务大赛”，系当时准备出现混淆所误（编者注）。

第6章 ProMe 即时问答工具方案

作者：北京师范大学　团队：ProMe

6.1 团队介绍

我们是来自北京师范大学的“ProMe”团队，团队成员分别来自北京师范大学经济与工商管理学院电子商务专业、信息科学与技术学院计算机科学与技术专业、教育学部教育技术专业。

团队名称“ProMe”取自单词 Prometheus，是希腊神话中的神，代表先见，取此意寄托软件无所不知的希望；ProMe 可理解为 Pro Me，也就是提高自身能力的意思，如图 6-1 所示。

图 6-1　团队合影

1．成员及分工

队长：程明，负责带领团队、进度规划、问卷设计调查和项目分析。

队员：饶俊阳，负责软件编写、测试、技术支持、主要的开发工作。

队员：崔振峰，负责页面设计、美术支持、开发工作。

队员：王宗锐，负责营销方案设计和实施、博客撰写与交流推广。

2．团队宣言

ProMe 让世界给你答案！

6.2 选题经过

搜索引擎已经成为人们在网络时代获取知识的最重要途径之一，并且成为当今互联网最基础的服务之一。不论需要哪方面的信息，只需要在搜索引擎中输入相关的关键字，这些搜索引擎就能很快地搜索出大量的相关网页，给人们提供了很大的帮助。

与此同时，搜索引擎的现状和发展状况依然让人有相当大的想象空间。根据艾瑞2009～2010年中国搜索引擎市场份额报告，全球搜索引擎市场仍在逆势稳定增长。艾瑞咨询综合研究JPMorgan及Zenith Optimedia发布的数据显示，2009年全球搜索引擎市场规模达339.0亿美元，年同比增长14.9%。2010～2012年，全球搜索引擎市场规模将以14%以上的速度稳定增长，预计至2012年，全球搜索引擎市场规模将达到510.5亿美元。搜索引擎巨大的市场潜力可见一斑。

在搜索引擎市场当中，已有众多出色的互联网产品瓜分了这一巨大市场，比如知名的Yahoo、百度、Bing 等。这些已有的搜索引擎在网页抓取、关键词提炼以及搜索速度和结果的排序等评价搜索引擎优劣的指标方面都有着不错的表现，那是不是新兴的搜索引擎产品就完全没有机会了呢？

我们并不这样认为，在互联网产业当中，总是有更创新更智能的产品出现来取代昔日的霸主。这其中需要的是对市场和现有产品的不足更加深入的解读和更有创新意义的产品的提出。而Web2.0以及云计算的出现，给予了我们团队灵感。

6.3 方案

6.3.1 简介

ProMe 主要面向移动互联网用户提供即时个性化信息搜索服务。该服务的信息搜索通过网络版即时通讯工具完成，作为客户端，用户无需安装软件或打开浏览器浏览网页，只需在自己常用的即时通讯工具（如飞信、QQ、MSN、talk、等见图6-2）或E-mail中如同添加好友般添加该服务，即可拥有一个庞大的更新速度最快的知识库，而用户本身同时也成为知识库的贡献者和组成部分之一。即时通讯工具如图6-2所示。

图6-2 聊天工具

整个服务的流程如下：

用户注册：到官方网站进行，这里收集的信息不仅是邮箱地址，强烈建议用户注册成功后补充一些基本信息，填写自己擅长的领域，感兴趣的问题，甚至是地理位置信息。我们将采用 Tag（标签）的形式关联到该用户。

绑定即时通讯工具（IM）：用户填写自己的 IM 信息，比如 QQ 号、飞信号、MSN 账号等进行绑定。此举是为了确认用户已经注册，并可能提供好友推荐。然后用户可以在自己任意的 IM 客户端上通过添加官方账号为好友，与之对话进行搜索。我们会通过与国内主流即时通信工具的合作，获得官方的公共账号接口来接受用户的信息。（这是需要后续工作而现阶段尚未实现的）。

提出问题和解答问题：在与官方账号聊天的对话框中，用户可以提出任何问题，并提示要添加此问题相关的 Tag，可以是问题的分类、地理位置或是关键字。服务器接收到用户的问题后，在用户数据库中查找具有相关的 Tag 或者分类相似的用户数据，并把问题转发给这些符合条件的用户，让他们提供回答。得到答案后会将答案返回给提问的用户，完成问题的搜索过程。

抓取网页分析内容智能回答：在用户提问之后，我们进行后台寻人解答的空闲时间中，我们的服务端也会根据用户的回答，提取关键词，甚至整句的语义分析。然后根据问题寻找相关网页，并只将网页中相关的内容提取出来形成答案，返回给用户。这部分，我们已经实现了对百度百科的抓取。

建立朋友圈和转发问题：根据用户提供的 IM 信息，我们可以推荐已有联系人作为朋友候选人。用户对于回答自己问题的用户也可以加为好友。在用户自己被问到问题而不能解答时，便可以抓发问题至自己的朋友圈，或者指定他认为能够解答该问题的用户。

形成知识库：根据分类和 Tag 将用户间的问题归类和完善，在主页上予以显示，方便以后提到相同问题时能够更快地提供答案。

整个工作流程信息流动还可以用图 6-3 所示的关系图简单解释。

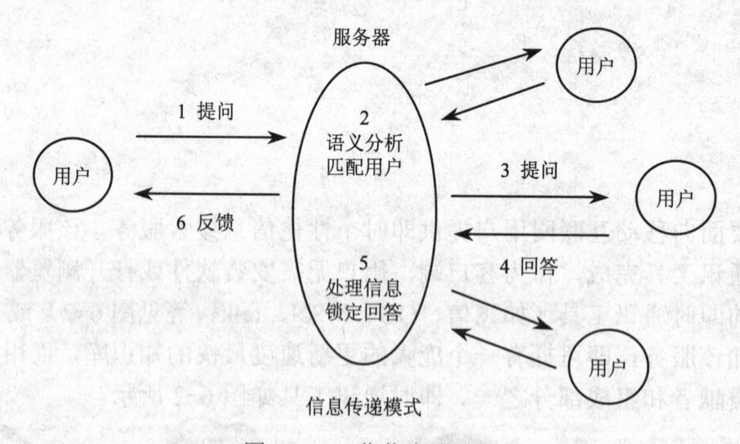

图 6-3　工作信息流动图

6.3.2　该项服务的特点

即时性：该服务利用即时通信工具与用户建立联系，服务拟人化。该方式集发问、更改、评价等为一体，用户只需同在线聊天一般将自己的有组织的言语信息发给 ProMe，便可快速得到自己想要的信息，并可随时改进提问，评价回答。在实时搜索成为搜索引擎热点之后，以 Twitter 为代表的搜索引擎服务成为实时搜索的主要形式和内容来源，但是用户能搜索的也只是已有的状态更新，对问题的涵盖并不完善。只有用户自己提出问题，而有人主动解答时才能将即时性发挥到更有效的层次。

主动性：该服务能够克服传统线上问答服务的被动性弱点，充分、高效地利用提问者的等待时间，并代之以搜寻与问题相关的专家和其他在线用户，化被动为主动。

针对性：该服务根据用户提交的基本兴趣标签及相关信息将待解决的问题与目标回答群体迅速匹配，增强信息获取渠道的针对性，借以提高回答的有效性。

互动性：通过该服务，用户可作为提问者获取快速精确的信息，也是由所有用户组成的庞大知识网中的一员，可在其感兴趣的领域回答问题，也可分享他人问答，享受网络时代互帮互助的乐趣。

6.3.3 正文

方案主要由四个部分组成，包括问卷分析、软件模拟展示、营销方案效果和盈利模式设想。

1. 问卷分析

经过我们长期的在线调查，发放电子版问卷 150 份，收到了有效问卷 105 份，针对其中具有代表性的问题，结合被调查者的答案，我们也可以对 ProMe 服务的市场机会有个正确的认识。

问卷的主要对象是网民中的大学生群体，之所以选择这个群体，是基于我们认为大学生群体是较高的知识密集型群体。他们所学各专业同获取信息的能力都会比一般网民高，同时需要获取的知识也更为广博，从而无论是在知识获取的需求和解答一般问题的能力上都更具有代表性。我们网上问卷的地址是：http://www.sojump.com/jq/264696.aspx。下面就通过几个具有代表性问题的答案来分析 ProMe 服务的市场机会，如图 6-4 所示。

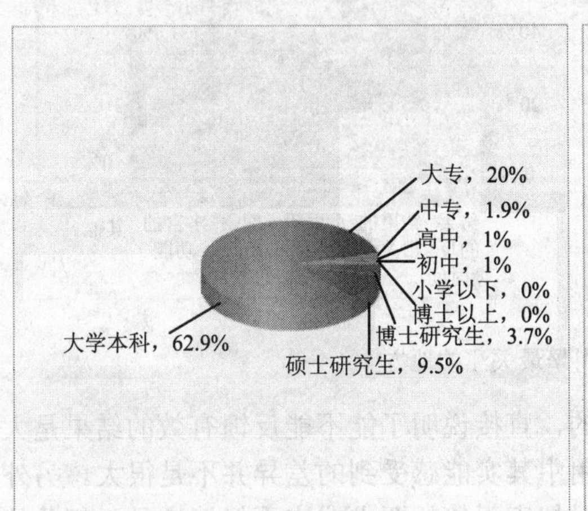

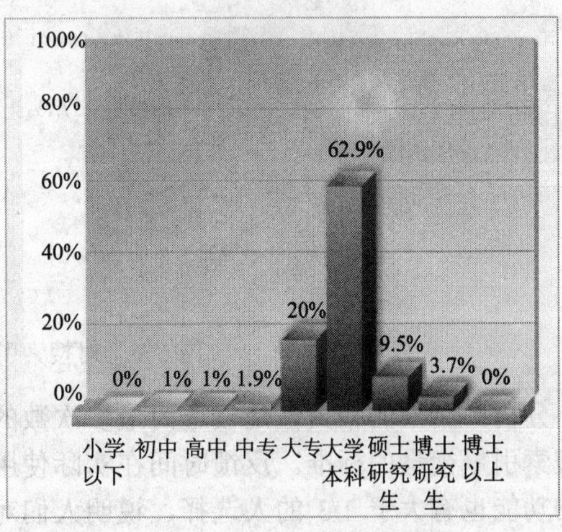

图 6-4 学历情况分析图

分析：被调查群体符合我们之前的描述，大学本科学历成为最重要的组成部分。甚至还有部分具有更高学历的人群。大学生群体在搜索引擎使用上不同于一般网民之处就是很大部分会体现在专业知识的获取上。而这部分知识根据我们平时的学习经验，往往是在搜索引擎上不太可能得到满意结果的。

（1）最经常使用的搜索引擎（见图 6-5）

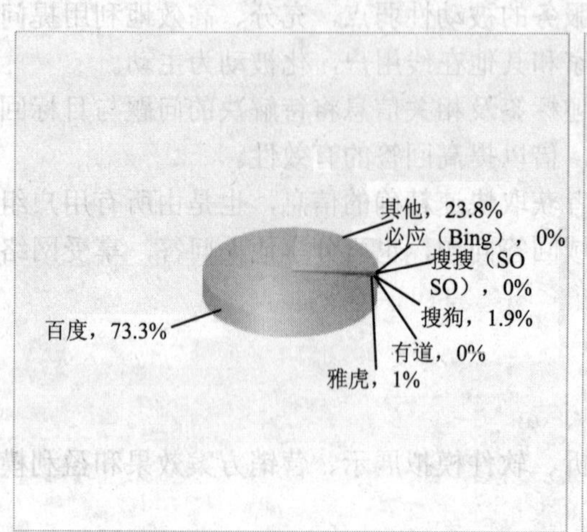

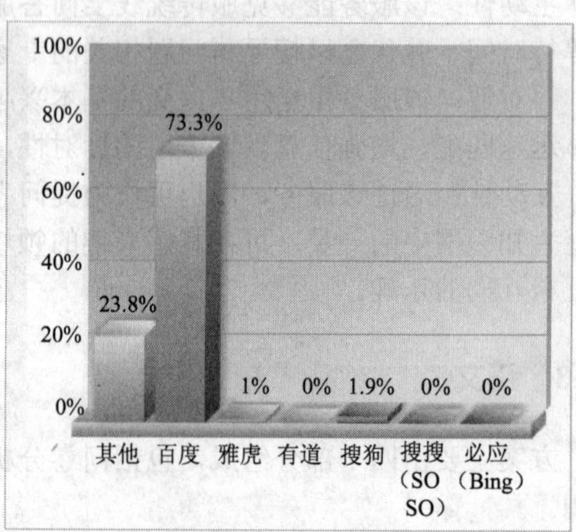

图 6-5　最经常使用的搜索引擎

分析：和当前市场格局吻合。其中百度的份额遥遥领先于其他产品。

（2）对搜索引擎最关注的地方（见图 6-6）

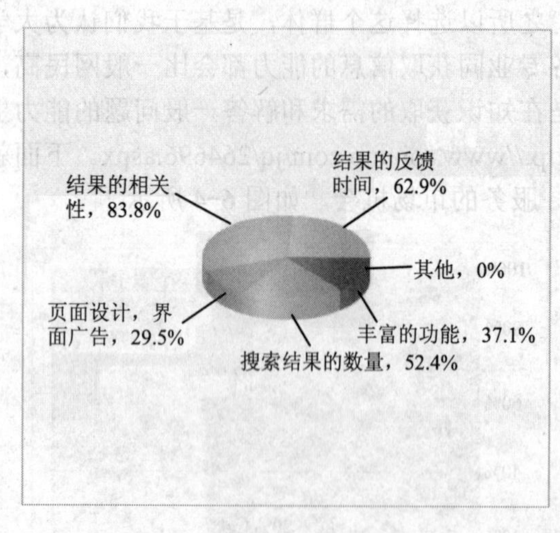

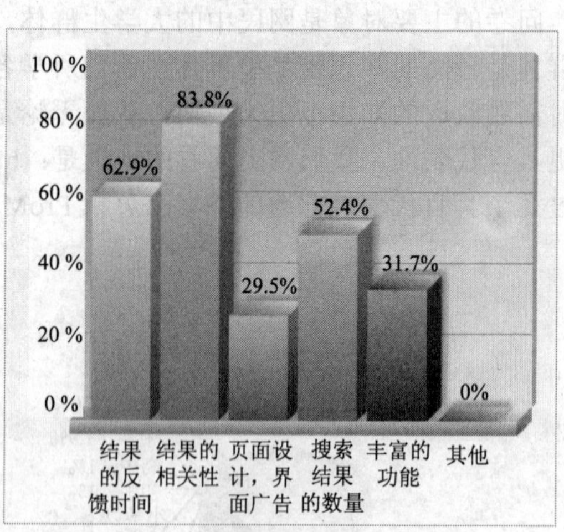

图 6-6　对搜索引擎最关注的地方

分析：结果的相关性是被选为最多次数的，直接说明了能不能反馈有效的结果是大家对搜索引擎衡量的标准。反馈时间在实际使用中其实能感受到的差异并不是很大。另外丰富的功能也有大于 1/3 的人选择，说明人们对搜索引擎的要求或许不仅仅满足于相关的网页了，更有对个性化功能的诉求。

（3）通过搜索引擎，是否能很快找到自己需要的东西（见图 6-7）

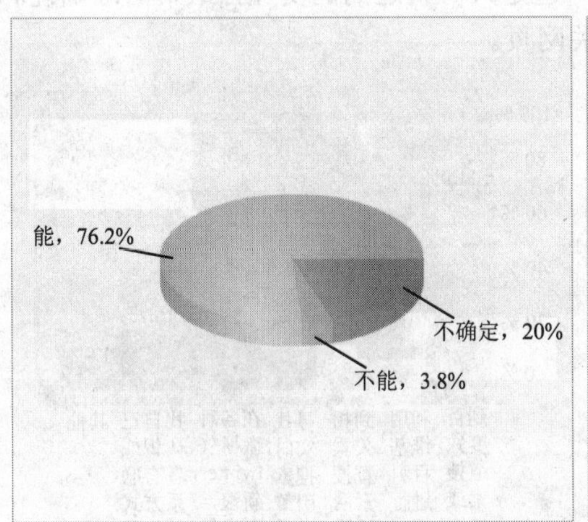

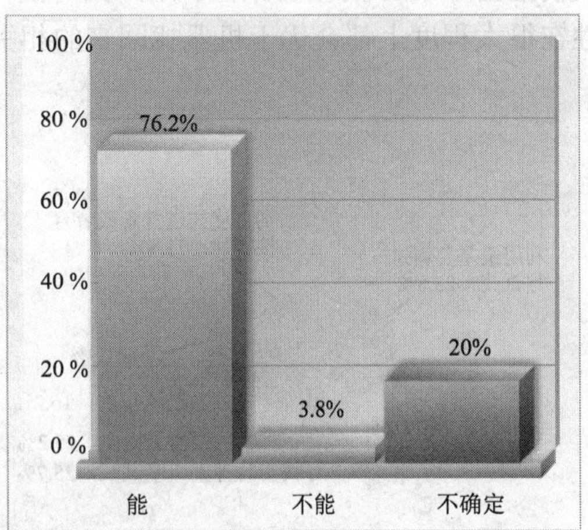

图 6-7　通过搜索引擎，是否能很快找到自己需要的东西

分析：绝大部分人还是对自己使用搜索引擎的能力很有信心。但是引起我们更加关注的却是剩下 23.8%的用户。他们对自己使用搜索引擎能否快速找到需要的内容仍不确定或者直接选择不能。这部分其实正是 ProMe 想要争取的用户，至于原因则会通过接下来的几组数据说明。

（4）导致放弃搜索的因素（见图 6-8）

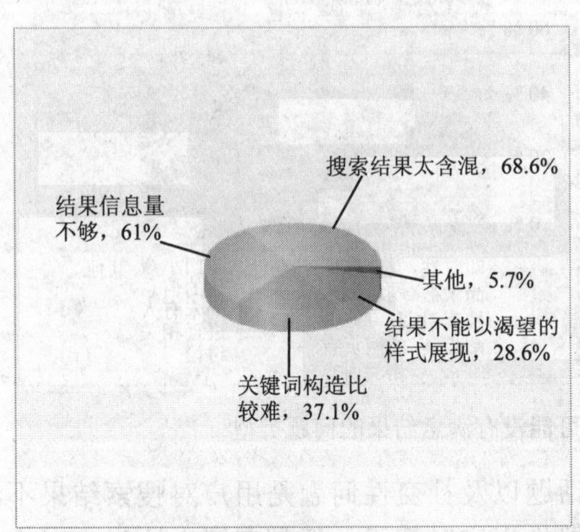

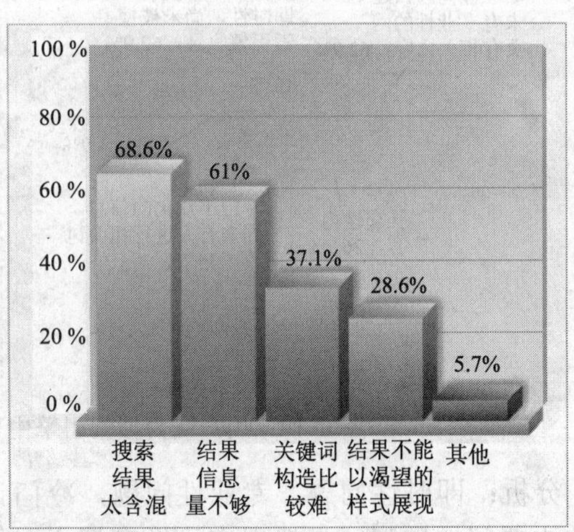

图 6-8　导致放弃搜索的因素

分析：搜索结果含混不清，结果信息量不够，关键词难造，结果的展现形式都成为了搜索引擎失去用户的原因。这与我们当初的预期是一致的。

（5）放弃搜索后用户其他获取答案的途径（见图 6-9）

分析：百度知道是大部分用户选择的方式，正是百度知道的用户问答式搜索方法，能将各个领域的“专家”集中回答用户的问题。这种人与人之间完成知识传递的方式正是启发我们推出 ProMe 的重要原因。用户回答的问题是人与人之间的交互，结果的准确性和有用性在很大程度上都会优于机器找回来的相关网页。

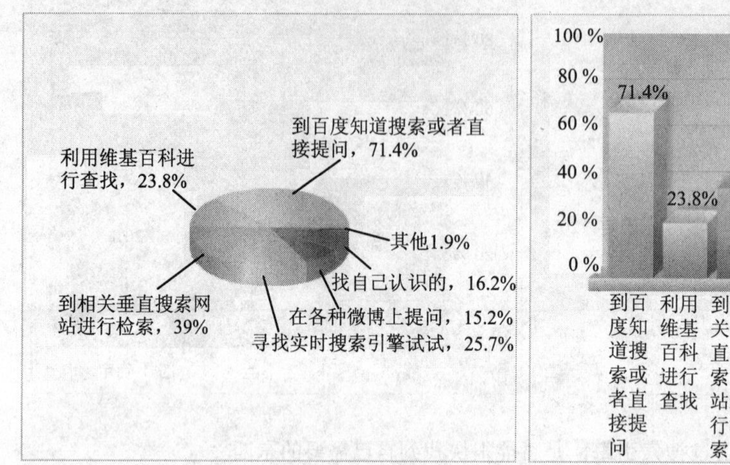

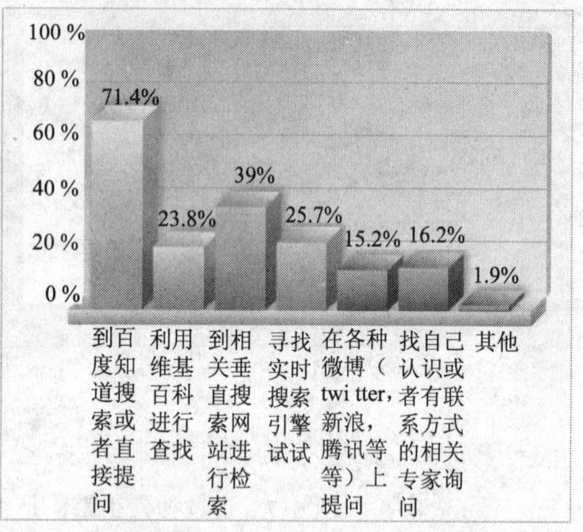

图 6-9　放弃搜索后用户其他获取答案的途径

（6）用户认为搜索引擎中可能没有满意结果的问题类型（见图 6-10）

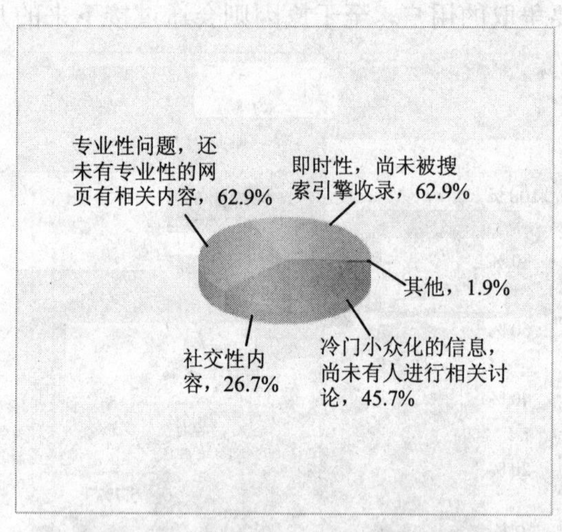

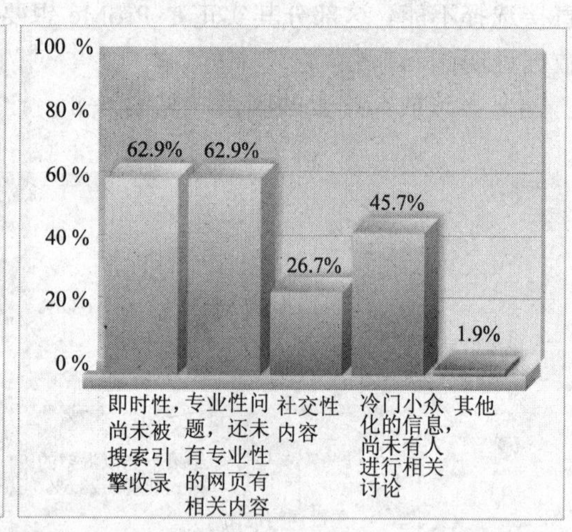

图 6-10　用户认为搜索引擎中可能没有满意结果的问题类型

分析：即时性问题，专业性问题，冷门话题以及社交性问题是用户对搜索结果不满意的主要问题题型。虽然现在已经有搜索引擎推出实时搜索，但是在国内还尚未有相关的服务。

2．软件模拟展示

为了更为直接说明整个服务过程，我们提供一个大致的对话流程：

1）在任何用户添加 ProMe 的账号之后，可以通过对话直接发起提问，如图 6-11 所示。例如，名字为“铁树寒鸦”的用户发起了一个问题，如图 6-12 所示。

图 6-11　提问

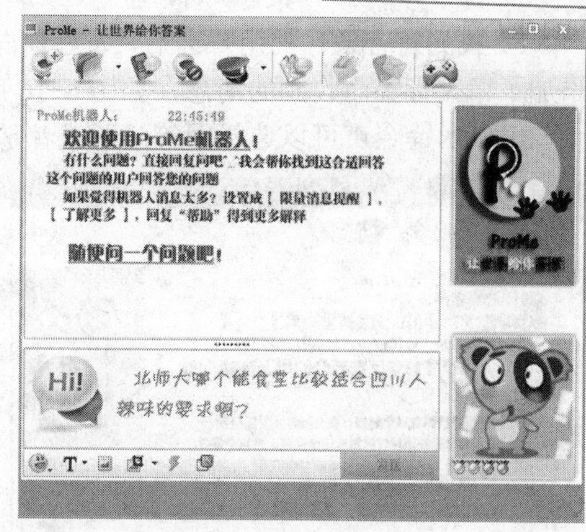

图 6-12　发起问题

2）收到问题之后，立即将问题推送到服务器上，并反馈，如图 6-13 所示。

3）用户可以通过添加标签对问题进行进一步的描述，如图 6-14 所示。

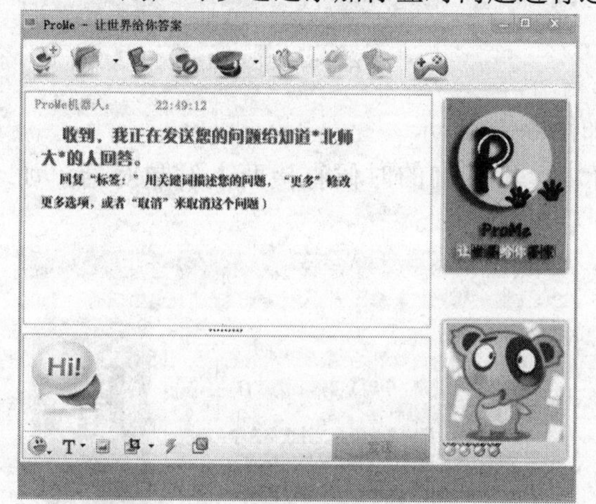

图 6-13　将问题推送到服务器上

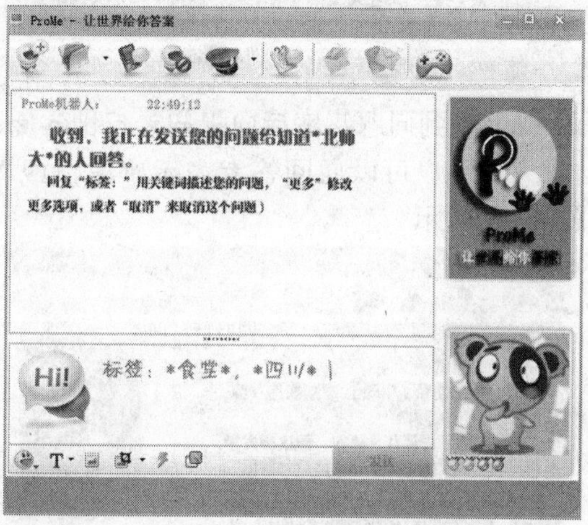

图 6-14　添加标签

4）同时也在数据库中查询为自己添加了相关标签的用户信息，如图 6-15 所示。

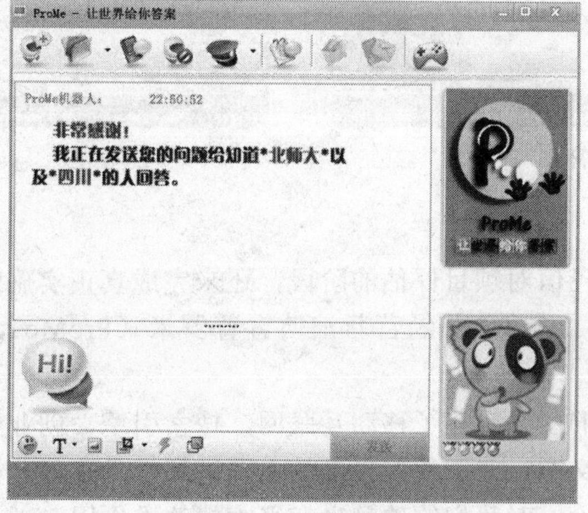

图 6-15　标签反馈

5）找到符合条件的用户之后，友好地向用户发起会话并提问，这是另外一个用户因为添加了相关标签而收到的消息，如图 6-16 所示。

用户木铎金声可以选择回答问题或者是直接 PASS，如图 6-17 所示。

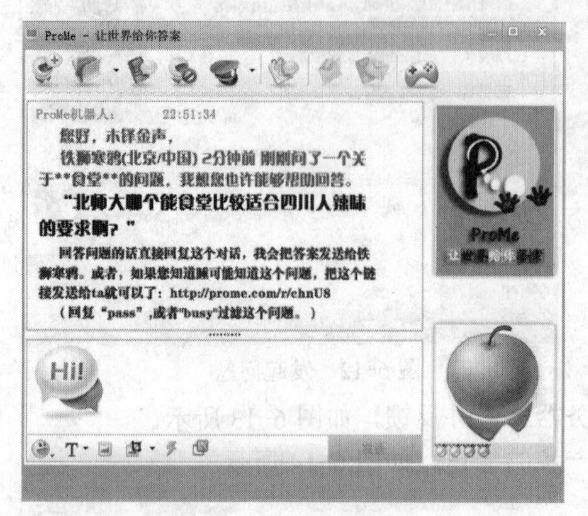

图 6-16　收到提问

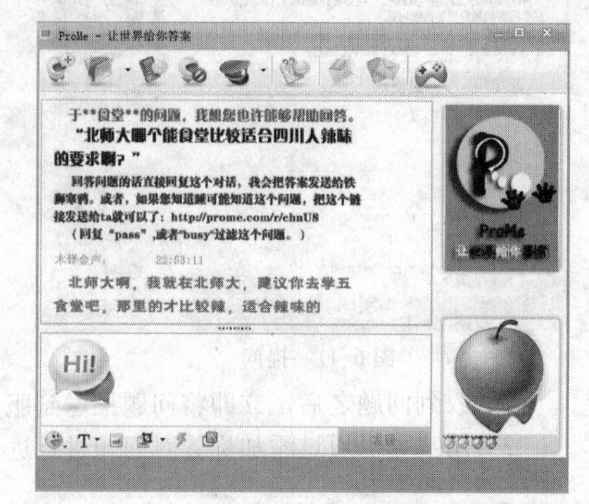

图 6-17　回答问题

6）收到问题答案后向提问者反馈答案，如图 6-18 所示。

7）用户可以向回答者表示感谢，或者有进一步咨询的时候直接两人发起对话，如图 6-19 所示。

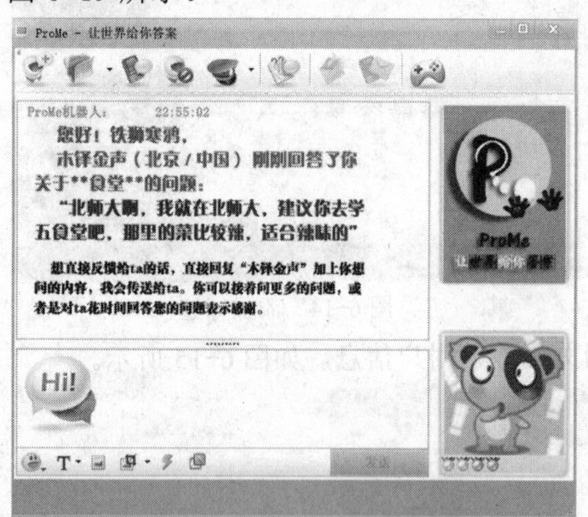

图 6-18　返馈答案

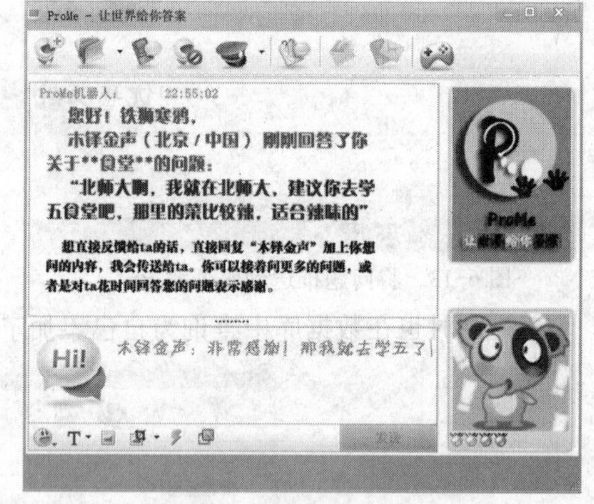

图 6-19　感谢，结束对话

3. 营销方案效果

在过去的三个月是飞信对项目评估的阶段，还未完成真正实施的目标，但是我们团队依然对 ProMe 的推广做了许多——经营新浪博客普罗米（ProMe），达到上万的访问量，如图 6-20 所示。

在该博客中，我们的主题定在了移动互联网，搜索引擎，创业经验等方面。自己发布和转载了众多高质量的文章，对于我们设定的主题进行了众多的分析和探讨。并和广大网友在上面进行交流和讨论，对我们的项目也有很大的改进作用。

同时，为了增加宣传效果，我们也在一些搜索引擎里面购买了关键词进行博客推广，让更多人看到我们的博客从而进行宣传。

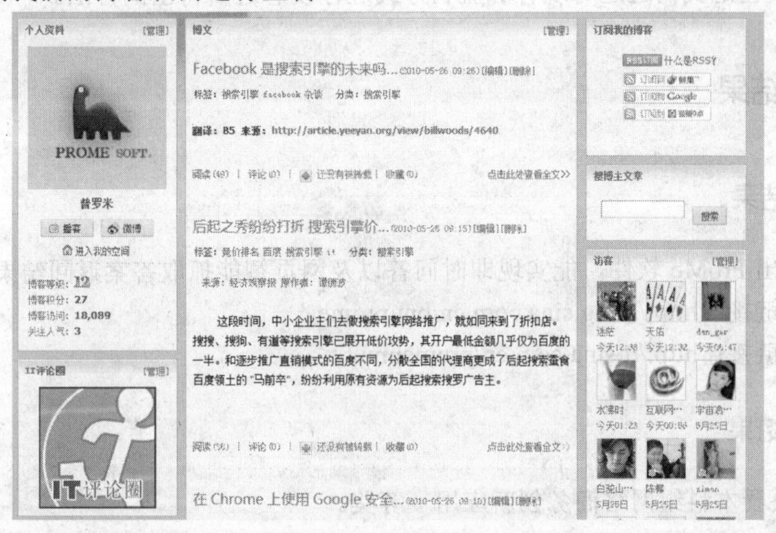

图 6-20　博客截图

4．盈利模式设想

由于开发周期以及同飞信北京分公司对项目评估周期的约束，我们现在尚未真正架设好网站并展开实际的创业活动。但是我们对于 ProMe 在积累了相当用户，形成品牌产品之后如何盈利已经有了一些想法。

1）广告推广，基于地理的优惠券主动推送搜索引擎最容易实现的盈利方式就是广告，ProMe 当然也可以通过广告推送进行盈利。在用户提出问题，尚未得到回答的间隙，我们可以通过匹配的 Tag 标签的商家进行推送链接的广告。Tag 的出售也使用和百度竞价排名类似的方法。用户也可以在没接受到答案的期间，进入广告看看是否有满足其需求的服务。

2）加入地理标识，虽然只在智能机中能够通过获取位置信息方便加入，但是一般的手机上可以通过加入地理标签进行对自己位置的定位。这样设置的目的也是为了附近商家有做推广的需要。在收到附近位置标签的问题之后，若是生活类的问题，则可以由商家发出相关的广告信息，特别是可以发出优惠券的信息，以吸引用户进入商家店铺进行消费。

3）设置等级，利用虚拟货币进行悬赏提问统计用户的活跃程度以及对知识库建设的贡献程度，制定一套等级制度，让更加活跃的用户得到高等级和更高的积分。积分再设置与各大虚拟货币建立一定比率的兑换率，包括腾讯的 QQ 币，飞信的用户积分等。

用户利用积分可以发起悬赏问题，对于满意的答案就能给予积分。这样做是为了增加用户的活跃程度，同时我们也可以从中收取一定比例的积分作为佣金。

同时，也可以选择花费积分使问题成为加急问题，优先转发，优先回答，在最短的时间获得用户需要的答案。

当然，或许在真正实施后积聚足够多的用户使用之后才能发现更好的盈利方式。但是以上几种方式也是我们通过对现有的盈利方式进行设想之后得出的方法。

6.4 名次结果

6.4.1 实施结果

1）开发出 ProMe 软件，能实现即时问答以及网页智能抓取答案返回结果等功能。

2）博客链接：http://blog.sina.com.cn/bnuprome。

3）微博链接：http://t.sina.com.cn/promebnu。

6.4.2 名次结果

全国总决赛本科组网络商务创新应用一等奖。

6.5 获奖感言

我们参加这次比赛的初衷是把我们的项目展示给更多的人看，让更多人了解。我们的目的达到了，并且我们也得到了众多人的支持，我们都很开心。虽然这次大赛结束了，但是我们的项目仍然会继续下去，希望最后能够有个不错的结果。我们参加这次大赛的过程中和中国移动飞信有过多次邮件交流，感谢飞信对我们的支持和指导。对于比赛的结果，学院也给予了一定的奖励，同时也提供了考研加分的机会。

第7章 如何利用博客营销手绘产品

作者：电子科技大学中山学院　团队：独领E时代

7.1　团队介绍

我们彼此都拥有共同的梦想，怀着相同的信念而走到一起。虽然我们没有什么经验，但是我们相信：只要我们愿意努力，那么风雨过后的彩虹一定离我们不远。

1．成员及分工

队长：李嫦清，学习、工作态度严谨，认真负责，注重发挥个人及群体的智慧与力量。负责项目的总体策划，及对资料的汇总，与合作商家具体的联系与沟通。同时参与到博客的制作与市场调查。协调和分配组内成员工作。

队员：陈楚红，有很强的组织能力、管理、协调能力，眼光敏锐独特，逻辑思维严密。主要负责相关资料的整理与收集，手绘工艺品的市场调查与分析以及负责手绘产品线下推广。

队员：吴思睿，工作认真、踏实，对于设计、广告有所研究，社会实践经验丰富。主要负责图片的美化以及相关视频的制作，品牌形象的建立和宣传，博客人气的提升。

队员：胡权威，工作认真、踏实，逻辑思维严密，社交能力强，对于设计、广告和博客有所研究。主要负责博客的更新与推广，且针对访客提出的问题给予反馈。

队员：陈刚，学习上有钻研精神，办事态度严谨稳重、考虑周到，逻辑思维严密，具有较强的洞察力，创新思路独特。主要负责C2C方案的策划实施及淘宝店铺的经营。

2．团队宣言

既然选择了远方，便只顾风雨兼程。

7.2　选题经过

作为电子商务专业的学生，我们都希望借本次大赛提供的机会和平台，锻炼我们电子商务的应用能力，所以怀着共同梦想的我们走到了一起。

在确定合作商家方面，我们就花了不少时间，也经过很多讨论。因为正在举办中山小榄的菊花展，所以我们把目光投向了小榄的特产菊花和茶薇蛋卷。经过“实地考察”和深入考察，我们发现小榄的特产受季节性影响较大，不利于我们长期营销。因此，我们放弃了这个想法。

后来经一位师兄介绍，去祥子手绘工作室了解情况，觉得这个挺适合我们这个比赛的。因为随着电子商务的越来越广泛应用和越来越受到人们的青睐，属于传统行业中的服装行业也逐渐改变以往的销售模式，开始把重心转移到新兴的营销模式——网络营销。而且随着社会的发展，市场也从卖方市场改为买方市场，产品种类极其丰富，普通的产品已不能满足消费者的需要了，消费者更趋于个性化的回归。就是说传统营销已经不能满足消费者的需求。同时近几年来，手绘作为一门新兴艺术，以其非凡的个性、随意的绘画风格，在大陆迅速掀起了一股“手绘风潮”，深受广大民众喜爱，手绘图案从当初简单的花鸟虫儿到复杂的漫画卡通图案，加上手工钉珠片等各种增值服务来满足人们的审美要求。从脚上穿的手绘鞋，头上戴的手绘帽子，身上穿的手绘T恤、手绘服饰，手上拿的手绘精品饰物，肩上挎的手绘包包等一系列手绘产品给消费者的生活增色不少。随之，手绘产品也由现在的领域延伸到更为广泛的生活领域。例如：客厅用品、厨房用品、婚庆用品、办公用品、床上用品……

因而我们选取“如何利用博客营销手绘产品”这个题目。

7.3 方案

7.3.1 简介

“有创意，才够味”，这是一句大家所熟悉的广告语。确实，创意已经无所不在地贯穿在人们的生活和工作中。创意在为人们带来巨大财富的同时，创意产业也成为一项新兴的热门产业。创意经济的市场潜力到底有多大？据相关专家分析，全世界创意经济每天创造220亿美元，并以5%的速度递增。近几年，创意产业的增长速度比传统服务业快2倍，比制造业快4倍……

手绘作为一门新兴艺术，以其非凡的个性、随意的绘画风格，而深受广大民众喜爱，随着手绘热的升温，带动了手绘颜料的销售、带旺了服饰及精品市场的发展。在欧美国家，穿着手绘服饰，佩戴手绘物件已经成为一种时尚，同时也是身份的象征。在中国，服饰店内卖得最贵的除了品牌服饰就是手绘服饰。一件手绘服饰售价在几百元到上千元不等。据业内人士预测：未来3～5年内，手绘产品将会大行其道，将会替代部分传统的丝印产品。所以手绘业被誉为朝阳产业当之无愧。

7.3.2 正文

1. SWOT分析

S（优势）：

- 手绘服饰充分彰显买家的个性与生活品质。
- 每件服装的图案都是纯人工手绘的，所以每一件衣服对于购买者来说都是独一无二的，全世界仅此一件。

● 舒适新颖的手绘鞋、手绘T恤等大大增加了传统服饰的时尚卖点，既有实用价值，也有独特的时尚魅力。

● 货源优势。祥子手绘是目前中山唯一一家专门从事生产手绘服装的企业，产品销售网络遍及包括海外，港澳台在内的全国各个地区，而且在我们学校也有一个工作室，这非常有利于我们与供货商的交流以及反馈。

W（劣势）：

● 手绘设计以及完成作品的周期较长，因而生产效率低。

● 手绘产品属于劳动密集型产业，生产成本高。

● 网上手绘产品的店铺比较多，容易受到恶意竞争。

● 企业处于起步阶段，规模较小。

O（机会）：

● 通过“e路通杯”这个电子商务比赛，可以令更多的人了解到手绘产品。

● 手绘行业的市场可以采用网络渠道开发，采用网络营销的方式定购，可以把需要的图案发表在博客或者论坛上有利于创新交流以及推广手绘文化。

T（威胁）：

● 手工艺的消费是一部分特定的消费群体，很多的大众是不消费，只是一个细分的市场，而且这种消费极有可能变成一次性消费，手绘产品尤其是这样。

● 有些不法商家，为了追求低成本，使用劣质涂料，对身体造成一定的伤害。

● 时下很多消费者对手绘产品并不是很了解，而且有很多消费者会对商家用的涂料是否环保，对身体是否有伤害等问题产生质疑。

2．网络营销优化

（1）设置关键字，做博客优化

1）选择好博文内容主题。

2）选择与主题相关的一个容易优化的关键词。

3）围绕关键词优化之选择关键词为新浪昵称。

4）围绕关键词优化之注册关键词域名。

5）注册博客后填写关键词相关的博客标题。

6）选择要优化的关键词做好和讯博客分类。

7）博客内容优化之博文标题优化。

8）博文内容优化之正文首段内容优化。

9）博文内容优化之博文整体优化。

10）博文内容优化之博客标签优化。

（2）淘宝优化

1）为了让我们的店铺在淘宝网、百度等网站都能被搜到，我们把网店名称写在最前面，并且在网店名称后面跟上一些关键商品分类的词。

2）店铺分类。前几个店铺分类不用图片，把精心策划关键字用在第1、2个店铺分类里面，并且避免用不太通用的词。

3）店铺公告。我们在店铺公告中安排大量关键字，由于百度等网站的搜索机器人对滚动字幕敏感程度远远超过页面里其他的字，所以可以更便于搜到我们的店铺。

4）宝贝名称。在宝贝名称中设置更多的关键字让买家可以进行搜索，而且其他买同类商品的卖家基本不会将这些关键字放在宝贝名称里。这样可以更好地提高我们商品的搜索率。

我们团队在实施方案的过程中，会不断根据市场的需求发展而改变相应的战略，完善我们的方案。

3．销售策略

1）开店初期定价：在这一时期，由于店铺刚刚加入淘宝，刚开张。买家还不熟悉并且没有一定的信用，因此销量低，没有竞争力。为了打开店铺销售的局面，在定价方面，可根据不同的情况（例如，“五一”节等假日）采用促销的方法，以此来推广手绘产品。

2）实施提成制度：①买家或者自由设计者可以参与设计过程，如果有顾客选中某一设计好的图案，那么设计这副图案的作者将会得到相应的提成。②买家把他已经买到的宝贝仍然放在我们店铺里，而且有顾客中意这个设计的，那么我们会遵循买家的同意是否出售这个设计，如果出售，那么也会有相应的提成。

3）薄利多销折扣定价法：网上购物这种形式一经出现，给人的感觉就是比在传统商店购买商品更便宜，所以，能获得一定折扣是顾客是否将该产品放入购物车的重要因素之一，因为消费者早已看过其他网站同样产品的价格。

4）薄利多销定价：薄利多销定价是指商品定价时，有意识地压低单位利润水平，以相对低廉的价格刺激需求，赚得少但是买卖多，争取长时间实现利润目标的一种定价方法。对于社会需求量大、资源有保证的商品，应采取这种定价方法。

5）数量折扣定价：数量折扣是对购买商品数量达到一定数额的买主给予的折扣。一般来说，购买的数量越大，折扣也就越多了。

6）数量折扣有两种形式：累积数量折扣和一次性折扣。累积数量折扣是指在一定时期内购买的累计总额达到一定数量时，按总量给予的一定折扣。而本店采取购买五件手绘衣服，将免费赠送一件印刷版的衣服，图案可以自由选择的折扣方式。另一种一次性数量折扣是指按一次购买数量的多少而给予折扣的一种策略。本店采取一双手绘鞋原价，买两双手绘鞋打 9 折，买三双以上包括三双手绘鞋打 8.5 折的折扣方式（开店优惠除外）。

7）实行会员优惠，增加销售量：我们设置会员折扣制度，会员等级分为普通会员和 VIP 会员。会员评定标准如下：

- 普通会员——只要在本店购买过商品一次，一律都是普通会员，可享受折扣为 9.5 折的优惠。
- VIP 会员——普通会员使用淘宝的账户名在和讯博客注册账号，并且加入到我们的“设计爱好者”朋友圈，发精帖达到 5 帖以上（包括 5 帖），可以升为 VIP 会员。普通会员同一个账号累计消费达到 500 元以上（包括 500 元），也可以升为 VIP 会员。这两种方式，达到其中一种都可以升为 VIP 会员，享受折扣为 8 折的优惠。

8）重点发展等级会员：利用他们的交际能力为我们发展更多的潜在顾客（即是口碑营销），迅速促进产品的销量及营业额的提高。

9）严格执行会员制度。

7.4 竞赛结果

7.4.1 实施结果

1．实施平台

1）建立和讯博客：对手绘产品进行推广，从博客日志、博客相册和朋友圈等方面对手绘产品进行宣传推广。我们将博客日志分类，通过丰富多彩的内容来吸引网友关注我们的博客，进而关注手绘的相关内容。作品链接：http://hexun.com/13763197/default.html。

2）开设淘宝店铺：淘宝网是中国最大的C2C平台，我们利用这个平台推广手绘产品。我们通过多种宣传方式，令更多的网民了解到手绘这个行业，了解手绘的相关知识。作品链接：http://shop60771490.taobao.com/。

3）西祠胡同：西祠胡同平台开设了“手绘创意DIY”与有关情侣、纪念品的社区和讨论区，定期发表文章提供大家交流，并经常发帖，同时也添加博客和网店网址链接，达到创造消费的效果。作品链接：http://www.xici.net/main.asp。

4）上传教程视频：虽然有部分的人了解到手绘相关知识，又对手绘制作感兴趣，但是苦于找不到相关的学习材料，而我们上传的手绘制作视频恰好解决了这方面的问题。作品链接：http://hd.ku6.com/show/3DI4pXLGFOupqQD0.html。

5）建立链接：与不同的博客站点建立链接，可以缩短网页间的距离，提高被访问的概率。包括在和讯博客、QQ签名、酷6视频空间申请与添加链接。

6）发送电子邮件：电子邮件的发送费用非常低，许多网站都利用电子邮件来宣传站点。以电子邮件为主要的网店推广手段，常用的方法包括电子刊物、会员通信、专业服务商的电子邮件广告等。基于用户许可的E-mail营销与滥发邮件（Spam）不同，许可营销比传统的推广方式或未经许可的E-mail营销具有明显的优势，比如可以减少广告对用户的滋扰、增加潜在客户定位的准确度、增强与客户的关系、提高品牌忠诚度等。

7）访问老顾客：建立客户管理系统，记录客户的联系方式，当有新品到货的时候结合客户的喜好选择性地给老客户发送少量的推广信息，或者节日的祝福等，从而建立健康的客户关系。

8）校内推广：为了提高手绘产品的知名度，在我们的合作商家的支持下，我们团队和学校自律委员会合作举办了“宿舍标志DIY”活动。作品链接：http://q.hexun.com/98145/discussion.aspx?aid=803703。

9）校外推广：我们团队联系学校附近的一间儿童DIY手工工作室，在合作商家的支持下，与他们共同举办了现场手绘产品展，并且现场教导小朋友亲身体验手绘衣服的乐趣。

2．博客推广创新亮点

1）把和讯博客打造成设计爱好者的作品交流平台、创作心得想法的交流场所。

和讯博客是网络营销的一个良好平台，众所周知，博客的起步是非常艰辛的。访问量低、留言量少是博客营销遇到的普遍现象。如果单纯地宣传产品难免会给人一种浓厚的商业性质。所以我们团队的构想是：把博客打造成设计爱好者的作品交流平台、创作心得想法的交流场所，并且我们在和讯博客建立了一个名为“设计爱好者”的设计交流平台，加入该圈子的人可以把自己的原创作品以主题的形式发表出来。这样一来，其他好友通过浏览好友圈可以找到新的创作灵感，原创者也得到了心理上的满足感。

2）实施原创作品提成制度。设计爱好者不但可以通过浏览好友圈找到新的创作灵感，而且对原创者来说，在心理上也得到了成功感。最重要的是，在征得原创者的同意下，我们会把作品做成商品出售，成功出售后我们会按出售价的 5%返利给原创者作为报酬。这种无风险收益将会引起原创者极大的兴趣。这符合一种“知识性的大众生产”原则。利用这个平台，我们把收集到的大众想法、创意整合起来，形成一个网络生产虚拟平台。

3）和讯微博创作交流。微博是手机与互联网的集合产物，用户可以随时随地发表发生在眼前的人和事。手机微博不仅具有这个亮点，人们还可以利用手机随时发布自己的想法以及创作灵感。我们知道，有时候创作的灵感是一瞬间的，在这个时候，创作者就可以把一瞬间的想法马上记录下来放到微博上与他人分享，这就很能凸显微博的时效性、现场感、快捷性，是其他媒体所不能比拟的。而且，每当有新的手绘产品出现，我们可以在第一时间发布在和讯微博上，更有利于创作者之间的交流。

4）利用和讯博客的博览（RSS 订阅）了解最新手绘咨询

用户只要把我们的博客添加到和讯博客的博揽（RSS 订阅）中，或者把我们的博客添加进设置好的 RSS 阅读器中就可以等着最新的手绘信息或者产品“找上门来”，及时接收更新更全的手绘信息，从而带给您最方便、最快捷的阅读享受，无须用户去各个网站一遍遍的搜索。

5）和讯博客与淘宝应用相结合。和讯充当的是一个手绘产品的推广平台，淘宝充当的是一个产品的交易平台，只有将二者相结合才能最大限度地发挥它们的效用。消费者在和讯博客的“设计爱好者”里找到欣赏的手绘作品后，可以第一时间联络我们，我们会在淘宝这个安全的平台里面进行交易。

7.4.2 成果展示图

基于方案，我们分别建立了博客和淘宝店铺，理论与实践相结合取得了良好的效果。

1. 博客展示

博客展示如图 7-1、图 7-2、图 7-3、图 7-4 所示。

图 7-1 博客展示（一）

图 7-2　博客展示（二）

图 7-3　博客展示（三）

图 7-4　博客展示（四）

2．淘宝内容

淘宝页面如图 7-5、图 7-6 所示。

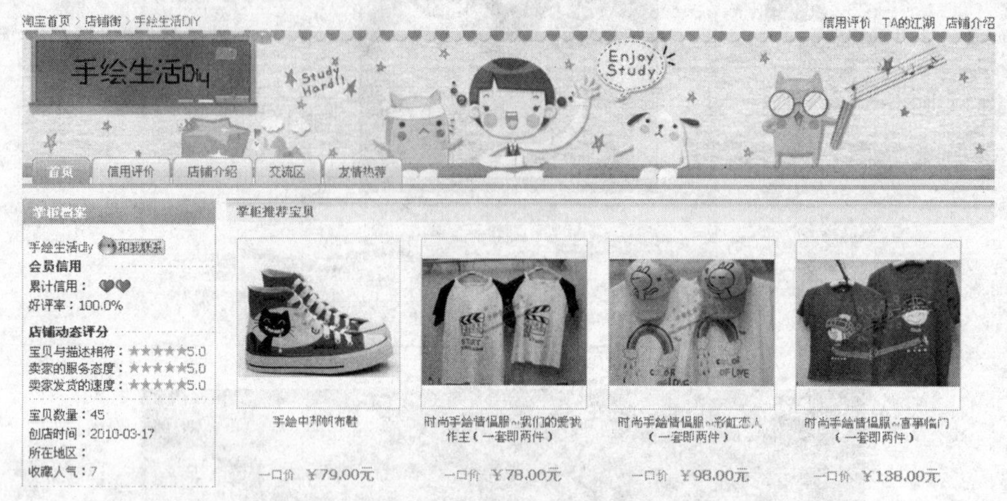

图 7-5 淘宝展示（一）

嘻嘻…男友很喜欢..情侣帽就是不一样 [2010.05.23 21:28:43]	买家 ： 嘉颖55	手绘流行帽~男版兔斯基示爱 25.0元
很可爱的帽子..跟想象中一样 [2010.05.23 21:28:43]	买家 ： 嘉颖55	手绘流行帽~女版兔斯基 25.0元
好评！ [2010.05.23 20:04:07]	买家 ： 若之然431	手绘流行帽~男版兔斯基示爱 25.0元
好评！ [2010.05.23 20:04:07]	买家 ： 若之然431	自由定制杯 28.0元
下次再光临 [2010.05.22 23:37:23]	买家 ： 粤**卖	自由定制杯 48.0元
好评！ [2010.05.22 23:36:14]	买家 ： 粤北专卖	手绘绳鞋~可爱心形女生 59.0元
产品不错 [2010.05.22 23:34:59]	买家 ： 粤**卖	Q版的自己~个性设计~样板服 80.0元
原来倒入温水，整个杯子都是白色的，果然店主没有骗人的，既可以买来送人又可以自己用，挺实际的 [2010.05.22 14:22:41]	买家 ： hajimi兜兜	自由定制杯 48.0元
衣服质量挺好的，物美价廉！卖家服务态度也很好！不错，非常满意！ [2010.05.18 10:15:15]	买家 ： kingkonglin	时尚手绘情侣服~我们的爱我作主（一套即两件） 78.0元

图 7-6 淘宝展示（二）

7.4.3 名次结果

全国总决赛本科组网络商务创新应用一等奖。

两广赛区本科组综合一等奖（两广赛区本科组总冠军）。

7.5 获奖感言

5 月 31 日，历时七个多月的第三届全国大学生电子商务创新应用大赛拉下了帷幕。我

们团队收获了全国赛区本科组网络商务创新应用一等奖与两广赛区本科组综合一等奖。得到这份荣誉，不仅是各评委肯定了我们团队方案的可行性，也是肯定我们团队七个多月的辛苦劳动。从报名到初赛，从初赛到复赛，从复赛到决赛，从理论到实践的过程，一路走来，我们为的是什么？就是希望自己的努力能得到他人的认同，可以将我们一路走来的感受与大家分享。我们每个人都觉得，参加这次大赛不仅让我们积累经验，更重要的一点是发现了自己的不足：缺乏一定专业术语的积累，技术含量不高……特别在总决赛前期，几位指导老师给我们方案提出了许多建议，而且他们绞尽脑汁地帮我们想办法，教我们如何能把方案做得更完美。这七个多月比赛历程见证了我们团队的成长。我们对电子商务的理解从懵懵懂懂到越来越清晰，而且充分了解到自己的知识储备究竟有多少，这些都给我们以后的学习提供了更多的帮助。

第8章

黔诚光茗——以“贵州绿茶·秀甲网络天下”的声音打造贵州绿茶营销新模式

作者：贵州大学　团队：“黔诚光茗”

8.1　团队介绍

我们是来自贵州的“黔诚光茗”团队，见图 8-1，分别来自贵州大学电气工程学院电气信息类、贵州大学法学院社会工作学与贵州民族学院民族学专业。

“黔诚光茗”，谐音“前程光明”，朗朗上口的同时，表达了我们团队对成功的期盼和对美好未来的信心。

图 8-1　团队合影

1. 成员及分工

队长：孟麟，思想成熟，个性稳重，拥有丰富的网络销售经验。

队员：何金松，拥有敏锐的市场洞察力，善于同各种人员打交道。

队员：罗俊，工作力强，踏实肯干。

队员：刘建中，善于收集处理信息，有一定的分析概括能力。

队员：潘红蕾，性格开朗，工作态度认真，负责处理客户意见。

2. 团队特点

崇尚沟通——用沟通实现交流，用交流达成思想统一。

优势互补——成员相互学习，相互影响，达到团队的最佳整合。

百折不挠——遇见挫折与失败，不退缩，不气馁。

不断进取——是突破困难的坚石。

3. 团队宣言

品雷公山茶，在黔诚光茗！

8.2 选题经过

参赛前期队长孟麟就在淘宝网上经营着雷公山富硒茶叶。为了更好地将该茶推广出去，经过实践调查，我们发现贵州茶叶独具自然绿色原生态的特点。但是由于交通以及宣传推广方面的不足，许多茶友品尝不到，而品尝到的茶友都成了我们的回头客。

随着近年国家政策的落实，贵州茶叶突飞猛进的发展，我们也借此次大赛，将更加透彻地完善我们的网络营销，将贵州雷公山，乃至贵州茶叶推向全国。

8.3 方案

8.3.1 简介

贵州是世界古茶树的主要原生地，是低纬度、高海拔、寡日照兼具的原生态茶区，是全国优质绿茶产区之一。

“黔诚光茗”在贵州优质茶叶巨大的发展前景下应运而生。据调查了解，现在贵州的茶产业处于待整合发展阶段，现代商务模式的运用还处在起步阶段，而“黔诚光茗”介入的正是一个还没有被合理开发的市场。由我们淘宝店（http://itea.taobao.com）实践可以证明，网络销售贵州茶叶是可行的。

借贵州雷公山富硒茶叶作为切入点，以“贵州绿茶·秀甲网络天下”的声音，打造贵州绿茶营销新模式，我们有信心把“黔诚光茗”打造成为贵州绿茶专业网络销售品牌。

8.3.2 正文

方案主要由三个部分组成，包括实地走访做选题分析、网店平台的建立、“游西江千户苗寨，品雷公山茶”品茗旅游计划。

1．实地走访调查

为了更好地了解贵州茶叶的推广情况和我们项目的突破口，我们在雷山地区做了实地考察和走访。通过走访了雷山地区的茶叶企业现状及其政府对茶产业的相关政策的了解，再加上走访了雷山相关的茶叶专家，我们了解到了雷山茶叶的优劣势。

优势：

1）远离大城市和公路干线，城市废气尤其汽车废气极少。对茶叶生长好，远离“重金属超标”等困扰。

2）平均海拔 900 多米，终日云雾缭绕，茶叶生长期就长，干物质积淀就多，茶叶可以泡五六次以上。

3）没有任何工业污染。

4）土壤锌硒同具。锌被称为增强生育和智力的“夫妻和谐素”，硒被称为抗辐射抗衰老的“月亮元素”，雷山茶含硒量就高于全国水平。

5）银球茶是用独特工艺制成。全是手工的、传统的，制作工艺已获全国专利。

劣势：

1）销售渠道单一，销售方式保守，没有一个有组织，有系统的销售体系。

2）茶叶加工技术过于传统，产业效率不高。

3）推广方式落后，很难在全国内形成一定的知名度和品牌。

4）缺少茶产业深加工，往往以出卖原材料为主。

经过实地走访分析显示，我们发现，目前雷山地区的茶叶在茶叶质量上有很强的竞争力，但是由于销售渠道等过于传统和保守，很难适应市场的变化发展，从而导致了雷山茶产业的滞后。如图 8-2 所示。

图 8-2　下线活动

由此，我们的团队就有了要建立茶叶网络销售平台的想法，经过我们与雷山地区创业企业的沟通达成了合作意向，我们在网上开辟销售平台，有雷山茶叶的企业为我们提供优质有保障的货源。这样我们的网店“黔诚光茗”就诞生了。

2. “黔诚光茗”淘宝网络销售平台

网店名称：“黔诚光茗”淘宝店，如图 8-3 所示。

店铺地址：http://itea.taobao.com（目前双钻，100%好评）。

图 8-3　淘宝网截图

1）网店定位：以贵州雷公山富硒绿茶作为网店的主要产品，维护老客户，发展新客户，让全国茶友足不出户就能喝上正宗的贵州雷公山绿茶。

2）经营商品：以雷公山系列茶叶为主将推出茶的独特衍生产品（如苗药茶枕、茶多酚、茶籽油等）。

3）客户定位：爱茶，爱贵州山水的旅行人。让爱喝茶的客户，知道我们雷山的富硒茶；让爱贵州山水的顾客，了解我们雷山的富硒茶。

4）商品分类：根据市场消费的不同类别需求，以及茶叶品质的不同。商品分类主要体现在原料和工艺上的不同，见表 8-1。

表 8-1　商品级别分类表

级　别	原　　料	工　　艺	用　途
一级	一芽二叶初展	手工机制结合	居家用茶
特级	一芽一叶初展	手工机制结合	居家用茶
珍品	初展芽、单芽	纯手工	商务用茶

5）现阶段“黔诚光茗”的市场情况，见表 8-2。

表 8-2　销售情况分析表

同 行 业	优　　势	劣　　势
线上	产地货源优势，可以供应阿里巴巴小额批发，加入淘宝分销供应商	产品单一，体制不健全，品牌影响力小
线下	利用网络平台，总成本低	作为在校生，资金欠缺，学习和工作时间 整体专业性不够，社会经验关系欠缺 没有受到相关部门的关注、重视和支持
其他	网络专业做雷公山茶的商家少，我们网店双钻信誉，100%好评，得到 95%的顾客认可，具有一定的回头客 年轻团队思维活跃，充满活力	

6）“黔诚光茗”的营销策略。

常规销售方式：坚持走“培养一款‘明星’产品，带动其他产品”的路线，坚持以“质量第一，诚信为本”的核心价值观，赢取广大顾客的好评。

促销导向定价法：用于具体促销中，选择一两款经典产品定低价，目的只为赢取人气。

拍卖法：借此迅速提高店铺浏览量。

① 做好所拍卖宝贝的宣传工作，利用旺旺的状态设置和自动回复，利用签名档、推荐位等方法。

② 根据不同宝贝的特点。设置不同的上架时间，使宝贝销售概率增加。

③ 给拍卖的宝贝选择好的名字，大部分买家习惯利用关键字来筛选宝贝。取名为最常用的关键字或热门关键字。

④ 最大程度地做好所拍卖宝贝的宝贝描述，比如在描述中增加去小店看看的链接，增加其他推荐宝贝的图片，增加一些促销信息等。

主动出击找客户：网络推广、淘宝推广、参加社区活动、论坛发帖和回帖、群发软件推销、店铺留言、评价留言、友情链接、包邮、拍卖、买一赠一、发送红包等。

7）黔诚光茗的宣传推广。

店铺装修：根据贵州绿色风光的特有风格，店铺风格以静中求动、充满阳光和朝气为主题。尽量让顾客过目不忘。

宝贝描述均采用美观清晰的实物拍摄图片，利用图片处理软件加工美化。写一段精彩的店铺介绍，或者给自己的商品和留言本加上美丽的色彩。将产品分类，目的是让顾客对“黔诚光茗”所销售的产品种类一目了然，也方便那些购物目的明确的顾客搜寻所需要的宝贝。

店铺推广：

① 主要利用淘宝站内推广方式：加入淘宝直通车主动出击，让产品与顾客或潜在顾客会面，采用“淘宝客”服务让广大淘友（“淘友”指淘宝网的用户）进行强大的宣传。

② 网站免费广告，在各种提供搜索引擎注册服务的网站上登录网店的资料，争取获得更多的浏览者进入网店。

③ 积极发好帖、精华帖，提高店铺浏览量。积极赚银币抢广告位，提高店铺浏览量。

④ 利用各种留言簿或论坛宣传自己的网店。在自己的签名档里加入店铺地址的链接和联系方式，吸引更多的人来店铺做客。

⑤ 利用好网站内其他推广方式，比如多参加网站内的公共活动，为网站做贡献，可以得到一些关照，网店自然也可以得到相应的推广。

⑥ 广开门路，广交朋友。通过认识许多朋友，让他们关注我们的产品，争取回头客，更争取让我们的客户为我们介绍新的客户。

⑦ 利用淘宝客，淘宝直通车平台进行推广。

⑧ 充分利用本地的旅游资源，利用文字和图片向广大淘友及时地发布近期的雷公山景点的旅游讯息，吸引顾客。

⑨ 开网络博客，为有意来贵州雷山旅游的人提供资讯和帮助，同时分享我们雷山地区独特的原生态自然人文风光，写一些团队创业的经历，增强我们的知名度。

⑩ 预期 2010 年 5 月加入百度推广。

8）支付方式：目前的网上开店主要有几种付款方式：支付宝担保付款、邮局汇款、银行汇款、信用卡刷卡和货到付款，为了方便顾客付款，给出多种方式由顾客来选择，当然，在淘宝上绝大多数采用支付宝交易。

9）商品包装：

① 自制纸箱（目前我们使用的是超市核算下来一角钱一个的牛奶盒子）。

优点：一是成本低，充分发挥废旧纸箱、纸板的回收再利用价值，替团队省钱的同时也为社会节约资源献一份力；二是适应性强，可以制作符合物品外形的任意尺寸的纸箱，突破了邮政纸箱固定尺寸的限制。

缺点：看上去不专业，需花一定时间来改制包装盒的大小。

（邮寄东西的包装盒要尽可能地小，这样可以减轻重量；包装盒里尽可能不塞报纸，用塑料泡沫代替，这也是为了减轻重量节省成本。）

② 礼品盒包装：送礼的客户，讲究外包装，专门采购一些漂亮的包装盒，来为我们的客户进行打包。

10）合作物流：申通E物流、圆通速递、韵达快运、宅急送和中国邮政。

11）发货要点：

发货时间：每天下午5点进行订单统计，然后交给发货员进行包装，6点左右物流当天安排发货。

使用推荐物流在线下单，物流公司服务或者货物由于物流原因出现了问题，淘宝将向物流公司提出索赔申请，如果物流公司对申请不予接受的，淘宝将会先行赔付给发货方，优先保障发货方的权益。同时注意：

① 要善保管好发货凭据。

② 在店铺里注明电话服务时间。

③ 避免顾客查询订单，主动把底单/流水号发给顾客。

④ 对于货到付款，请尽量先致电给顾客。

⑤ 接到顾客投诉电话后，应给顾客以放心答复。

12）售后服务：首先是关于商品在邮寄过程中发生的磨损、丢失，还有就是产品包装方面出现问题导致的一些问题。作为买卖双方都不希望看到这样的事情发生，但是问题摆在面前，作为卖家首先要第一时间找出事故的原因。如果是自己的或邮局方面的问题，一定要在第一时间给予买家解决方案。这是作为卖家必须要遵循的原则，而且无形中提升了自己的人气。有时即使自己会失去利润，但是长久的利润也正因此而积累了。

做好发货后的跟踪服务，发快递的同时了解货物的运送情况及时反馈信息给买家。让买家感受到我们是在用心地为他们服务。这样不仅可以随时了解发货情况，还可以拉近和买家朋友之间的距离。即使中间出现了问题，买家也会因为我们的服务态度而忽略不计了。

其次，茶叶属于个性化的产品，如有顾客买到茶叶不符合个人口味，我们坚持七天无理由退换货，并且承担来回邮寄费，让广大茶友在黔诚光茗放心购茶。（已经加入淘宝消费者保障服务）。

13）客户管理：

① 在每次交易后（或交易前）与客户记录旺旺ID，并且建立相关售后服务群体。便

于后期服务和新货推广，有利于发展老客户和带动新客户。

② 建立分组以便管理。

③ 建立数据项，即要了解客户的“信息项”（如姓名、民族、年龄、性别、购买时间、价位、商品品类、所在城市等），便于以后分类查找。

④ 将数据项放在 Excel 中的首行（加入编号，以便日后管理），然后将客户信息逐行加入。

⑤ 通过分析客户的购买（下单）时间和之前与客户的接触，分析出客户的上网时间段（以便于最快速地对其进行服务）。

⑥ 在每个节日、生日、购买纪念日等作一个极具针对性的宣传项目，以贺卡形式发给客户（尽量在客户在线时传送，邮件方式会令人反感）。

⑦ 在以上统计出的特定时间与客户沟通，询问有关产品使用情况（让客户时刻有一种 VIP 的感觉）。

⑧ 为顾客的家庭成员推介特定信息。

⑨ 学会投其所好，撰写顾客感兴趣但又具有广告性质的文章，发给顾客。

⑩ 分天气、分时段地向顾客提出购买要求。

⑪ 帮助客户解决问题（如理财方法、心理咨询等产品的赠送）。

⑫ 顾客生日前赠送《黔诚光茗》贺卡、折扣卡。

⑬ 向客户咨询他所擅长的问题，以打折卡作为回报，让顾客有种自我实现感，这样他们会很快使用自己的“战利品”。

⑭ 建立“黔诚光茗”积分制。

14）货源渠道策略，如图 8-4 所示。

进货渠道主要是厂部和茶叶公司直销店铺直接调货，详细地调查各个供货商，进行价格谈判等，争取到更好的货源以及销售的一些优惠政策（如代发货、较低的起订量）等。不断寻找和开发好的货源，果断放弃不佳的货源。积极和厂家沟通协调，保证货源的稳定、高效和优质。

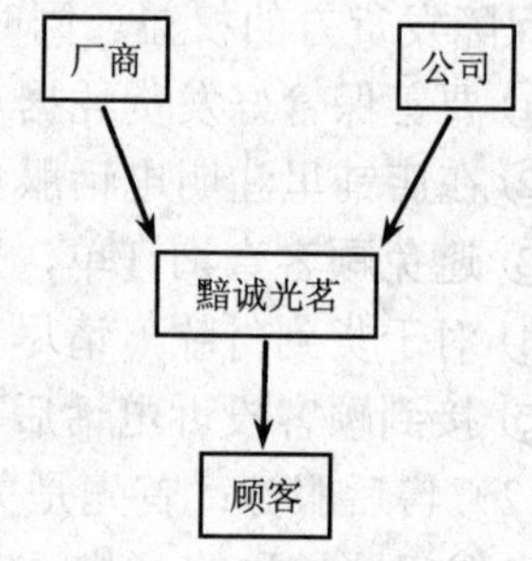

图 8-4　货源渠道策略图

缺点是：由于资金有限，我们小额多频率进货，运输成本高，无形中增加了成本。

3. “游西江千户苗寨，品雷公山茶”品茗旅游计划

2012 年，根据雷山苗族文化的旅游资源特点，逐步把雷山的茶叶与旅游业相结合，在网店（站）推广雷山县的旅游项目，利用丰富的旅游资源来吸引顾客带动茶叶的销售。打造“游西江千户苗寨，品雷公山茶”的品茗旅游路线。建立“黔诚光茗”的信誉形象。

2013 年，结合雷山茶叶产业的不断规范化、产业化、规模化、继续推广“游西江千户苗寨，品雷公山茶”的游路品茗旅游路线，与雷公山当地的相关企业建立合作关系，打造一条体验式的旅游路线，利用雷公山的采茶时节来吸引顾客，让顾客参与自采茶、自炒茶、自品茶的活动。继续把雷公山的茶叶推向外界。

2014 年，通过不断发展和壮大顾客群，让老顾客的朋友认可接受雷公山茶叶、记住雷公山-西江千户苗寨独特的旅游体验。在他们离开了苗疆旅游胜地之后，更方便在我们的网店购买到正宗的雷公山茶。

4．淘宝网店，雷公山茶叶产业与旅游业的三者联系

1）快递方式：在给客户寄发茶叶的同时，赠予顾客雷公山系列旅游景点特色的宣传手册，使茶叶与资料同时到达客户手中，客户在品茶的同时，可以领略雷公山系列风景独特的韵味。

2）网店宣传模式：在网店建立一个版块，及时提供当地的特色节日信息，让网店客户了解到在什么时间会有个什么样的节日，配以往年的此节日活动时相应的图片，吸引旅游的欲望，使更多的老顾客记住我们，更多的新顾客对我们感兴趣。

3）黔茗卡模式：顾客在我们网店购买一定数量（满 200 元）的茶叶商品，我们赠与其一张雷公卡，此卡具有以下功能：在雷公山系列景区（西江苗寨，雷公山，响水岩，郎德苗寨）的门票、住宿等能够享受一定的优惠。只要游客具有这张卡，就能享受优惠政策，此卡可以转借，这能给雷公山旅游起到一定的推动作用。比如游客 A 具有这张卡，来到了雷公山游玩，感觉很好，回去后，他就会推荐他的朋友过来，他可以把那张优惠卡拿给他的朋友用，这也是一种带动推动方式。

4）售后宣传模式：基于本店长期的销售，已锁定了部分客户群体，建立相应客户论坛及客户群，在客户之间建立起联系的桥梁，让客户在品茶的同时，也能够互相交流品雷公茶的心得。在论坛或群里上传雷公山系列旅游资料，让客户对雷公山充满向往，结合茶叶卡的模式，让他们有亲自到雷公山游玩的渴望。

5）提倡健康生活理念：针对网购对象是年轻人的特点，提倡“原生态，年轻态，健康态”的新一代生活理念，喝原生态茶，游原生态景点，体验原生态生活文化。远离城市的喧嚣、繁杂，使都市人高压、疲惫的心灵在雷公山得到最原始的自然洗礼。

我们结合贵州雷山县的资源特色，将旅游与茶产品相结合，通过我们的努力与实践，走出一条有黔诚光茗特色的营销路线，让更多的网络营销者来分享，把自己家乡的特色展示出来，让家乡的明天变得更美好。

8.4 竞赛结果

8.4.1 实施结果

1）建立淘宝店铺：我们目前的淘宝店铺已经双钻信誉（870 个评价），100%好评。作品链接：http://itea.taobao.com。

2）开通阿里巴巴诚信通会员：作品链接：http://gzt8.cn.alibaba.com。

3）现实施计划：我们现在正在实施 2010 年下半年的计划，现以开通了阿里巴巴诚信通，尝试做小批量的批发业务。

8.4.2 名次结果

全国总决赛本科组网络商务创新一等奖。

队员何金松获得优秀志愿者称号。

8.5 获奖感言

非常荣幸黔诚光茗经过努力获得了全国总决赛本科组网络商务创新一等奖，我们都非常激动。我们的项目并不只是为了不断参加“e 路通”大赛，而是有长远的目标和计划，我们将会把项目继续做下去并丰富完善。

通过这次大赛，不仅为我们大学生活添上浓墨重彩的一笔，同时在团队协作能力和社会实践能力上也得到了一定的提升，这将是我们在今后求职工作中的宝贵经验。

感谢这次大赛的主办方和协办方给我们展现的机会和平台，感谢贵州大学和贵州雷山县政府给我们的大力支持和帮助，感谢我们指导老师的辛勤付出。

相信我们的未来就像团队的谐音那样——“前程光明”。

第9章

大学生自主创业项目的网络营销与贸易——以尚时公司为例

作者：河北大学工商学院　团队：璞韵尚时

9.1 团队介绍

我们是来自河北大学工商学院的“璞韵尚时”团队，团队成员分别来自河北大学工商学院信息与管理学部，电子商务专业和市场营销专业。如图 9-1 所示。

团队名称“璞韵尚时”，璞韵是公司持有的商标；尚时代表邢台尚时商贸有限公司。璞，有天然，淳朴之意；韵，有风度，情趣之意；尚时，意为简约时尚。团队名称的寓意即为通过大学生创业弘扬中华民族几千年的民俗纺织文化，使人们返璞归真。

图 9-1　团队合影

1. 成员及分工

队长：段铮，头脑灵活的计划制定者。

队员：张峰，整个团队工作的发动机。

队员：陈君怡，多种营销手段的应用者。

队员：胡静芳，白手起家的创业带头人。

队员：仲崇臣，反应敏锐的信息收集者。

2. 团队宣言

天道酬勤！只要我们努力，一切皆有可能！

9.2 选题经过

河北邢台尚时商贸有限公司注册成立于 2009 年 9 月，由胡静芳（07 级河北大学工商学院在读生）带头所创办。尚时公司是一家集设计、研发、生产、贸易于一体的综合性手工艺纺织制造企业，现主打纯手工粗布产品有：床品三件套、四件套，粗布凉席、糖果枕、抱枕。

在参加“e 路通大赛”之前尚时公司销售业绩平淡，一直没有稳定的市场。由于尚时老粗布属于邢台二级非物质文化遗产，具有地方特色等特点，通过网络调研和客户分析等前期工作，我们建立了尚时公司的网上营销平台，包括建立网站、注册阿里巴巴诚信通，淘宝开店和利用各种营销平台进行网络营销。因为我们公司刚成立不久，且又是大学生自主创业，在资金和经验方面都有所不足，所以利用本次比赛的机会以及网络营销低成本及传播快速等特点，我们希望能通过网络来提高品牌的知名度和产品的销售量。

9.3 方案

9.3.1 简介

根据产品的环保和文化内涵的特点，通过各种网络营销方式使企业及产品的“绿色和文化”品牌形象深入人心，在众多竞争对手中建立公司品牌的地位。根据企业营销目的，我们策划了以产品“绿色”和“文化营销”两大特点为核心的网络营销策划方案。

方案的特色：

1）产品定位：绿色时尚，雅致生活。以天然绿色的原料为基点，简约时尚的设计风格，融入现代潮流。产品主要以高档礼品为主，中档家居实用为辅。

2）企业定位：引导家居市场的自然、健康、流行潮流，把有机、健康、自然、美观、适用及实用融为一体，以客户为中心，传播全新的生态健康理念，使民族传统文化与时尚生活潮流相结合。

3）消费者定位：大城市中相对比较富裕的阶层。根据消费者心理、年龄等不同划分产品的系列，如婚庆系列、温情系列、爱心系列。

9.3.2 正文

方案主要由四个部分组成，包括市场产品分析、销售平台建立、营销方案和财务分析。

1. 市场产品分析

市场分析：

这是一个回归的时代。从山珍海味回归到野菜稀粥，从星级宾馆回归到农家小院，从灯红酒绿回归到清心寡欲，从熙熙都市回归到旷野乡郊，从化纤时代回归到纯棉老粗布时代。这种回归，是人们对家的呼唤，对天然和纯朴的怀念和向往。

近几年，随着人民生活水平的提高，人们消费观念向时尚、舒适、健康、艺术性发展，为老粗布行业创造了较大的增长空间。目前国内老粗布行业处于发展初级阶段，产品良莠不齐，主要是价格竞争，缺少规模性的企业和品牌，目前手织布的市场还不成熟，有一定的商机，产品没有优秀的设计和深加工，附加值还有很高的上升空间。

产品分析：

尚时农家布是采用天然优质棉花，从中草药植物中提炼色素进行染色，经过木制机器加工完成，是真正的绿色天然环保布料，产品种类分为：床上用品，服饰，洗浴用品，家居装饰品。产品具有绿色天然、环保健康；色牢度好；改善睡眠；冬暖夏凉；质地柔软；透气性好；抗静电；防螨止痒等特点。

产品 SWOT 分析如图 9-2 所示。

优势 纯手工制作
纯植物染色
绿色生态环保
劣势
老粗布市场价格混乱
消费者对老粗布认知度低
国家政策鼓励大学生自
主创业；社会各界对大
学生创业的关注
市场空白竞争厉害
产品技术含量有待提高
粗布可替代性高

图 9-2 SWOT 分析

客户分析：

本公司主打产品为家纺床上用品、儿童服饰，见表 9-1。

表 9-1 产品分类

产 品 分 类	目 标 客 户	产品侧重点
高档礼品类	白领，走亲访友，或需要送礼的人群	文化品位 生态保健
童装系列	年轻父母群体	天然绿色 安全舒适
普通家用	中老年人群	实用保健 绿色生态

为了获得第一手实际信息，我们在尚时公司网站（建设中）以及网题等在线调查网站

平台中发布网络调查。

2．销售平台建立

（1）阿里巴巴

由于阿里巴巴巨大的商家和卖家流量。我们在阿里巴巴网站上注册会员，加入诚信通，使用其即时通信工具阿里旺旺和客户及时沟通交流。拥有自己的网站，并在上面完善公司和产品信息及联系方式，我们将会以此网站和我们的自建网站作为各种营销方式的基础。

对阿里巴巴的具体应用方式如下：

1）查看阿里巴巴上 4000 多万商家的联系方式，主动与他们进行商业往来、谈生意。而且我们需要的买家信息每天都会以邮件的形式收到。

2）发布供应信息排名靠前。我们利用诚信通会员的优势排名优先于普通会员，并且每发布一条信息可以带 3 张图片，充分展示产品情况。

3）得到一个独立的企业网站，在阿里巴巴市场建设自己的企业网站，拥有详细的公司介绍和豪华的产品展厅，可以展示无限张产品图片和一些企业资信情况，网站空间没有限制，可以随时上传或者更改在网络上发布的图片和资料，如图 9-3 所示。

图 9-3　企业网站

4）阿里巴巴建立网上的诚信电子档案，让买家首选跟本公司合作，从而确保双方在网上的一个真实可靠性，且诚信通会员拥有商标使用权，让买家更放心与本公司做生意。

5）使用支付宝安全交易货款。当买家不放心做交易的时候，可以选择阿里巴巴的支付平台（支付宝）进行交易。对卖家能实现款到发货，对买家能实现货到付款。交易过程确保全程安全。

6）通过阿里巴巴网站还能得到一些行业咨询、每季度大买家采购洽谈，利用阿里巴巴的力量来解决问题。

7）移动诚信通，阿里巴巴发布了移动版“诚信通”。移动版“诚信通”将首次实现网上商机与手机的双网联动：“网上留言短信提醒”可随时随地将买家询价以短信提醒形式发送至手机；“短信效果报告”能把用户网站的上月浏览量、行业浏览量等商业分析报告发送至手机。

8）商机参谋买家地域分布；买家来路分析；买家用哪些关键词搜索；买家对您每个产品的关注情况。掌握这些数据将有助于公司开展精细化营销，有的放矢做推广。

（2）中国纺织网（网盛科技旗下）

在中国纺织网注册的会员可以享受一系列的排名、产品推广和服务，如图 9-4 所示。

中国纺织网
www.texnet.com.cn
网盛[002095]旗下专业网站

登录 | 注册 | 联系 | 帮助

产品 企业 求购 供应 资讯

您的位置：纺织网首页 >企业 >邢台尚时商贸有限公司 注册会员

Welcome you to our company!

主页
公司简介
产品展厅
供应信息
求购信息
联系方式

联系人：胡经理
电 话：0319-3358278
手 机：15903238302
传 真：

English 在线询盘

邢台尚时商贸有限公司

粗布三件套 在线询盘

产品特点：绿色天然、环保健康；色牢度好；改善睡眠；冬暖夏凉：质地柔软、透气性好；抗静电、防螨止痒、ph值呈酸性，对皮肤无刺激，美肤保健，符合环保及健康要求，舒适、吸潮，四季皆宜。产品分类：床上用品，服饰系列，家居装饰，手工艺品产品工艺：老式纺纱机，木头织布机，经手工纺纱，染色（植物染色），织布，加工成品 支持混批 ，[3000]元以上起批 或者 [15]套以上起批 了解批发详情请联系卖家 1-5套： 200.00元/套 6-20套： 150.00元/套 ...

>>查看详细

粗布三件套 在线询盘

产品特点：绿色天然、环保健康；色牢度好；改善睡眠；冬暖夏凉：质地柔软、透气性好；抗静电、防螨止痒、ph值呈酸性，对皮肤无刺激，美肤保健，符合环保及健康要求，舒适、吸潮，四季皆宜。产品分类：床上用品，服饰系列，家居装饰，手工艺品产品工艺：老式纺纱机，木头织布机，经手工纺纱，染色（植物染色），织布，加工成品 支持混批 ，[3000]元以上起批 或者 [15]套以上起批 了解批发详情请联系卖家 1-5套： 200.00元/套 6-20套： 150.00元/套 ...

>>查看详细

图 9-4　中国纺织网

注册后，登录会员商务室：

“会员商务室”是企业在中国纺织网上管理公司信息、产品信息、供求等商机信息、询盘信息、收藏夹、订阅商业信息、查看中国纺织网最新动态（新闻公告）及管理展厅显示内容及模版风格的网上办公室。

在“我的企业展厅”（会员商务室→企业与产品→编辑企业信息→编辑产品信息）完善企业信息，然后才可以发布产品和商机信息。完善信息（包括产品的具体介绍、图片以及原料等），提供真实信息提升贸易机会。利用生意助手加入更多生意圈，如图 9-5、图 9-6、图 9-7 所示。

订阅商机、资讯等信息到我的邮箱：

登录会员商务室→我的地盘→信息订阅→订阅新的服务；然后按照需求设定好信息类型、关键字、频率、电子邮件等，就可以定期收到需要的信息。

询盘：

询盘是为会员提供的在线商业信息管理中心，这里保存所有用户对您的商业信息的询问情况。询盘有买方询盘和卖方询盘。发布的企业信息、产品信息、供应信息、求购信息等，都有可能获得询盘，有询盘就有贸易机会。经常登录会员商务室、及时查看询盘信息，给予回复，轻松做成网上贸易。

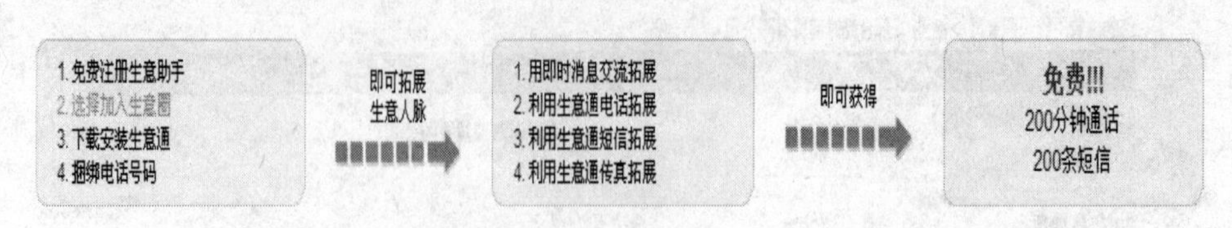

图 9-5　注册生意助手

欢迎加入纺织、皮革生意圈:

纺织贸易(18958)	面料贸易(9789)	面料(8736)	坯布(5348)	化纤纱线(4364)	家纺贸易
亚洲纺织(4346)	印染(4292)	中国纱线(4249)	中国织造(4000)	纱线贸易(3809)	床上用品
广东纺织圈(2910)	中国纱线(2890)	经编(2296)	中国棉纱(2276)	床单(2039)	中国棉布
毛织面料(1952)	毛巾(1927)	植绒面料(1879)	被套(1788)	沙发布(1678)	靠垫(1581
枕套(1580)	浴巾(1528)	丝绸(1464)	台布(1458)	功能纤维(1439)	绣花面料
中国毛织(1433)	桌布(1421)	花边(1391)	窗帘贸易(1355)	提花纺织(1330)	纺机招商
户外服装面料(1321)	方巾(1318)	毯子(1314)	被褥(1277)	毛毯(1276)	窗纱(1235
中国纺织棉花(1235)	袜子(1224)	床垫(1214)	染整机械(1208)	抱枕(1194)	纺织助剂
坐垫(1168)	组合套件(1136)	纺机配件(1132)	植绒布(1113)	浴袍(1046)	剑杆织机
枕巾(1040)	针织圆机(1033)	灯心绒(1018)	单、双面绒面料（毯子）(1017)	沙滩巾(970)	枕芯(919)

欢迎加入河北生意圈:

石家庄(15004)	衡水(3667)	保定(3579)	沧州(3542)	邢台(3277)	唐山(3248
廊坊(3174)	邯郸(3109)	张家口(2766)	承德(2676)	任丘(2358)	藁城(2243

图 9-6　加入生意圈

3. 营销方案

（1）尚时文化营销手段

1）借助于老粗布这一河北省二级非物质文化遗产，在河北省开展一系列营销活动。在河北省各旅游景点，以文化为切入点，培养当地人的文化意识，从而渗透到游客。

2）将老粗布的织造过程这个流传中国五千年的民俗纺织文化因素渗透到市场营销组合中，综合运用文化因素，制定出有文化特色的市场营销组合，在各种开阔场地，摆放数架织布机，勾起人们对过去的追忆，并借机开展营销活动。

3）充分挖掘社会文化资源并回归社会。展开一系列对社会公众有益的营销活动。将文化有机融进营销，就像将钻石镶进白金戒指，形成 1+1>2 的社会价值。

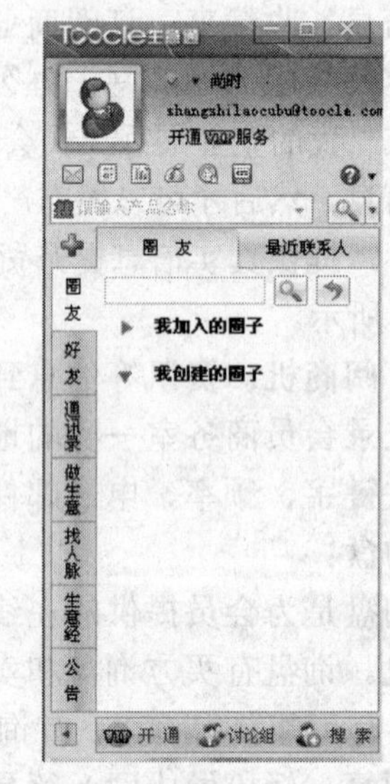

图 9-7　使用生意通及时通信工具

将粗布民俗纺织文化上升到人的精神层面，唤醒人们的爱国、爱家、爱古老文化的意识。

（2）尚时事件营销手段（见图9-8、图9-9）

1）捆绑销售法：尚时公司创办人胡静芳现在是大学生创业代表，经常以典型代表身份出席各种会议。2010年3月，她的创业事迹被河北省教育厅选为典型并编入大学生创业教材，无论到哪里她随身携带尚时产品，并且在发言中多次提及产品。

2）间接宣传法：利用现在社会上刮起的“创业潮”，我们联系电视台，报纸，通过访谈节目、报纸专访等形式引领更多的大学生加入到创业与实践的队伍中，宣传公司及产品。

3）话题效应：与政府联手，贴近三农，根据当今很热的三农话题，多做公益活动，解决农村剩余劳动力，为构建社会主义和谐新农村贡献自己的微薄之力。努力做好公关活动，从而达到营销的目的。

图9-8 宣传图

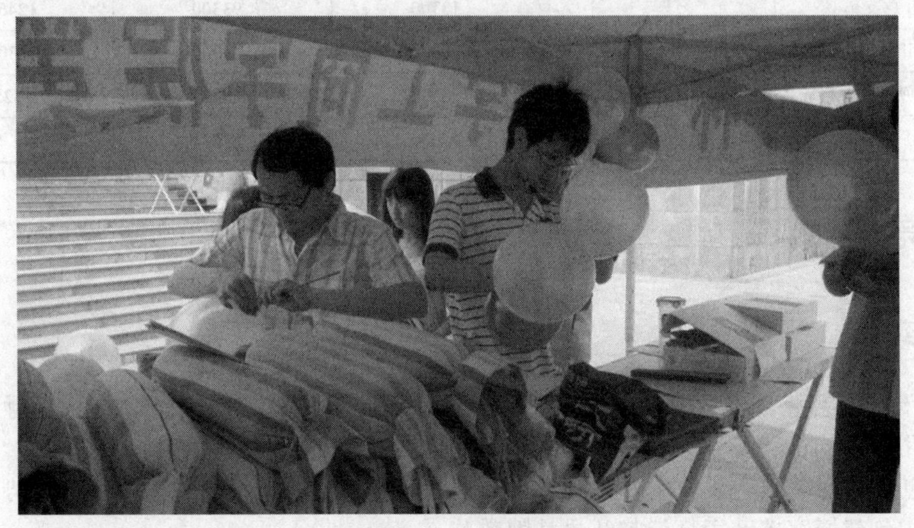

图9-9 校园活动

（3）网络营销

在网络营销部分，我们主要依托大赛平台，利用和讯博客、西祠胡同以及酷6视频新鲜时尚的特点建立了我们的推广博客和推广视频。在推广博客中放置图片宣传版块和日志宣传版块，对尚时老粗布的产品特点、产品知识进行网络平台的宣传。在短短几个月时间内，博客和视频点击率就迅速增加，宣传效果十分显著。

4．财务分析

我们做了一年盈利情况预测，财务分析见表9-2。

表 9-2 财务分析

月　份		1	6	12
两匹缯系列	数量（套）	150	100	200
	营业额（元）	67500	42000	100000
四匹缯系列	数量（套）			100
	营业额（元）			64000
粗布四季毯系列	数量（套）			100
	营业额（元）			54000
粗布服饰系列	数量（套）			120
	营业额（元）			39600
Ⅰ总销售额值		227100	173000	257600
经营性支出	成本（元）	127100	90000	120000
	费用（元）	800	1000	600
资本性支出	固定资产投资（元）	1000	300	2000
	其他（元）	1000	2000	2000
Ⅱ总支出	（元）	13700	93300	124600
Ⅰ-Ⅱ税前利润	（元）	90000	79700	133000
所得税	（元）	22500	19925	33250
税后净利润	（元）	67500	59775	99750

9.4 竞赛结果

9.4.1 实施结果

1）建立和讯博客：对尚时老粗布进行推广，从博客日志和博客相册等方面进行宣传推广，利用博客的优势及和讯网的影响力，在和讯网上建立企业的博客。

① 创建博客关键字。一个好且有意义的博客名称，可以给博客带来极大的优势。在博客文章中创建博客关键字打造与凸显品牌效益。

② 构造博客结构内容采取“三栏式”，左边栏是纺织与公司直接有关的披露信息，右边栏则是纺织公司的各项服务、公司的网站链接及公司其他博客。中间则是经常更新的文章。

③ 不断更新文章，提高博客在搜索引擎的排名。使用人性化的语言，结合图文并茂的文字，使消费者在与博主的交流中，获得宾至如归的感受。

④ 加入和产品即客户群相关的朋友圈，经常发帖提高博客知名度。联合其他相关博主发起有关产品的活动，提高知名度和影响力。

2）建立阿里巴巴诚信通企业网站：http://www.xingtaishangshi.com.cn/。

3）建立中国纺织网尚时粗布网店：http://shangshilaocubu.cn.texnet.com.cn/show/。

4）建立中国制造网网店：http://cn.made-in-china.com/showroom/puyunshangshi。

5）建立酷6空间：通过视频及图片、文字等形式全方位宣传尚时老粗布产品的加工流程。作品链接：http://zone.ku6.com/u/8231230。

6）推广平台：成功注册并开通阿里巴巴诚信通和中国纺织网会员，对平台网站的内容进行了详细设计，通过平台对尚时老粗布进行宣传、推广。

7）校园活动：寻求身边同学朋友的帮助，集思广益。举办一个以销售尚时粗布为主题的大学生实践能力挑战大赛，选手可以运用线上与线下各种手段销售尚时公司的产品。

9.4.2 名次结果

全国总决赛本科组网络商务创新应用一等奖。

9.5 获奖感言

我们团队不会因为比赛的结束而解散，因为我们既是比赛又是创业。我们已经注册了公司并且有了生产和加工渠道。通过大家共同努力已经有了一定的销量，所以我们仍会走在创业的路上。此次比赛只能说是我们路上的一个插曲。尽管在本次大赛中我们获得了不错的名次，但是在评委的评论中，也明白了在很多方面做得还不够完善，还需要更加努力以期将来能够创业成功。从创业之初至今我们体会到了创业的不易，体会到了成功路上的坎坷，但是对于我们这些久居校内的大学生来说，这样的经历已经打破了自己原来天真的想法，让我们体会到了社会竞争的激烈以及残酷，这让我们无论从心理还是行为都变得更加成熟。当然我们不会被困难吓到，遇到挫折和克服困难会让我们变得更加自信，我们会愈挫愈勇，永不放弃！

第10章

校园百付通—— 电子银行服务高校方案

作者: 西安邮电学院　团队: “Team A”

10.1　团队介绍

我们是来自西安邮电学院的“Team A”团队，团队成员分别来自西安邮电学院管理工程学院以及经济管理学院电子商务专业、工业专业以及市场营销专业。如图 10-1 所示。

团队名称“Team A”。Team A，简单，好记，一目了然。这是我们设计团队名称的初衷。另外，Team 赋予我们团队极强的凝聚力，我们是最普通的，也是最平凡的，就如我们的队名一样，看似很平凡，但我们要做 Team 中的 A，我们要做最棒的团队。我们相信努力不一定会成功，但是不努力就一定会失败。

图 10-1　团队合影

1. 成员及分工

队长：廖婷，负责谈判代表与领队。

队员：贺丁，负责方案的制订与修改。

队员：郗晶，负责市场与推广策划。

队员：高誉令，负责项目实施与运营。

队员：洪森发，负责技术与产品设计。

2. 团队宣言

凝聚激情，笃行梦想！

10.2 选题经过

建行电子银行产品自问世以来正在以其高度的便捷性不断影响和改变着人们的生活。现如今使用网上银行进行网购早已成为许多网购一族的家常便饭，大多数的人也早已习惯每次在存取款后收到的手机短信通知，对于高校学生来说，通过手机银行和网上银行缴纳学费和电话费这一轻松简单的方法更是让许多人爱不释手，建行电子银行带来的不仅仅是简单和快捷，而且还是一种兼顾高效性和实用性的全新的健康生活方式。

在改变人们生活方式的同时，人们所面临的新环境和新境遇也深深影响着电子银行产品的存在、作用和发展方向。以高校大学生群体为例，尽管目前建行电子银行产品在高校具有一定的保有量，但是要达到高校综合服务提供商这一水平还是要做出很多的努力，而这其中最关键的是实现业务的创新与多元化，要让我们的产品能够满足他们的需求将是我们所要解决的核心问题。举例来说，21 世纪初的非典风波和近几年的甲流流行，使得大学生群体经常需要面对封校的问题，这种现实条件下，学生与学校的联系性得到了空前的加强，学生的衣食住行都依靠学校供给也成了特殊条件下的必然情况，但毕竟学校以教学为主，其他资源的集中度有限，大多数学校的学生在那一时期交电话费和取钱都成了问题，就更不用说买衣服和其他的消费行为了。

对此我们认为，依托现有的建行电子银行产品平台就能够很好地解决这一问题。使用建行网上银行可以让他们在最安全的网银盾的保护下方便地查账转账、网上购物，而使用手机银行给自己的手机充值更是便捷至极，结合建行其他的服务和产品，同时我们立足于建行，为大学生量身制定的“校园百付通”业务更将我们的服务质量和针对性提升了一个档次。我们极有信心地说：建行电子银行产品具有极强的高校服务能力，并极具成为高校综合服务商的潜质，而目前没有形成气候的原因在于大多数人对于建行电子银行产品的功能不了解，不清楚，并且建行提供的服务还不足以满足大学生消费群体的需求，因此要使建行的电子银行产品实现服务高校的目标，必须要有一套可行性强、且具有延续性的营销方案和创新业务提供支持。

10.3 方案

10.3.1 简介

本方案在大量分析和调研的基础上针对大学生的实际需求定义了一款名为“校园百

付通”的电子银行产品，对其界面和功能进行了初步的定义和实现，并从事了相关的推广工作。

方案的特色：

- 网络工具的充分使用。
- 产品界面的初步实现。
- 与上届大赛团队合作。
- 线下辅助线上推广。
- 体现环保性与公益性。

10.3.2 正文

方案主要由四个部分组成，包括基于问卷调查的电子银行产品的背景分析、“校园百付通”的产品平台建立、“校园百付通”服务设计、“校园百付通”的市场分析和推广策略。

1. 问卷调查

根据我们的调查得出：目前的银行产品不能满足用户的多元需求，新的银行产品必将弥补市场的空缺；“校园百付通”作为一种功能更加丰富、使用更加便捷的银行产品为大多数被调查者所接受，它的推出必将吸引更多的用户，其市场机会巨大。

只有以高校作为我们的目标市场，以服务高校为主要目的，才能更好地推广我们的产品。目前未使用电子银行的用户占一半以上，阻碍他们的最大因素是对性能的不了解，这就要求我们更加有效地推广、宣传。

2. “校园百付通”平台建立

（1）“校园百付通”平台的结构模型（见图 10-2）

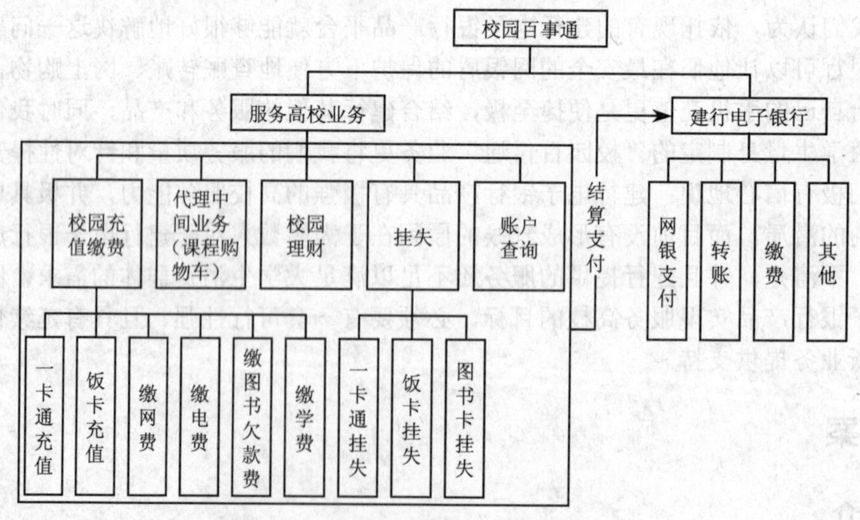

图 10-2 “校园百付通”平台的结构模型

本平台很好地将高校业务与建行联系起来。建行只需提供一个支付接口，建立起与各大高校的合作，即可将所有的校园交易业务通过建行电子银行支付，一来扩展了建行的电子银行服务，为建行带来更多客户；二来极大方便了学生，即使足不出户，也能方便办理种种业务，安全快捷；三来为高校节省了资源，提高了工作效率，同时保障了安全性。

如图 10-3 所示，将我们的平台放在建行网站上的如图所示的位置，当然这是我们初步的设想，当取得建行的授权以后，即可实现。用户进入建行网上银行或手机银行后，只要进入到这个界面都能看到我们的“校园百付通”业务。

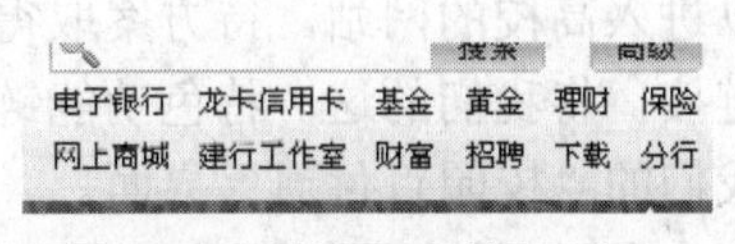

图 10-3 “校园百付通”业务

（2）“校园百付通”特色校园服务功能

“校园百付通”主要是用 Dreamweawer 开发，兼使用到 ASP 互联网编程技术、Java 以及 Firework 和 Flash 等辅助工具，该平台本着实用性、先进性、安全快捷性的原则，为大学生用户量身制定，同时也考虑了用户在使用过程中的便捷性和平台在日后的可扩展性。

当用户通过建行的界面点开“校园百付通”时，即可进入“校园百付通”的主功能界面，如图 10-4 所示。

图 10-4 “校园百付通”的主功能界面

在“校园百付通”的风格界面设计上，我们基本与建行保持一致，同时突出了我们“校园百付通”这一醒目的服务名称。进入界面后，用户首先会看到平台的导航栏，在导航栏的设计上，我们设置了校园缴费充值、代理中间业务、轻松网购、校园理财业务、挂失和账户查询等多类栏目。各个栏目又分为多个子栏目。比如代理中间业务，下属很多合作机构（主要是一些培训机构）。

在网页中间部分，我们展示了所有合作高校的图片，并做了相应的链接，点击高校可以进入高校的网站，待方案取得授权以后，我们会在各个合作高校的网站上，做一个支付链接，将我们的这一特色功能链接到每个高校的网站上，学生通过学校网站也能轻松进入我们的“校园百付通”界面。

在网页的下面，我们单设了一个轻松网购板块。这一板块是针对大学生列举的一些经常光顾的网络购物平台。包括“淘宝”、“阿里巴巴”、“大学城二手网”、“卓越”、“极速二手教材网”等。随着业务的拓展，后期还可以增加更多的合作商，将他们的交易全部通过建行的网上银行进行。方便搜索，并且支付方便安全。

3. “校园百付通”的主要服务功能模块

（1）校园缴费与充值

第一步：从导航栏或左边按钮点击此项，进入校园缴费充值页面，选择相关的内容，进入建行充值缴费页面，如图 10-5 所示。

第二步：点击高校名称下拉列表选择你所在的学校，如图 10-6 所示。

第三步：再选择充值类型，充值卡的卡号以及缴费金额，如图 10-7 所示。

第四步：输入网上银行卡账号，以及登录密码进入个人网银界面，如图 10-8 所示。

第五步：再输入支付账号和密码，点击“支付”即可完成充值缴费，如图 10-9 所示。

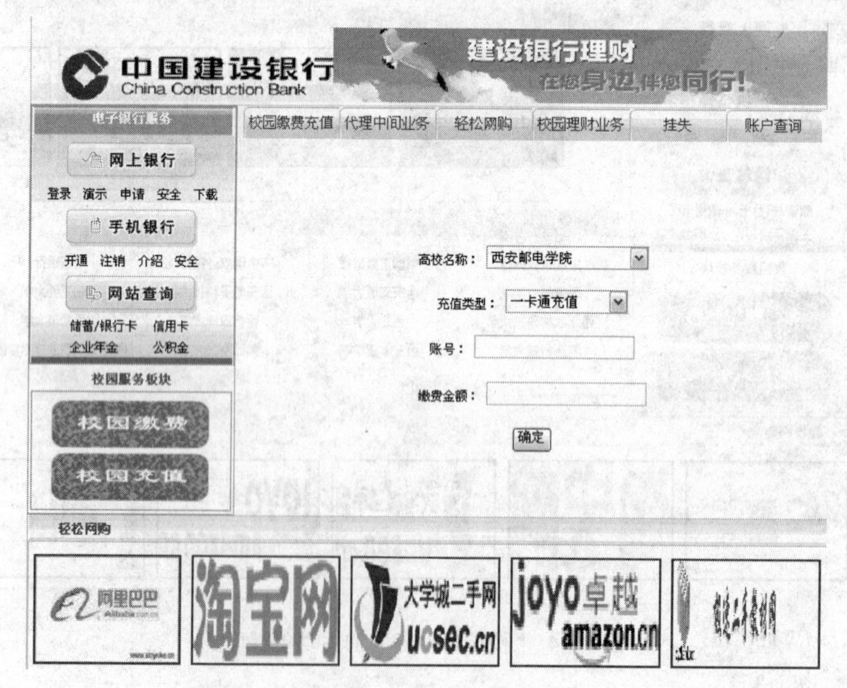

图 10-5 充值缴费页面

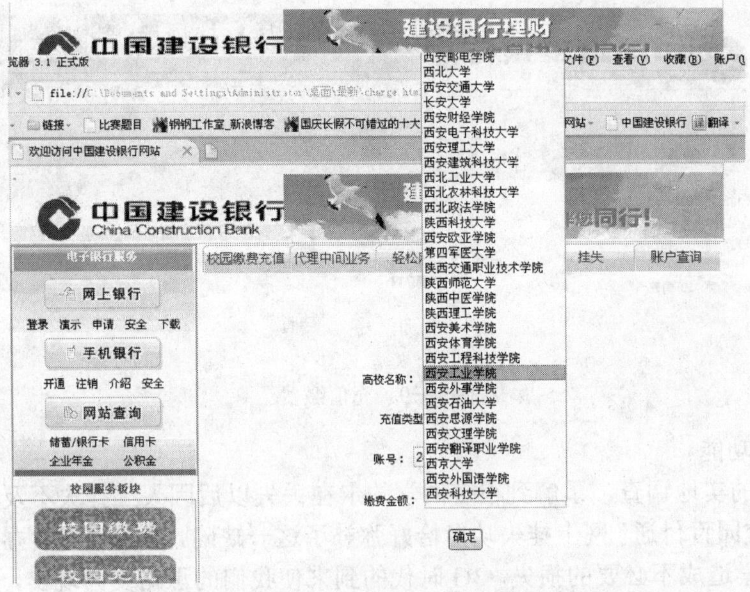

图 10-6 选择所在的学校界面

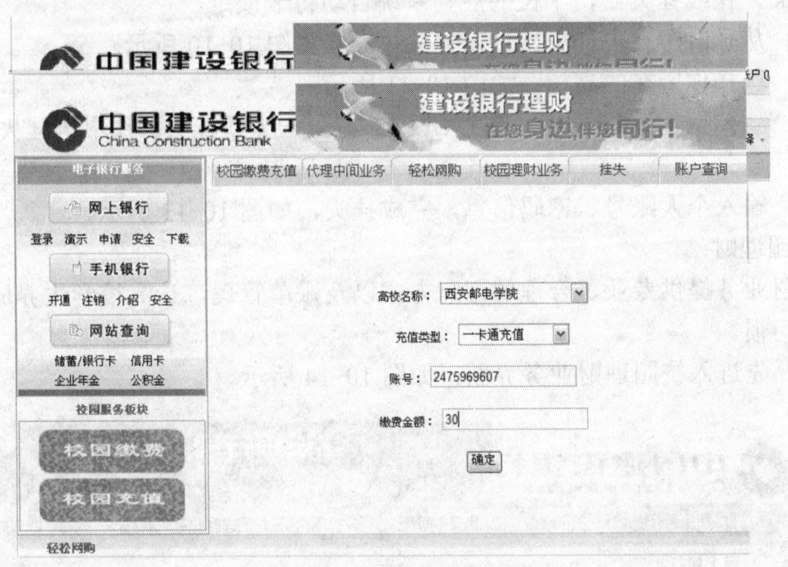

图 10-7 卡号以及缴费界面

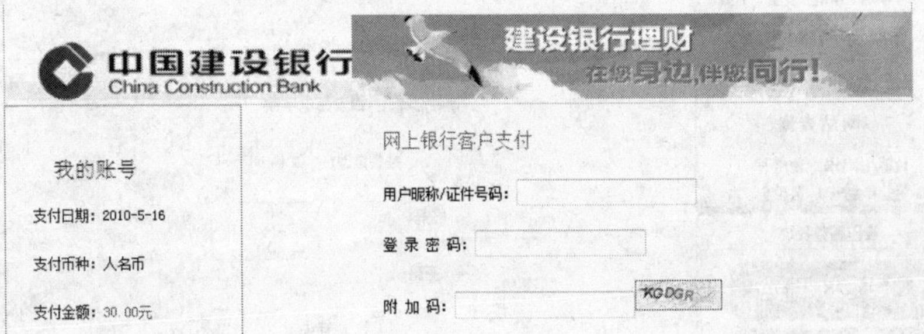

中国建设银行
China Construction Bank
建设银行理财
在您身边,伴您同行!

我的账号
支付日期：2010-5-16
支付币种：人名币
支付金额：30.00元

网上银行客户支付
用户昵称/证件号码：
登 录 密 码：
附 加 码：
下一步

图 10-8 个人网银界面

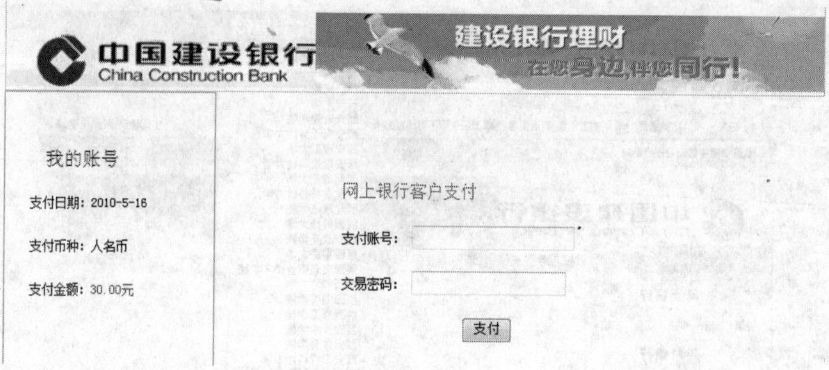

中国建设银行
China Construction Bank
建设银行理财
在您身边,伴您同行!
我的账号
支付日期：2010-5-16
支付币种：人名币
支付金额：30.00元
网上银行客户支付
支付账号：
交易密码：
支付

图 10-9　充值缴费

（2）挂失功能

通过我们的实地调查，了解到很多同学的卡在丢失以后因人工挂失不及时而遭受到很大的损失，“校园百付通”网上挂失功能恰好弥补了这一缺陷，及时为同学办理在线挂失业务，避免给同学造成不必要的损失。3G 时代的到来使我们的承诺变为现实，用手机可以轻松登录该界面，在线挂失后，学校的后勤系统自动将卡锁定。

第一步：从导航中点击挂失，进入挂失页面，如图 10-10 所示。

第二步：选择你所在的高校，如图 10-11 所示。

第三步：选择你挂失卡的类型，包括：饭卡挂失，一卡通挂失和图书卡挂失，如图 10-12 所示。

第四步：输入个人账号、密码信息，完成挂失，如图 10-13 所示。

（3）校园理财

校园理财业务提供专业、合理的理财方式以及账单管理，让高校学生养成合理的消费观念和理财习惯。

第一步：先进入校园理财业务界面，如图 10-14 所示。

中国建设银行
China Construction Bank
建设银行理财
在您身边,伴您同行!
电子银行服务
网上银行
登录 演示 申请 安全 下载
手机银行
开通 注销 介绍 安全
网站查询
储蓄/银行卡 信用卡
企业年金 公积金
校园服务板块
校园缴费
校园充值
校园缴费充值
代理中间业务
轻松网购
校园理财业务
挂失
账户查询
高校名称：
西安邮电学院
挂失类型：
饭卡
账号：
密码：
挂失

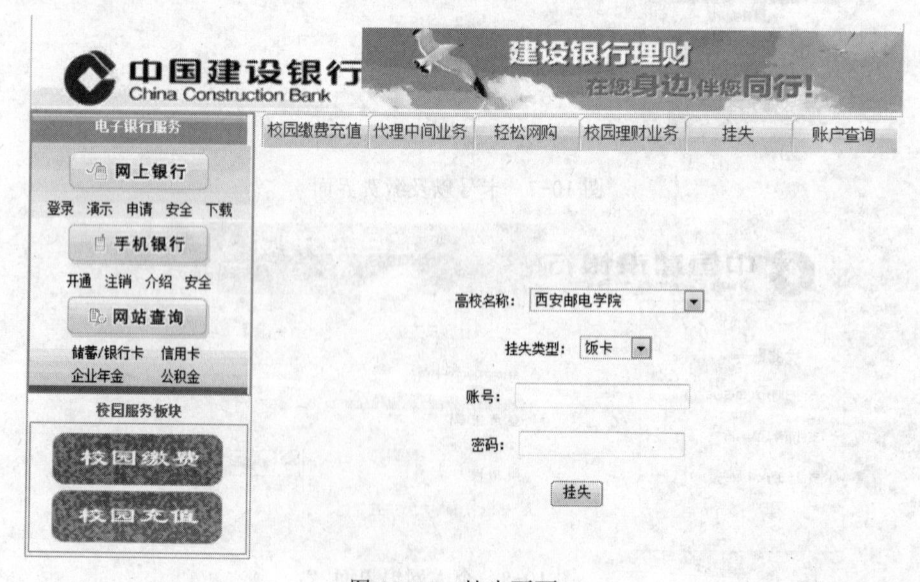

图 10-10　挂失页面

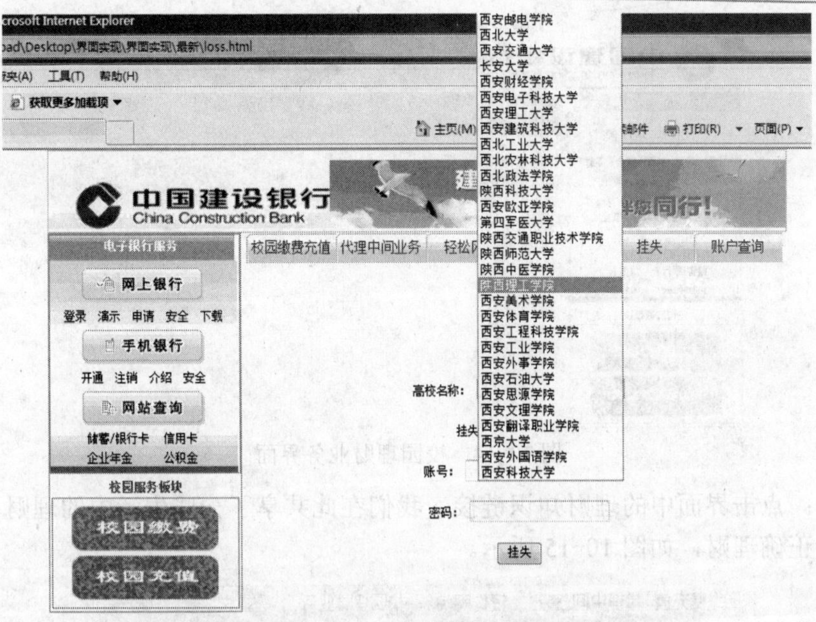

图 10-11　选择高校界面

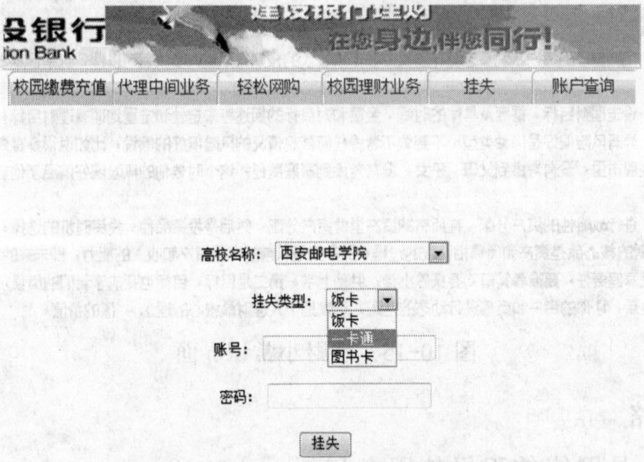

图 10-12　一卡通挂失和图书卡挂失

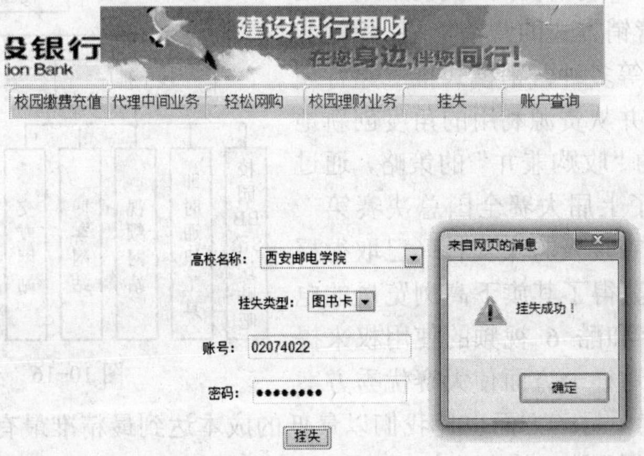

图 10-13　挂失成功

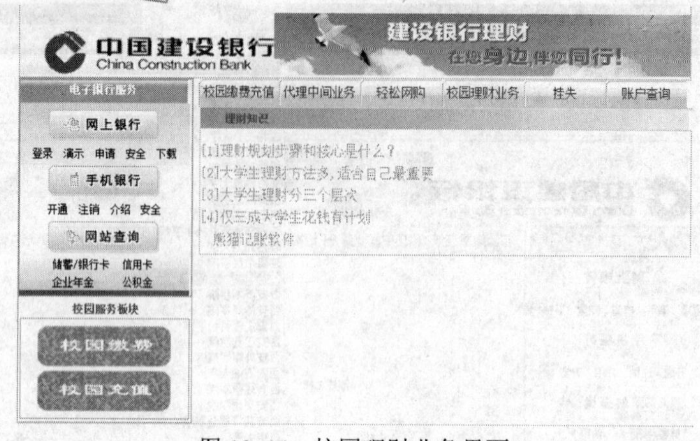

图 10-14　校园理财业务界面

第二步：点击界面中的理财知识链接，我们在此共享了一些生活中的理财小常识，方便同学们的正确理财，如图 10-15 所示。

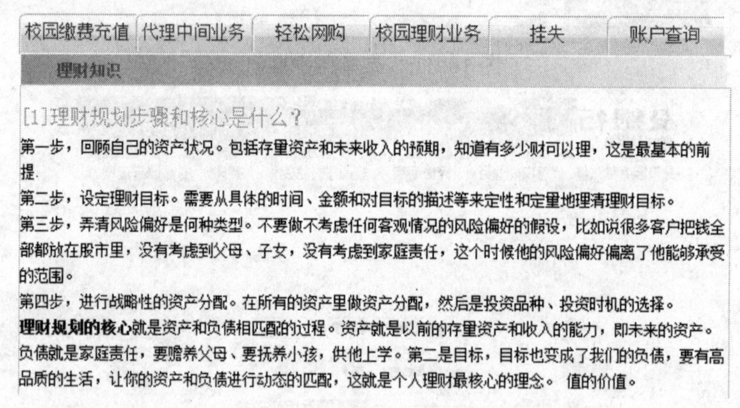

图 10-15　理财小常识界面

4．校园推广策略

在结合了大学生是网络的积极使用者和新事物的勇于尝试者这一现情况后，我们采用网络营销为主兼顾其他营销方式的营销策略，积极尝试 SNS 及事件营销等多种营销模式推广建行现有的电子银行产品，并从资源利用的角度创新地采用了类似企业中的“收购兼并”的策略，通过长期的协商争取到了上届大赛全国总决赛第一名团队 Tinygroup 的市场及方案支持（已取得授权书），并实质性地获得了其旗下高浏览量的电子银行推广和讯博客和酷 6 视频的使用权来提高我们的推广效果。这样一方面使大赛优秀方案从实质上得到了延续，另一方面也使我们以最低的成本达到最精准最有效的营销目标。

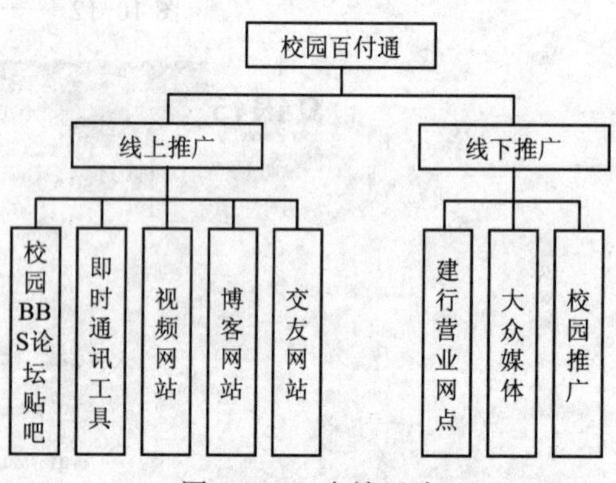

图 10-16　实施思路

针对“校园百付通”这一特定业务，我们提出了具体的推广方案：线上推广，线下推广。

之所以会选择线上和线下两条推广途径，是因为线上推广范围广，推广面宽；而使用线下推广使学生更容易接受，具有可信性，可以更直接地获得学生的反馈信息，如图10-16所示。

5．效益评价

“校园百付通”的问世必将带来电子使用的新浪潮，为学生提供了便利，为银行带来了利润，以及很大一批潜在客户，并使建行的活跃用户显著增加。

10.4 名次结果

10.4.1 实施结果

1．建立和讯博客

对建设银行电子银行进行推广，从博客日志和博客相册等方面对建设银行电子银行进行宣传推广，同时与上届大赛冠军团队Tiny Group团队合作，借助他们高浏览量的博客来帮助我们宣传。作品链接：http://hexun.com/13460100/default.html。

2．建立酷6空间

通过视频及图片、文字等形式全方位宣传建设银行电子银行。作品链接：http://teama.zone.ku6.com/。

3．开发实施

成功开发了“校园百付通”网站，并制作了相应的用户使用说明书。同时，我们在线下展开知识竞赛，以及问卷调查，宣传我们的新产品，让更多的同学了解建设银行电子银行和我们的“校园百付通”，以及它的操作流程。

4．方案实施

与陕西建设银行电子部产品经理及相关领导进行积极沟通交流，并走访了几所拥有校园一卡通的高校，对其各大支付办理处，如网络中心、校园龙卡办理处等进行详细调查，对方案的可实施性进行了结合实际情况的考察。

5．校园活动

在校园中，与阳光社团合作，组织了有关建设银行的电子银行知识竞赛，同时在做调查问卷时，顺带宣传我们的“校园百付通”。

10.4.2 名次结果

全国总决赛本科组网络商务创新应用一等奖。

10.5 方案点评

陈百伟 【建设银行陕西分行】 日期：16/4/2010 4:17:57 评分等级：★★★★★

方案有新颖性，尽快做出一些实绩。祝比赛取得成功！

刘芳 【大赛组委会】 日期：24/4/2010 11:31:20 评分等级：★★★★★

很好！和上届团队的合作是你们在本届中的创新。很聪明的一个团队！我没有仔细看你们的作品链接地址，但我相信，以你们的聪明，以及和陕西建行的紧密配合，定能取得好成绩，祝你们成功。

10.6 获奖感言

首先感谢所有一路走来对我们极大支持和帮助的同学和老师，以及大赛组委会给我们提供的这样一个展示自己的舞台。

尽管大赛结束了，但我们的激情不退，这个“校园百付通”是我们共同努力的结果，所以我们不会轻易放弃。如果条件具备，我们会继续将这个项目做下去，为更多的大学生提供方便，也为建行带来可观的利润。

在这次比赛中，建行陕西分行对我们提供了莫大的帮助，尤其是陈百伟经理对我们方案的耐心点评，同时还提供了很多宝贵的意见，使我们在一次次的改进中有更大的进步。

大赛给予我们的不仅仅是这份荣誉，更重要的是在这个过程中学到的知识。一份完美的方案是要经历无数次的修改才能完成的，同时团队合作精神和合理的团队分工在这次大赛中体现得尤为重要。我们就是做到了这两点才走到了今天，拿到了全国一等奖的佳绩。

经过这次大赛，使我们走进了企业，了解了企业的操作流程，同时和企业进行面对面的谈判，这些在我们将来就业时都是很有帮助的。另外建行还给我们提供了暑期实践的机会，我们的实践经验得以丰富。

第11章

建行电子银行——圆您轻松理财梦

作者：南昌大学　团队："E 路随行"

11.1 团队介绍

我们是来自南昌大学的"E 路随行"团队，团队名称"E 路随行"是团队成员与建行电子银行携手并肩，共创先进的完美结合，我们不仅传达了团队与建行电子银行共进退同发展的愿望，也寓意建行电子银行的便利快捷等优势，与大众生活息息相关，一路随行。团队方案也正是在分析建行电子银行现状与前景的基础上，并充分调查大众的生活需求和潜在的消费领域，为电子商务之路提供创意的同时具备实施力的解决方案。团队合影如图 11-1 所示。

图 11-1　团队合影

1．成员及分工

队长：俞琳玮，主要负责方案的策划以及分配、协调队员工作。

队员：程连城，主要负责建行电子银行的市场调查与分析，调查数据整理以及方案整合。

队员：叶释青，主要负责调查问卷的制作以及调查相关问题。

队员：叶超越，主要负责业务创新以及方案整理。

队员：梁慧明，主要负责流程图、PPT、视频以及博客的美化与更新。

2．团队宣言

青春没有失败，奋斗永无止境！

11.2 选题经过

电子银行是信息时代的产物。它的诞生，使原来必须到银行柜台办理业务的客户，通过互联网便可直接进入银行，随意进行账务查询、转账、外汇买卖、银行转账、网上购物、账户挂失等业务，客户真正做到足不出户办妥一切银行业务。网上银行服务系统的开通，对银行和客户来说，都将大大提高工作效率，让资金创造最高效益，从而降低生产经营成本。

随着互联网的发展与普及，电子银行作为一种新型的客户服务方式迅速成为国际银行界关注的焦点。当前，电子银行发展迅猛，已经成为金融服务的重要渠道之一，也将是未来电子商务的有力支持和重要组成部分。

电子银行已不仅仅是一个新渠道，更是一种服务方式，增加了新的功能，扩大了服务范围，以满足客户多样化的金融需求。电子商务的客户越来越多，对于银行电子化的需求也越来越迫切。

本方案是建立在运用多种手段对建行现有电子银行业务调查的基础上，发现并改进现有电子银行业务不足之处并通过多种创新途径进行推广电子银行，对其大力宣传。扩大其市场知名度，从而达到增加建行电子银行用户数量的目的。

11.3 方案

11.3.1 简介

电子银行方案主要针对全国各大高校进行建设电子银行业务推广，辅助在社会各群体进行适当推广。将传统支付方式和网上支付、移动支付结合起来，针对各层次社会群体开发推广新型业务，同时，借助电子银行平台对学生等群体不熟悉的金融理财等业务进行宣传和推广，建立建设银行电子银行的品牌效应，挖掘优质潜在客户，让建设银行电子银行真正走进每个人的生活、工作、学习中。

方案的特色：

- 高校缴费优惠。

- 自动购票卡。
- 提供校园网络订餐平台。
- 提供等级考试服务平台。
- 电子银行与网络游戏联姻。
- 电子银行与淘宝携手共进。

11.3.2 正文

方案主要由四个部分组成，包括基于问卷调查的项目分析、创新业务、营销方案以及项目实施。

1. 问卷调查

为了更好地了解建设银行电子银行在大众中的推广情况，我们充分利用网络平台，发放电子问卷，调查学生对建设银行电子银行的了解度与实际的需求等情况。

除了电子问卷以外，我们还制作了大量的纸质问卷，投放到了各大高校，并及时统计了相应的调查数据进行分析研究。

经过调查，我们发现，目前校园学生使用建行电子银行业务还是比较多的，这表明高校校园中已具备了进一步推广建行电子银行业务的基础，然而通过调查我们发现，大多数学生对建设银行电子银行产品还不够了解，很多同学甚至对电子银行业务存在很大的错误认识。

由此，我们的团队就建立了以校园支付为切入点的建设银行电子银行推广方案的基本思路，希望可以通过我们的方案让建行电子银行以此进一步打开校园市场，让电子银行产品真正走进校园，走进各阶层，让在校学生以及社会各阶层成为建设银行电子银行产品的终身客户群。

经过与建设银行南昌洪都支行的专家领导会谈后，我们的方案想法得到了各位专家的认可和赞赏，他们也给我们提出了很多建设性的建议，对我们方案的完善和成熟起了很大的作用，并且在整个比赛阶段我们团队都获得了建设银行的大力支持。

2. 创新业务

（1）高校缴费优惠

高校学费的缴纳是一个相当庞大的资金流，倘若中国建设银行占领这一无比广阔的市场，将会给中国建设银行带来巨大的收益。

在学费缴纳这一链条中，由于各大银行暂时没有意识到这一市场的广度，并未推出相应的业务。而对于客户而言，则往往对各大银行的汇款方案，权衡比较，决定汇款所采用的最优方法。但是在这一过程中，客户作为主动方，耗费了大量的时间和精力去了解各大银行汇款业务，同时也造成了资金的分流，乃至客户数量的减少。

然而，这也是占领高校学费缴纳市场的切入点。针对于高校缴费，中国建设银行不妨推出专卡缴费优惠业务。

具体实施方法如下：

1）中国建设银行与各大高校建立合作关系。

2）在校方取得入学学生的个人信息，建立安全系数高的数据库，以防敏感数据泄露损害用户利益。

3）以数据库为基础，发行缴费专卡。此卡具有龙卡的一般功能，在缴费期间用此卡缴费可以减少手续费用。

这一方案实现后，客户成为了被动方，不需要再耗费时间和精力去研究最优转账方法。而且对于中国建设银行而言，也降低了营销成本，将此成本直接让利于客户。这一方案虽然表面上有资金损失，但带来的市场及固定用户足可冲抵这一损失。重要的是占领了这一市场，发展前景无可限量，同时还带来了良好的社会声誉，加深了中国建设银行“具有高度社会责任感”这一文化底蕴。

（2）自动购票卡

对学生和打工一族来说，寒暑假、逢年过节回家，可谓一票难求。为了给广大用户提供方便。我们认为建行可以推出自动购票卡（ATC），该卡是在办理建行卡的同时发放，与建行卡采取绑定形式使用，持卡人可自行到“自动售票机”处购票，这样不仅可以缓解人工售票压力，还能够大大减少购票者排队等待的时间，也能为社会节约购票的人力、物力、财力成本。

现在市面上能自动售票购票的票种有：部分火车票、场馆乐园门票、电影票等。

2009 年 9 月，成都车站售票大厅内安装了两台自动售票机，专售“和谐号”车票。火车站自动售票机与京津城际自动售票机操作方式一样，都是采用触摸式。设有进钞口、刷卡口，旅客可以像使用银行 ATM 自动提款机一样自主购票。

自 2010 年 5 月 1 日起，中国铁路馆一楼展区的 5 台自动售票机吸引了参观者的目光。游客们只要按照售票机上的提示操作，就可以买到想要的火车票，十分方便。

自动售票机的投入使用凸显了自动购票卡发展的广阔前景，因此，现在处于自动购票卡开发使用的最好时期。迅速抓住时机，占领市场。

具体我们可以从以下几个方面入手：

1）采取绑定的方式，将 ATC 绑定到建行卡上，实现一体化。

2）ATC 中的金额可通过电子银行从建行卡中圈入，以供持卡者购票时刷卡消费。

3）ATC 采取购票积分方式，在购票的同时记录累计分数，达到一定积分标准即可免除年费或给予其他优惠。

4）自动售票机类似于银联的自动提款机，经身份验证后方可使用。

从另一个角度来思考，推出自动购票卡服务和增加建行电子银行数量是一对相互促进的关系。网上银行的使用需要从特定的具体商业应用方面寻求突破，自动购票卡的出现，对建行用户来说是一种福音，它的广泛使用会增加建行在用户中的吸收力。因此自动购票卡的影响力也与增加网络银行的客户数量有着直接联系。

（3）提供校园网络订餐平台

大学生群体对于网络有着极其紧密的依赖性，在网络时代，大学生倾向于一切事务网上办理的思维方式。因而，推出网络订餐平台也势必会迅速增加中国建设银行的直接用户，同时也会增加用户的忠诚度。具体实施方法：首先在麦当劳、肯德基、华莱士等快餐店建立合作关系。其次建立订餐平台网站，用户需进行信誉注册并与中国建设银行网上银行绑定，以降低送餐的风险性之后用户登录平台网站订餐，并将餐款锁定，餐到确认支付。倘若订餐失败，用户可提供证据申请解锁。如果出现恶意拖欠，一定期限内锁定款项自动汇入快餐制定账户。此平台的实现，采用第三方支付模式，中国建设银行扮演了信誉中介的角色。中国建设银行的介入，降低了网上订餐的风险，同时，也把中国建设银行"方便您的生活"理念推向了一个深度。此项业务的实行同样对于扩展中国建设银行的市场广度、增加中国建设银行的传统用户和电子银行用户有着巨大的推动作用。

（4）提供等级考试服务平台

大学生就业压力日渐加大，为了能更好地进入职场，广大学生纷纷加入了考证大军。但是，琳琅满目的考试往往不容易被发现，待到发现考试时，报名日期已过。因此，这也成为潜在的市场。

与大学生有关的主要考试列表见表11-1。

表11-1 与大学生有关的主要考试

一月	法律硕士专业学位考试、MBA联考、普通硕士研究生入学考试
二月	LSAT（美国法律硕士研究生入学考试）
三月	TEF法语、PETS项目管理师职业资格认证考试、会计从业资格证
四月	职称英语、全国计算机等级考试、J.TEST、注册咨询工程师（投资）
五月	人力资源师职业资格认证考试、全国秘书职业资格考试、环境影响评价工程师、监理工程师执业资格考试、全国会计专业技术资格考试、计算机技术与软件专业技术资格考试、二级、三级翻译专业资格考试、银行从业资格考试
六月	英语四六级考试、GRE、注册税务师考试
七月	中英合作金融管理/商务管理专业考试
九月	注册会计师全国统一考试、注册资产评估师考试、全国计算机等级考试、国际商务师、司法考试
十月	审计、统计专业技术资格考试、出版专业技术资格考试、银行从业资格考试
十一月	国家公务员招录考试
十二月	日语能力测试、英语四六级考试、心理咨询师、GMAT、GRE、TOEF

等级考试平台可以为用户提供报名提醒，以免误失报名的机会。这一平台的建立体现了中国建设银行事事为客户着想，方便客户生活的企业文化。

实现过程如下：

1）统计各大考试的报名时间，建立数据库。

2）与考试或认证机构合作，开通网上报名，建行缴费功能。

3）在手机银行、网上银行个人登录页面即时显示出在报名进程中的考试，并提供报名缴费入口。

此项业务的开展将直接影响客户对于中国建设银行的粘性程度。

此项业务的实行对于扩展中国建设银行的市场广度、增加中国建设银行的传统用户和电子银行用户有着巨大的推动作用。

（5）电子银行与网络游戏联姻

根据我们的随机抽样调查显示，目前大学生玩网游（包括网页游戏、网络游戏）的人数约占大学生全体人数的80%左右，电子银行作为金融创新与科技创新相结合的产物，正以迅猛的势头向前发展，二者的强强联合亦是大势所趋。

2007 年 11 月，中国网络游戏行业领军企业、全球最大的音乐舞蹈模拟类网络游戏运营商久游网宣布，正式与中国最知名银行之一的招商银行合作并推出全国首张网络游戏联名信用卡，让亿万网民能够感受信用卡游戏消费新乐趣。在崭新的模式下，两大行业领先企业强强联手，开启了网络游戏与银行金融行业合作的新篇章。

2008 年 12 月 1 日至 2009 年 1 月 31 日，中国建设银行将联手盛大网络推出“拥有建行网银盾，盛大游戏‘e 付通’，超值大礼奖不停”为主题的大型营销活动。

在当下市场背景下，各大银行都积极与网游合作，网游已不再是一些传统人士眼里的“坏孩子”，而是一种有着巨大衍生市场价值的创意产品。

网游玩家与银行客户之间存在一个面积不小的交集。据易观国际发布的《中国网络游戏市场用户调研报告 2008》显示，2007 年，22～30 岁之间的玩家占玩家总数的 51.4%，月收入在 3000～5000 元之间的主力消费人群占比达到 13.2%。这部分群体正是金融机构积极争取的人群之一，与网游公司的合作，有利于金融机构提升产品的竞争力和吸引力。

目前虽然各大银行都纷纷与网络游戏建立合作关系，但合作方式较简单，只是短期的，浅尝辄止的合作，为了使其合作更具规模，更加明朗化，我们从实际出发提出了自己的实施方案。

具体实施办法：

1）与大型网络游戏公司合作，简化游戏充值环节：目前各大银行的网上银行业务因为网上交易安全问题，其操作都比较繁琐。和一些主流的网络游戏公司可以合作一些像“淘宝支付宝卡通”之类的业务。如果中国建设银行提供比其他银行操作简单的个人网游充值业务必将成为中国网络游戏充值的风向标。

2）为合作网游开辟特色通道：在游戏充值界面中点击在线充值→网银充值→输入（确认）游戏账号→选择（确认）所在区服→选择充值金额→填写充值数量→选择优惠充值方案→填写注册邮箱→输入验证码。以上选择填写好以后，点击“确认提交”即可。这个流程五分钟之内即可完成。大大节约了玩家充值的时间。

3）建立网游充值累积制度：充值的次数越多，金额越大，享受的优惠越大，如充值 100～200 元的玩家可在游戏商城享受 9.5 折优惠；充值 200～500 元的玩家可享受 9 折优惠；充值 500～1000 元的玩家可享受 8 折优惠。

4）在游戏中设置电子银行 NPC，出售或收购虚拟货币，帮助玩家理财，在不自觉中让玩家体会到不论在现实中还是在虚拟世界里，电子银行都能让你的生活更方便、更惬意。

5）加强与客户的交流，针对于电子银行业务的客户可以通过电子业务多联系。

6）建立中国建设银行专为游戏玩家充值的平台。

（6）电子银行与淘宝携手共进

随着电子商务的蓬勃发展，网上购物、在线交易对于消费者而言已经从一个新鲜未知的事物变成了日常生活的一部分。相关调查表明，由于远离拥挤、堵车、排队付款等麻烦且随着电子商务活动交易制度的日渐规范和完善的安全保障，更多的消费者正在走出国美、家乐福等大型商超，在易趣、淘宝等线上通道进行在线购物。

2009 年 7 月 16 日，CNNIC（中国互联网络信息中心）发布的《第 24 次中国互联网络发展状况统计报告》显示，截至 2009 年 12 月 30 日，中国网民规模达到 3.84 亿人，普及率达到 28.9%。网民规模较 2008 年年底年增长 8600 万人，年增长率为 28.9%，继续领跑全球互联网。12 月 3 日下午，CNNIC 在京发布了《2009 年中国网络购物市场研究报告》，对我国网络购物的人群和市场趋势进行了深入的分析。数据显示，截至 2009 年 6 月，我国网购用户规模已达 8788 万，同比增加 2459 万人，年增幅达 38.9%。

如今越来越多的人在思想和行为上都能接受网上购物这种新的方式。最主要的是在客户群几年前都还是在校学生的这一帮人，他们接受的是比较先进的思想和行为方式，而今他们都已陆续毕业并开始在社会上占据一定的位置，所以他们将引领新式的网络购物模式。

因此，在增加建行电子银行用户数量上，与淘宝的合作是势在必行的。

我们团队的具体想法如下：使用建行网银在淘宝上进行购物的话，每消费一定金额由淘宝返还给消费者一定的抵价券。现举例如下，假设每消费 100 元，返还 10 块钱的抵价券。然后由淘宝开设特价专区商场，再把特价专区商场的铺位出租给一定级别的淘宝卖家，比如说至少要一钻以上的卖家，由这些卖家交纳一定的租金，这些卖家可以把自己店铺里卖不出去的或是快要到期的比如食物类的东西，或者是有瑕疵断码滞销的商品放在这个特价专区商场进行销售，由淘宝对该商场在首页进行宣传，这样淘宝既可以收取一定的租金，卖家也可以更快地售出商品，从而实现了淘宝和卖家的共赢。

具体操作流程：打开淘宝网→登录淘宝会员→点击特价专区商场→选择类目→选中商品→立即购买→使用抵价券→支付成功。

（7）中国建设银行“E 路同心粉”

“E 路同心粉”为中国建设银行的固定用户体验小组。“E 路”寓意人们的电子银行使用之路。“同心”寓意中国建设银行与用户同心，竭力为用户提供优质便捷的电子金融服务。“粉”为用户体验小组，性质上是中国建设银行的 fans（粉丝团）。

“E 路同心粉”的建立旨在推广中国建设银行的新兴业务以及及时得到反馈信息。

“E 路同心粉”是中国建设银行联系用户的纽带。根据“E 路同心粉”反馈的信息，可以及时地了解到用户对于中国建设银行的要求，以便及时调整自身的经营理念，准确把握市场动向，抓住占领新兴市场的绝佳契机。

“E 路同心粉”的实现平台可谓多种多样。线上平台为论坛、QQ 群、QQ 校友、人人网、飞信群等。

实现模式：

1）官网开设“E 路同心粉”论坛，及时发布最新业务状况，以有奖形式广纳贤言。

2）建立各地 QQ 群、飞信群，方便解决电子银行问题，直接与用户进行交流。

3）在 QQ 校友、人人网注册官方用户，宣传中国建设银行电子银行业务。

线下“E 路同心粉”的建立可以以校园竞赛的形式展开，招募成员。成员享有优先使用中国建设银行新型服务的权利。对于提出优秀建议或实施方案的成员，中国建设银行提供实习的机会，借此激励成员。

11.4 竞赛结果

11.4.1 实施结果

1. 建立和讯博客

对建设银行电子银行进行推广，从博客日志和博客相册等方面对建设银行电子银行进行宣传推广。我们将博客日志分类，通过丰富多彩的内容来吸引网友关注我们的博客，进而关注建设银行电子银行的相关内容，如图 11-2 所示，作品链接：http://hexun.com/ylwshmily/default.html。

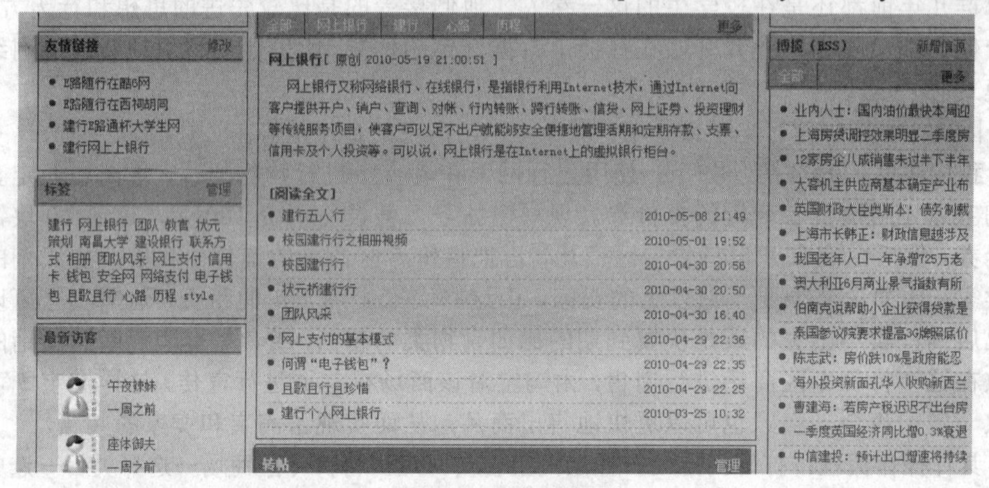

图 11-2 和讯博客

2. 建立酷 6 空间

通过视频及图片、文字等形式全方位宣传建设银行电子银行，并且自编自导自演了建行电子银行四部曲，如图 11-3 所示，作品链接：http://zone.ku6.com/u/8315284。

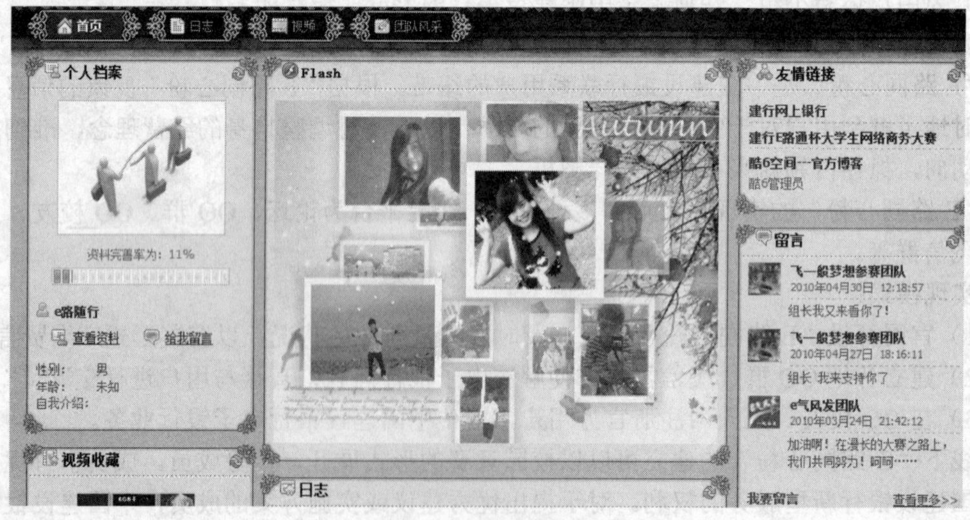

图 11-3 酷 6 博客

3．推广平台

设计开发了建行电子银行推广页面，对平台网站的内容进行了详细设计，通过平台对建行电子银行进行宣传、推广。

4．方案实施

与中国建设银行洪都支行及其前湖分理处进行积极沟通交流，并走访了校园各大支付办理处，如电子银行部、校园龙卡办理处、校园卡服务中心等，对方案的可实施性进行了综合实际情况的考察。

5．校园活动

与中国建设银行南昌洪都支行前湖分理处沟通，结合我们的方案，在校园内成功开展了“中国建设银行电子银行进校园”的活动。并在比赛期间内成功签约成为建设银行手机银行及网上银行的签约客户。

11.4.2 名次结果

全国总决赛本科组网络商务创新应用一等奖。

11.5 方案点评

郭继武【中国建设银行江西分行】时间：15/4/2010 6:07:24 PM 点评等级：★★★★★

各方面考虑得很多，可以看出团队做了很多的思考。

现在要尽力把方案落到实处，做一些具体的工作。

个人感觉网游NPC、粉丝团的创意比较有新意，建议作为重点来实施。但粉丝团要有个相对固定的阵地，而不是到处开花，否则就“团”不起来了。名字也要有个性，关键还是怎么吸引客户加入这个“团”。

量力而行，加油！

许兴【中国建设银行南昌洪都支行】时间：27/4/2010 8:43:47 AM 点评等级：★★★★★

方案写得很详细也很全面，接下来要做的就是尽快实施你们的方案，不一定要将方案中的内容全部实施，但一定要有些成果，这样在复赛中才有竞争力。

王桂君【中国建设银行南昌洪都支行】时间：5/2/2010 11:56:49 AM 点评等级：★★★★★

方案分析比较到位，若能联系建行某个网点共同到校园学生中实践一下更好，用事实说话，用数字说话，理论与实践紧密结合，这样方案就更全面了。另外，请注意方案中的细节：CTCA是电信的CA认证体系，不是建行的安全认证体系，目前建行采用的是两种安全认证体系，一个是自己的CCBCA，另一个是中国金融认证中心的CFCA，望能及时修正这些细节。

11.6 获奖感言

从晋级复赛到江西赛区一等奖再走到全国总决赛的一等奖，一路回顾，我们感触颇多。大赛给我们这群稚嫩的大学生提供了一个学习发展平台，它不仅对我们的专业知识的扩宽和深化起了很大的作用，还给了我们动手操作实践的机会。从这次比赛中，我们学习了很多知识，也结识了一批志同道合的朋友，比赛结束了，但是我们的学习和实践没有止步，今后，我们将会更加努力，与大赛宗旨E路随行，与世界发展E路随行！

第12章

"e路通"高校社区——便捷校园生活之家

作者：西南民族大学　团队：创e源

12.1 团队介绍

"创e源"。"创"是指创意无限，用梦想开创美好未来；"e"是指网络，也代表大赛，代表我们对电子商务的热爱；"源"是指永远鲜活的生命力，永不枯竭的创意创新源头。"创e源"，创意源自生活之源，希望之泉。一个以成员们对网络对电子商务的喜爱和热情为基础，用智慧和汗水追逐梦想，开创美好未来的源泉！团队合影见图12-1。

1. 成员分工

队长：张巳琛，负责方案的整体规划，也是方案的主讲。

队员：业娟，负责PPT的制作。

队员：王勋禄，负责材料收集、后勤。

队员：曹泽，负责材料整理。

2. 团队宣言

创e之源，创意源自生活。

12.2 选题经过

经过我们对建行四川省分行的实地走访，以及调查表我们发现，建行现有适合高校的业务不是很多，还没有专门针对高校的新业务。据建行四川省分行的介绍，建行提供的校园服务主要也是对一般客户的服务，重点推广网上银行，手机银行等，还有借记卡、贷记卡发放等。

图12-1　团队合影

因此将银行现有产品打包加工做成适合大学的产品组合及开发新的校园服务项目很有必要。

12.3 方案

12.3.1 简介

银行提供的多数是同质化服务，为了能在其他银行中脱颖而出，为大学生所认同，建行就要从细节出发，打造好属于大学生专门的网上银行社区，为校园设计更便捷的服务，让大学生活离不开建行网上银行。

中国移动成功的经验之一就是市场细分，针对不同的客户群体，推出“全球通”、“动感地带”、“神州行”三个子品牌。我们现在要做的就是将前期的方案整合，做出一个属于大学生的品牌，属于大学生的专区，对此，我们设计了建设银行“e路通”高校社区。

12.3.2 正文

1. 社区框架（见图 12-2）

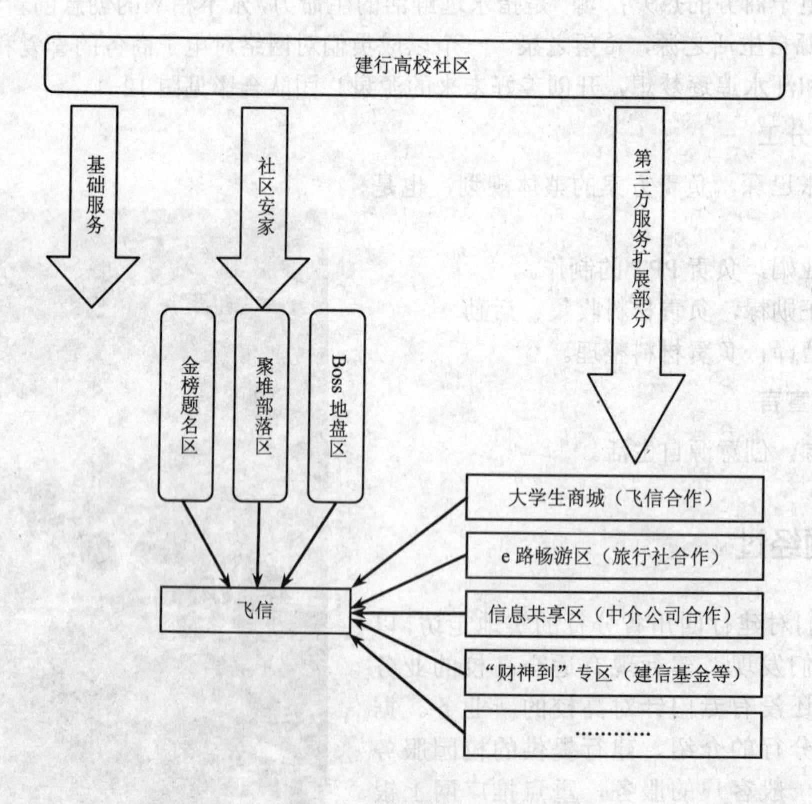

图 12-2 建设高校社区框架

2. 各区功能简介

(1) 基础服务区

基础服务区的功能是提供建行面对大众的基础服务：如账户查询、转账汇款、缴费支付等。

(2)"金榜题名"区

该区的业务和金榜题名卡（见图 12-3）相对应。

该卡随大学录取通知书一起寄给新生，激活后自动成为"e 路通"高校社区的成员。登录网银系统时，系统识别用户若为金榜题名卡客户，自动转入"金榜题名"区。

金榜题名卡的特色功能包括家长管理、电子学生证、出国留学汇兑优惠、理财能力鉴定、小额创业贷款等。

图 12-3　金榜题名卡

(3)"聚堆部落"区

该区将金榜题名卡用户以班级为单位组成"堆"也就是网上的班级，供班级间信息共享、交流用。该区主要实体为班费收支透明化的团结奋进卡。班级管理员，通过激活团结奋进卡，获得创建班级"堆"的权利。班级之间可以通过"堆堆碰"来互相 pk 学习，pk 球技，pk 个人风采或班级风，pk 活动成果等。

团结奋进卡的特色功能包括班费透明化管理、班级 pk，如图 12-4 所示。

图 12-4　团结奋进卡

(4)"Boss 地盘"区

"Boss 地盘"为教师社区，教师通过激活教师关怀卡（见图 12-5）自动成为"Boss 地盘"成员。教师社区是教师们之间交流经验，抒发感慨和轻松休闲的地方。在这里老师之间，学生和老师之间都可以无碍交流。学生可以对平时的课堂教学进行反馈，有问题和建议可以向 Boss（老师）提出。老师可以将作业要求和教学课件资料等放到"Boss 地盘"共享给同学。

图 12-5　教师关怀卡

教师关怀卡是信用卡，对于有效用户，按照教师的教龄，每月自动送与教龄相等的积分（积分可兑换航空里程、相关纪念品、话费等。赠送的积分两年滚动清空一次）。拥有该卡，还可在房贷、车、贷审批上给予优惠或方便。

（5）“e路畅游”区

这里主要是分享旅游体验和线路推荐，和旅行社合作由建行提供小额贷款，可以分期付款旅游。

几个好朋友约好五一放假一起出去玩，结果一人因资金问题不能去，等资金攒够了，别人都去过了，机会没了。

为了解决这样的问题，建行和旅行社合作分期付款旅游，机会不等人，先抓住旅游，再慢慢攒钱。这样不管我们当前的资金是否充裕，都可随时出发。

在“e路畅游”区，大家可以分享旅游中的感受和乐事，晒一下照片，推荐一下线路。也可以向大家介绍自己家乡的风土人情，给大家提供可玩点，好看点。

（6）“财神到”专区

这里分享理财经验。管理员也会定期发布一些理财方面的文章，是对股票、基金、外汇等投资有兴趣的同学的天堂。

（7）活动专区

目前只是电子账本活动专区，以后会不定期开展各项建行校园活动。这里对电子账本活动予以简短介绍。

学生由中学升入大学，环境改变，生活高度自主，还没有足够的自控能力，于是，在大学里，就出现了“月光族”还有“借钱族”等现象。

其实大部分学生是想对自己每月的收支记账的，但缺乏持之以恒的动力和大家一起记账的氛围。举办电子账本活动鼓励学生通过网络支付渠道消费并以电子对账单为账本。对于取现消费，对资金用途事后予以补登，这样形成一个完整的月消费账单，之后可自愿参加“晒（share）”账本活动，将自己的月账单公布到指定活动页面，参加评选，对收支合理的优秀获奖同学，给予奖励。

这样鼓励并创造条件帮助同学们养成计划合理收支的习惯，也培养了同学们通过电子渠道支付的习惯。

（8）信息发布区

这里主要是发布一些兼职、求职、招聘、二手货转让等信息，共享交流。

（9）轻松休闲区

在这里可以灌水、转帖、谈奇闻异事等，是大家轻松、休闲、开心的场所。这个区可与读书、休闲网站合作。

3．飞信实现社区的永不离线

每个用户在开通高校社区补充资料的时候要提交自己的飞信号码，同时自己的飞信好友里自动生成一个名为“建行校园社区管家”的好友。“建行校园社区管家”类似现在飞信已经有的“海宝博士”，是系统虚拟生成的机器人。发送文章内容到“建行校园社区管家”可以直接在校园社区内发帖，当自己的帖子有人回复时“管家”通过飞信将回复内容发送给用户。用户可以选择性定制第三方企业的服务信息，如旅游资讯，招聘信息等。回复固定格式（如yecx+密码前四位）可查询账户余额等基础信息。当自己卡的账户有变动的时候也会第一时间发送给用户（仅限与手机号绑定的飞信用户）。在团结奋进卡激活的时候，提交班级飞信群号或自动生成一个班级的飞信群，班级最新动态可通过飞信发送到每位成员。甚至社区内更新的教师作业要求也会以飞信形式自动发到学生用户。

飞信互动命令如下：

发送“Q”显示社区分区列表

回复“1”，进入1号区（基础业务区）。

回复“2”，进入“金榜题名区”显示前5个帖子标题。

回复“n1”，下一页。

回复“1”，阅读当前页第一篇帖子。

回复“R+内容”，即可回复此帖。

回复“T+标题+z+正文”，即可发新帖。

回复“ZT+内容”，更新自己的状态。

回复“M”，返回主菜单。

发送“DS”进入第三方服务信息区列表

回复“d1”，定制1号企业信息。

回复“q1”，取消定制1号企业信息。

便捷命令包括下述内容：

“H”——帮助。

“YECX+密码前四位”——余额查询。

“HFCZ+数额+*+密码前四位”——话费充值并向自己手机号码内充话费（每天上限100）。

4．项目价值分析

首先是对企业的价值，在各家银行同质化的背景下，建行通过高校社区做出了市场细分的差异化服务，提高了在大学生心中的认同感，即使大学毕业后，在选择银行的时候也会优先考虑建行。建行可通过高校社区这把利器，在高校这个阵地上，取得对其他银行的完胜。给建行带来的长远利益不可估量。

同时，建行高校社区也会给第三方合作企业带来可观的利益。既宣传了自己，提升品牌形象，又带来了广大的客户。而且各企业间的客户互相补充，形成多赢的局面。建行高校社区将带动起与高校相关的一系列产业链。

其次是对大学生价值，建行高校社区给了大学生一种新的银行体验，“哇，原来银行可以这么让人依赖”。符合大学生个性化的需要。因为有了建行高校社区，校园生活变得更加便捷，人们沟通感情变得如此轻松容易。总之，建行高校社区，改变了大学生对银行服务的观念，改善了校园生活。

最后是对电子商务发展的意义，银行服务业引入SNS社交网站模式组建社区并结合第三方服务企业，是一次尝试，将会给未来电子商务发展模式开辟一条新的道路。

12.4 竞赛成果

12.4.1 实施结果

宣传平台酷 6 网的访问量已经达到 13.5 万人次的流量。酷 6 宣传视频网址是：http://v.ku6.com/show/gBzv-ClaKAOz0Jm1.html?ptc-2-p1-ddetail。酷 6 网的博文地址是：http://zone.ku6.com/u/8790675/blog.html。如图 12-6、图 12-7、图 12-8 所示。

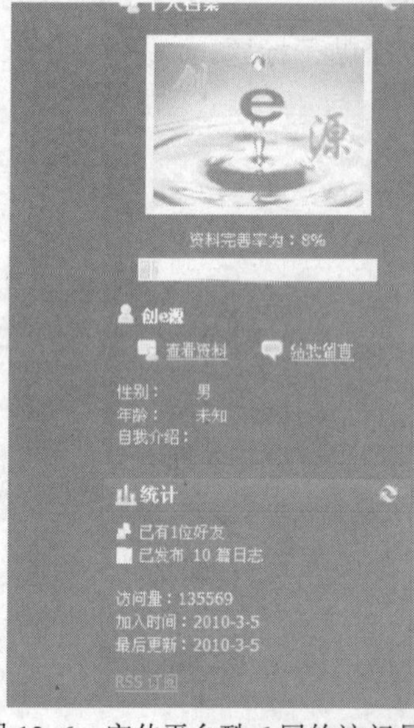

图 12-6 宣传平台酷 6 网的访问量

图 12-7 酷 6 网宣传视频

图 12-8 酷 6 网的博文

百度空间宣传网址是：http://hi.baidu.com/last_angle，如图 12-9 所示。

图 12-9　百度空间

创 e 源在西祠胡同网上的地址：http://www.xici.net/u19164525/，如图 12-10 所示。

图 12-10　西祠胡同的创 e 源角落

在我校经济学院和成都市建设银行的大力支持下，建设银行大学生电子账本活动在我校顺利开展，并引起强烈的反响，同学们对于这种新型的网上理财方式产生了浓厚的兴趣，大赛宣扬的"做节约型社会的使者"以及"学会理财，财富人生"等理念深入人心。如图 12-11 所示。

为了让同学们更好地了解此次活动，我们举办了"大学生电子账本活动宣讲会"，此次宣讲会邀请了成都市建行的专家以及我校经济学院的老师到场做讲座，为同学们介绍了"大学生如何养成节约每一分钱"以及"大学生如何科学理财"等内容，同学们与到场的专家进行了融洽的交流，纷纷表示受益匪浅，学到了很多节约、理财的知识。

图 12-11 建行大学生电子账本活动校园推广

下午放学时间，我们选择了在学生流量最大的地方，学校食堂（学生活动中心）前做建行大学生电子账本活动宣传和现场报名，如图 12-12 所示。团队成员与学生们进行了简单的交流，现在很多大学生喜欢追求时尚，他们是引领潮流的一代，对新鲜的事物接受较快。团队成员也分别向同学们介绍了活动开展的程序和步骤，也回答了一些同学们比较感兴趣的话题，比如大赛和团队的一些情况。

图 12-12 建行大学生电子账本活动校园报名

在活动的宣传方面，我们在学校各个食堂门口设立了报名点，采取现场报名、电话报名、网上报名三种方式，并在各个宣传栏张贴了活动海报，同学们积极参与，每到下课时分，海报周围总是围满了人群……

12.4.2 名次结果

全国总决赛本科组网络商务创新应用一等奖。

12.5 获奖感言

感谢大赛组委会，感谢建行，感谢中国移动，感谢学校能给我们这个锻炼的机会，为我们提供一个展示的平台，让我们能够将课堂上学到的知识得以实践。在此次参赛的过程中，无论是理论知识还是方案实践，建行四川省分行给了我们很大的帮助。赛后我们会继续和企业沟通将方案做下去。

回首参赛过程，一路走来我们的队伍经历了许多不曾有过的艰辛与坎坷。但现在回首，坎坷已经显得那样平坦，辛酸也只是调味剂。最后再次感谢学校给予我们的大力支持。感谢组委会，感谢所有支持帮助“创e源”的朋友们。

第13章

“E”资理财——建设银行电子银行理财推广方案

作者：河北经贸大学　团队：Emer创意部落

13.1　团队介绍

“Emer创意部落”团队创建于2009年10月5日，“Emer”取意“Easy method，easy to go. Easy management lighten your life.”团队中的每一个成员都对电子商务有着极大热情，踏实肯干，创意十足，使他们在重重比赛中脱颖而出。“Emer创意部落”将在追求梦想的道路上勇往直前。如图13-1所示。

图13-1　团队风采

1. 成员分工

队长：王浩然，主要负责团队的组织调度工作。

队员：薛珊，方案创意的提出者，负责方案撰写工作。

队员：张帆，负责网络平台技术工作。

队员：李力蕊，负责文字撰写与市场调查工作。

2. 团队宣言

追求卓越，挑战极限，在逆境中寻求希望，人生终将辉煌！

13.2 选题过程

从得知这个比赛开始，我们就产生了浓厚的兴趣，因为从小到大我们都期待有一个机会能让自己实现一个梦想。队长给我们介绍了比赛的具体安排和参与方式，我们都知道这个比赛是个不小的工程，后期庞大的实践工作需要的不只是热情。时间紧迫我们需要高效和迅速地完成前期工作，于是最初的团队建起来了。我们当日就明确了工作脉络，分四个过程——组队、确定题材、实际执行、预期结果与分析。所以迫在眉睫的就是组队和题材，其中最关键的是寻找一个标新立异的创意。为此我们翻阅了大量的文案资料并关注最新的报纸刊物和网络信息，试图从中找到方案创意的灵感。

通过对电子商务和网上银行业务的深入了解，我们渐渐发现网上银行在商务活动和人们日常生活中发挥着重要作用，但似乎使用的人还很少，既然这里密度较小，那么我们就从这里出发，推广建行网银的命题方向初步设定。当天晚上，在浏览杂志时看到一则新闻让我们有了新的想法，文章中提到某实体新闻业为加强宣传效果与开心网合作推出新闻支持者的版块，通过打造新闻业的“粉丝团”来加强宣传工作。我们想，如果把快乐女声的“粉丝团”搬到建行网银的宣传中来，也许也能造成一种流行趋势和新兴概念从而引领一个新的潮流并直接对建行网银进行宣传。

出于成本考虑，我们不可能制作一个自己的网站来做自己的宣传阵地，其他平台浩如烟海，经过对各种平台的调查分析，我们最终确定了以博客和论坛作为我们宣传的阵地，并辅助其他平台来做后期宣传推广工作。

有了目标和大方向的指引，后期的工作紧锣密鼓地开展了。“Emer 创意部落”只想认真地做好每一个工作，认真地思考每一个细节，为自己的付出也为他人的期待交上一份满意的答卷。

13.3 方案

13.3.1 简介

此方案从“思想决定行为”的哲学观点和心理规律出发，建立系统的娱乐界的粉丝团，并创新性地应用于建行电子银行网络推广宣传中，从加强大众理财观念的宗旨出发，潜移默化地将建行网上银行的推广工作融入其中，力图让大众更加容易地贴近理财生活并形成使用建行的理财习惯。

方案主要依靠博客平台作为发表文章的主要阵地，辅助应用论坛特有的互动和分类功能作为粉丝团的培养平台，综合了创新型的线上宣传和跟进型的线下推广用以共同打造专属建行的理财观念，用“生活是理财的生活，理财是建行的理财”的流行趋势影响大众的理财习惯，从而使建行成为“银行追星族”中的第一员，结合跟进式的线下推广力图避免全部网络化可能带来的宣传架空现象，让建行电子银行“软着陆”。

13.3.2 正文

1．方案背景

（1）电子银行及网络平台发展情况分析

1）电子银行发展现状分析。

① 电子银行发展总现状。从国内外银行业的发展情况看，电子银行已经成为现代商业银行新的战略性业务和利润增长点。这项业务在未来相当长的时期内会保持高增长的态势，会成为或者已经成为商业银行发展业务的主渠道及银行间竞争的主战场。

② 我国电子银行发展现状。我国电子银行客户量增长迅速。截至 2008 年末，全国银行业金融机构网上银行个人客户达到 14814.63 万户，较年初增加 5119.74 万户，增速达到 52.81%；网上银行企业客户达到 414.36 万户，较年初增加 223.63 万户，增长 117.25%；电话银行个人客户为 20274.68 万户，较年初增加 4674.74 万户，增长 29.97%；电子银行 2008 年度交易金额为 301.80 万亿元，包括年费收入、手续费收入在内的业务收入达到 22.91 万亿元。

③ 我国电子银行业务服务框架日趋完善。国内商业银行已建立起自己的互联网站，逐步把一些柜台业务搬到网上进行，形成了基于互联网的网上银行，不断扩展网上银行用户。在网上银行的业务功能方面也不仅仅满足于办理传统柜面业务，不断创新了缴费支付、理财服务、信用卡业务、银企直连等金融服务，深入探索为个人和企业客户提供非现金业务和营销服务的综合金融服务平台。与此同时，电话银行、手机银行、短信金融服务等电子银行业务应运而生，共同构建了我国电子银行业务的服务框架。对于很多商业银行而言，电子银行已经成为重要的业务渠道和形象宣传平台，也是业务创新的重要领域。

④ 我国银行业电子银行业务功能日趋完善。随着电子银行业务的逐步深入发展，其针对市场需求的产品创新更加活跃。一是基础功能进一步巩固完善。商业银行更加重视电子银行渠道分流客户功能和节约成本的作用，着力推进基础性业务品种向电子渠道的转移；二是投资交易功能发展迅速。受居民投资意识显著增强因素的影响，电子银行投资交易类产品的投放力度不断加强以满足投资者即时交易的需求；三是电子银行安全防护手段应用多样化。各商业银行进一步增强了电子银行安全防护手段的开发和应用，综合化、多样化的保护手段得到进一步推广。

2）互联网用户发展现状分析。

① 我国互联网用户规模日渐强大。时至 2008 年初，中国互联网已经取得了令全球关注的成绩。不但在用户规模、网上信息资源等方面位居世界前列，而且在互联网产业规模、吸引外资等方面也熠熠生辉。

② 人们对于互联网应用的观点逐渐改变。网民对互联网的依赖程度逐渐增大，对互联网的正面作用评价也越来越高。在互联网应用方面，互联网将更多地与传统行业结合，为个人用户、企业和政府提供更好的平台、更多的服务。

③ 互联网对人们的生活方式和企业的发展模式提出了新的挑战也带来机遇。对于普通网民来说，互联网的娱乐、资讯、沟通功能将得到进一步加强，数字娱乐将成为中国网民网络应用的重心。对企业来说，源自传统企业的网络直销需求，催生B2C新模式热潮，网上电子商务加速发展。

3）网络平台发展状况分析。

① 是基于互联网的平台类型日益丰富。随着互联网的蓬勃发展，互联网用户数量的日益庞大，基于网络的企业业务管理和营销模式日益丰富与健全，从网络课堂到网上购物系统，从交友类平台到交易类平台，网络与商务发展日渐融合，且有着更加明媚的前景。

② 是基于互联网的平台有其独特的魅力和优势。互联网用户数量递增，无形中形成了企业的潜在客户群，同时也蕴含着巨大的宣传推广力量。互联网特有的丰富的表达方式，如音频、图片等是传统商务所不能得到的优势。B2B、B2C等模式的电子商务日新月异的发展势头，也预示着网络平台强大的盈利价值。

③ 互联网平台的发展为电子银行业务提供了广阔的发展空间。电子商务的快速发展势必需要不断跟进的电子银行业务来支持其发展，日渐强大的网民群体也为电子银行业务的推广提供了良好的客户环境。

（2）建设银行电子银行业务现状分析

1）建设银行简要概况。

中国建设银行股份有限公司是一家在中国市场处于领先地位的股份制商业银行，为客户提供全面的商业银行产品与服务。建设银行拥有广泛的客户基础，与多个大型企业集团及中国经济战略性行业的主导企业保持银行业务联系，营销网络覆盖全国的主要地区，设有约13629家分支机构，在中国香港、新加坡、法兰克福、约翰内斯堡、东京、首尔和纽约均设有海外分行。建行拥有一支专业性强、业务素质过硬、理财经验丰富的理财团队，建行拥有高效、科学的管理制度，这些都促成了建行成立至今的累累荣誉。建设银行列中国企业500强第六位，2009年10月建设银行在《财富》杂志中国10强公司排名中列第6位，同年11月在“中国CFO最信赖的银行”评选中获得四项大奖和获得最佳网上银行奖（个人网银）及最佳手机银行奖，同年12月建设银行获评“2009年中国最受尊敬银行”等多个奖项，被评为“卓越竞争力国有商业银行”，同时其龙卡信用卡获“最具成长性信用卡品牌”等。

2）建行电子银行的发展潜力巨大。

建行个人网上银行于1998年开始，至今已有十余年历史。目前已形成一套体系完整、功能丰富、设计先进的服务体系，在国内处于领先水平。陆续推出了全新的网上银行服务，对申请流程、转账服务以及页面设计均进行了优化。建行电子银行具有便捷易用、安全可靠、经济实惠、功能丰富、服务超值等特点。这些都构成了建行电子银行成长空间的动力。

3）建设银行电子银行业务发展面临的问题。

① 宣传推广工作力度有待加强。建设银行电子银行的业务特点和业务优势还未让广大客户得到清楚的认知，新产品的推出、新政策的颁布等更新内容不能及时广泛地告知广大

客户，官网内容过于专业，宣传平台较少，在客户群召集方面还有很大的上升空间。

② 与网民的交流程度有待提高。建设银行与客户在网络互动性方面不够强，导致客户反馈渠道不畅通，直接形成了建设银行电子银行的神秘感，令广大网民望而却步。客户有话没处说，电子银行处于脱离群众的状态，渐渐地网民在选用电子银行时就会偏向其他产品，建设银行电子银行产品在网民心中还未形成“E 路通”建行品牌观念。

③ 电子银行业务的营销机制有待创新。建设银行的网络营销机制不够健全，并未形成一套有效的客户保证机制，只依靠可统计的浏览量和点击量等指标来衡量，无疑是一种“靠天收”的营销状态，联动营销自动维护营销不能实现，这在很大程度上制约了电子银行宣传推广的可连续性。

2. 方案主体理念

（1）营销角色分析

1）从被动到主动。

通过网络平台进行宣传的优势是资源共享、成本节约，但其劣势也在于此。大众参与银行推广活动、使用银行产品的前提是基于对这个活动能带来多少回报的思考基础之上的。浏览网站如果不能切实可行地让客户看到收益，网络平台的应用将失去存在动力，以单纯美化网页来吸引浏览量的做法是被动的。因此应引入积分制度、竞争机制、奖罚措施和梯度设置，让更多人更主动地参与到我们的宣传推广工作中来，并以此增加建行官方网站的浏览量，进一步增加电子银行的客户数量。

2）从推销到服务。

单纯从盈利的角度进行宣传，过分强调产品等营销方式会使客户产生抵触心理，因此营销者应转变角色，如以帮助大众学习理财知识的理财专家的身份与客户进行交流，在理财知识讲解的过程中渗透建行电子银行的产品和服务，让客户自然而然地选择参与电子银行业务。从了解建设银行电子银行到习惯使用离不开电子银行，逐渐形成“建行品牌”，打造“人生是理财的人生，理财是建行的理财”的生活理念。

3）从生冷到流行。

人们都有从众心理，因此会产生追逐流行的行为。银行业务在过去都会让人联想到繁琐、冰冷、专业等名词，这样就造成了电子银行业务与大众消费行为的隔阂。随着时代节奏的不断加快，随着高薪阶层年轻化的不断加深，追逐流行保持自我新鲜已经成为各个年龄段都不排斥的行为。娱乐界借助“粉丝团”进行推广宣传的行为让我们看到了追捧的强大商业能量，因此，如果把粉丝团的思路应用在电子银行的推广中，让使用电子银行的年轻化流行化成为一种新的流行趋势，那么银行的客户量将有新的突破。

（2）营销心理分析

1）营销时消费者拒绝产品的心理原因。

① 产品介绍就像简单背书，缺乏生动性，客户感觉很反感。

② 产品宣传不能在极短的时间内引起客户兴趣，丧失了继续跟踪的机会。

③ 产品掌握不够透彻，仅仅停留在知识层面，很难融会贯通。

④ 营销者过于自以为是，不能把握客户的理解状况。

⑤ 缺乏基本的语言修炼，只有营销者自己明白，别人都不明白。

2）对现有营销方式的改善。

结合上述原因，我们认为用网络平台推广建行网银业务也同样存在这些问题，因此在建立宣传阵地的同时需要贯彻以下原则：

① 博客和论坛阵地的页面制作要活泼生动，与官方网站不同，我们进行的推广行为与消费者更加贴近，因此需要丰富的网页来吸引消费者的眼球，防止浏览者一开始就产生抵触情绪。

② 关于理财专业知识和建行产品的介绍等内容，最好选用活泼直观的形式，让浏览者更易理解网银业务的工作流程，并防止其产生抵触情绪。

③ 为了防止打开网页上来就给消费者传达"我们在推销"的概念，从而流失浏览者。我们将网络阵地的核心文化定义为"大众理财"，通过让人们对理财业务的一步步深入了解，在适时的时候宣传建行网银，让消费者接受心理"软着陆"。

④"粉丝团"是应用于娱乐领域的宣传手段，我们可以将使用建行网银业务"概念化"，在后期关注人群不断增加的基础上，利用论坛特有的分类功能，组织"粉丝团"，打造属于建行的流行趋势。

（3）方案执行思路（见图 13-2）

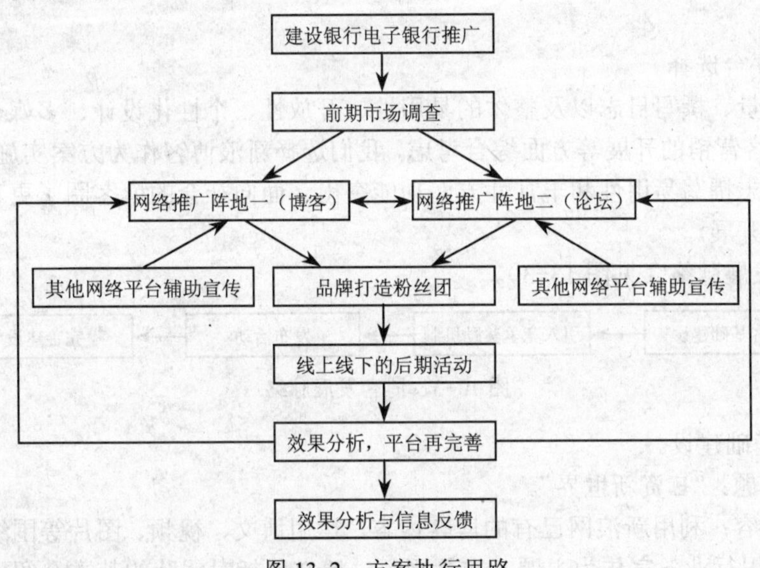

图 13-2　方案执行思路

3. 方案具体实施过程

（1）前期市场调查

1）问卷调查的概念。

问卷调查是社会调查的一种数据收集手段。当研究者想通过社会调查来研究一个现象时，可以用问卷调查收集数据。问卷调查假定研究者已经确定所要问的问题。这些问题被打印在问卷上，编制成书面的问题表格，交由调查对象填写，然后收回整理分析，从而得出结论。从问卷调查的实际应用来看，可以分为学术性问卷调查或应用性问卷调查。前者多为学校或研究机构的研究人员所采用，后者则由市场调研人员或其他机构的人员所采用，来解决实际问题。

2）问卷调查的应用。

为充分了解电子银行产品现有用户及潜在用户的需求，为方案的具体设定和实施提供依据和指导，我们以最主要的电子银行产品——网上银行作为重点调查产品，设计了“关于网上银行认知度和满意度的调查问卷”，其中包括16道封闭式问题和2道开放式问题，分别对网上银行在用者和非在用者的需求和意见进行调查。我们在选中的网络平台和河北范围内的主要实地城市投放问卷，回收并做统计分析，通过数据初步明确电子银行现存的问题，并通过了解建行与其竞争者的优劣势比较指导后期工作。

3）关于网上银行认知度和使用度调查问卷可参见本章附件。

（2）博客的分析与建设

1）博客优势分析。

博客注册简单，企业根本无须建立博客网站，只要在提供博客托管的网站上开设账号即可发布文章。博客内容增加了搜索引擎可见性，从而为网站带来访问量。博客可以用“小成本博大回报”。资源的共享性可使博客建立材料更易获得，且通过浏览者的资料补充，实现博客自动更新的良性循环。博客可以部分替代广告投入，减少直接广告费用。博客表现形式活泼，较易吸引客户浏览。博客使用人群庞大，成为电子银行的潜在用户的可能性较大。

2）博客平台选择。

从访问质量、撰写日志以及整体的易用性、开放性、个性化设计、多媒体应用、博客圈子规模、博客营销的开展等方面综合考虑，我们选择新浪博客作为方案实施的主要阵地，新浪博客在日志撰写易用性和丰富性方面功能突出，面向社会的博客圈子更利于博客平台的推广活动的开展。

3）博客发展脉络（见图13-3）。

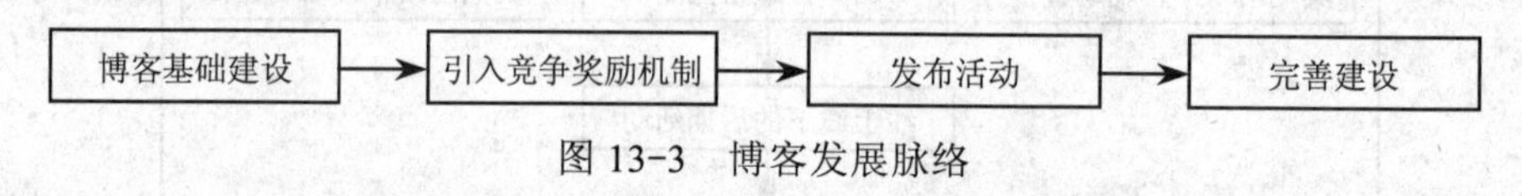

图13-3　博客发展脉络

4）博客基础建设。

① 博客标题：“E资新世界”。

② 博客内容：利用新浪网已有的博客内容，运用博文、视频、图片等围绕理财业务介绍、建行电子银行业务宣传为主题，布置网页。博文包括对团队的基本介绍，理财业务版块，后期活动的内容发布，娱乐体育等文章。

③ 博文留言板的特殊应用。传统观点认为留言板上留言的人只能作为博客路人甲或者浏览者，总而言之浏览者到博客就是被认为是终点站了。但我们的方案是通过博客经营手段让浏览者参与后续活动并逐步发展为建行电子银行的潜在客户。在博客留言者发展到一定数量的时候，通过其留言内容偏好和其对博客的贡献量将其分为若干类，并带头建立“粉丝团”，通过“粉丝团”文化的概念打造，形成使用建行电子银行的流行趋势并因此增加建行电子银行的使用量。

④ 在博客里面宣传论坛。在论坛里面宣传博客，任何角落都要标明联系方式。如图13-4、图13-5所示。

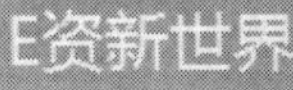

http://blog.sina.com.cn/easynewworld [订阅] [手机订阅]

首 页 | 博 文 | 图 片 | 关于我

个人资料

emer

播客 微博

进入我的空间

博客等级：读取中…

博文

置顶：“Emer新世界”新致辞~(2010-03-20 15:41)

标签：杂谈 分类：easy.intro

哈咯~~大家好~欢迎来到“Emer新世界”~

这里给您提供专业的理财信息，给您介绍银行的相关内容，这里不但是您快捷了解E
是您抒发所思所想的自由平台，除此之外，在学习过程中能感受到娱乐气息，在娱乐的
一定的回报。

理财人生，人生理财，相信您会在Emer新世界中找到自己需要的信息，完成自己期
我们的世界：http://blog.sina.com.cn/easynewworld

您还可以这样联系我们：http://easynewworld.uueasy.com

期待您的加入！

图 13-4　新浪博客截图

Emer~创意部落~改变你的理财生活，快捷人生即刻开始！

01月19日 17:07 | 编辑

Emer创意部落的老家：http://blog.sina.com.cn/easynewworld

Emer创意部落的兄弟帮：http://easynewworld.uueasy.com

欢迎各位亲朋好友，加入我们的部落，我们为您提供金融方面的最新知识和动态，也希望您能轻点鼠标，多多支持我们的格子，您的支持是我们完善的动力，期待着您的加入，Emer部落与您一同成长~~O(∩_∩)~~

阅读 (1) | 评论 (0)

图 13-5　和讯博客评论截图

5）引入竞争奖励机制（配合论坛使用）。

为了方案后期能够实现自动运行，提高方案竞争力，我们将竞争奖励机制引入博客和论坛建设。

固定机制一：“活跃榜中榜”，数据采集于日常博客留言者的留言信息量，以月为单位进行排名评比活动，每一条有效留言积 1 分，每月 7 号进行数据发布，每月数据清零，排行榜取前十，获得一定奖励（奖励机制见表 13-1）。

固定机制二：“精华留言榜”，数据采集于日常博客留言者的留言信息内容，筛选更有价值的留言（评定标准见表 13-2），以月为单位进行排名评比活动，有效留言按价值总分进行排名，每月 7 号进行数据发布，每月数据清零，排行榜取前三名，获得一定奖励（奖

励设置见表 13-1）。

固定机制三：两个排行榜设置整体积分制度，分数达到一定程度可以赠送建行产品，比如 U-key。这个活动不按月清零，整体积累分数再奖励。

活动机制一："建设我帮忙"，适用条件：当博客资源贫乏，如博文过少，理财心得文章不够，博客建设需要另外动画资料等情况出现时，我们自己的力量有限，要充分利用网络人力资源，举办博文、动画、视频等资料的征集活动，将贡献的资料通过价值评估折合一定积分，加入之前的两种机制中，机制时间最好较长，与活动具体内容所需时间有关。周期时间不宜过短，否则打击浏览者积极性。（加入方法见表 13-3）。

活动机制二："芝麻开花"，在博客内容充实到一定程度之后，有了大众理财知识普及价值后，可以在之前排行榜的基础上追加任务活动。取每月排行榜前三名，给予特别任务活动，用以进一步刺激留言者提高其刷新排行榜的兴趣和激情，可进入任务活动版块的。

表 13-1　奖励机制

适用机制名称	计算办法	榜中榜设置	奖励内容
活跃榜中榜	总分=有效留言条数×1	前十名进入排行榜—活跃花粉 第三名—青铜 Emer 第二名—白银 Emer 第一名—黄金 Emer	第一名积分 10 第二名积分 7 第三名积分 4 其余七名各积 1 分
精华留言榜	总分=有效留言条数×1+后续留言词条×1	前十名进入排行榜—精英卫士 第三名—开煤能手 第二名—掘玉专家 第一名—淘金大亨	奖励同上

注：设置标准时间范围内有效，最终解释权数据博客所有者。

表 13-2　有效留言鉴定标准

有效留言鉴定标准

有效留言（活跃榜中榜）：与理财知识、建行意见、网银意见、经济评论等与网银、建行等有关的意见表达、情绪抒发等内容均纳入有效留言范围（在体育娱乐版块的与该版块相适合的留言也在有效留言范围内），在留言板做广告打招呼等均不属于有效留言

留言价值评定（精华留言榜）：有价值留言首先是有效留言，价值高低取决于其他留言者对其的关注度，后续关注留言词条越多证明其留言价值越大，有跟踪后续留言的词条记基本分数 1 分，之后每一条跟踪后续留言记 1 分，总价值量取决于最后总分数

表 13-3　活动加入方法

"建设我帮忙"活动加入方法：

按照需要的资源设置活动，每贡献一个作品（如有效博文），在活跃榜中榜（或精华留言榜）中加入 5 分以资鼓励，分数加入资料启用日所在月总分，并入该月排行榜中的综合排名

6）发布活动。后期会推出若干实地或网络活动，博客可以做活动方法说明、活动宣传、活动进程跟踪报告、活动结果张贴等工作。

7）微博互动。

微博即微型博客（MicroBlog）的简称，是一个基于用户关系的信息分享、传播以及获取平台，用户可以更新信息，字数需控制在 140 个字以内，并实现即时分享。2009 年 8 月中国最大的门户网站新浪网推出"新浪微博"内测版，是门户网站中第一家提供微博服务的网站，目前已成为国内用户数最大的微博产品，公众人物用户众多是新浪微博的一大特色，目前基本已经覆盖大部分知名文体明星、企业高管、媒体人士。

新浪微博具有以下四项主要功能：

发布功能——用户可以通过计算机或手机随时随地发布文字、图片等内容。

转发功能——用户可以把他人微博中自己喜欢的内容一键转发到自己的微博中。

关注功能——用户可以对自己喜欢的用户进行关注，成为这个用户的关注者（即"粉丝"），那么该用户的所有内容就会同步出现在自己的微博首页上。

评论功能——用户可以对任何一条微博进行评论。

8）博客维护工作安排。

"3F"原则，包括如下内容：

Foundation：博客建立人员对博客内容及时作出反应，努力完善基础平台和基本内容。

Facile：努力让博客平台更易于浏览者获得信息并产生兴趣，平台功能易用性和理财知识易理解是后期博客维护工作的重要目的。

Fast：加快博客更新速度，为浏览者提供最新信息，对留言者作出快速回复反应。

9）博客绩效指标。是指博客浏览量和博客有效留言量，既竞争奖励机制的数据形成来源。

10）博客发展效果预期。

博客是建设银行推广的大众化平台，它直接面向社会以更加贴近群众需要的内容让浏览者产生理财兴趣，并通过博客里对建设银行的介绍，起到吸引浏览者继续访问建行官方网站从而增加建行电子银行使用量的目的。

由此可见，博客浏览量和有效留言量可以辅佐作为建行电子银行潜在客户形成的依据，核心竞争奖励机制和论坛粉丝团的建立都为博客发展起到推动作用，从而更有力地宣传推广建行网银业务。

（3）论坛的分析与建设

1）论坛优势分析如下：

① 论坛营销针对性强。论坛营销既可以作为普遍宣传活动手段使用，也可以针对特定目标组织特殊人群进行重点宣传活动。

② 论坛营销氛围好。宣传能够达到很好的深度，甚至引发现场的购买高潮。宣传有一定深度，知识可信，容易激起消费者的认同，在心理上引起共鸣，真正的论坛营销是通过对消费者的深层教育，改变或培养消费观念，从而尝试产品，形成很强的品牌忠诚度，而销售盈利只是水到渠成。

③ 口碑宣传比例高。论坛宣传活动比较直接、可信度较高，目标人群集中，有利于口碑宣传扩散。论坛营销传播更加丰富的知识，甚至直接与消费者形成一对一的宣传教育，沟通的知识更多更深，而传播的知识更加通俗易懂。如果有疑问可马上解答，使消费者得到明明白白的信息；同时，论坛是消费者的主要集散地，也表现出相对统一的认知习惯与消费习惯，因此口碑宣传的影响力十分明显。投入少，见效快。

④ 培养典型消费者。论坛营销能够迅速扩大试用人群，利于集中收集目标消费者名单为回访提供详尽资料，使负面影响消除在无形之中，从而培养典型消费者，进行进一步的市场扩大宣传活动。论坛营销的影响面小，针对一小部分人群，这样更利于集中有限资源，充分向少部分人推荐产品，相应的产品尝试率也有所提高。

2）论坛发展脉络，如图 13-6 所示。

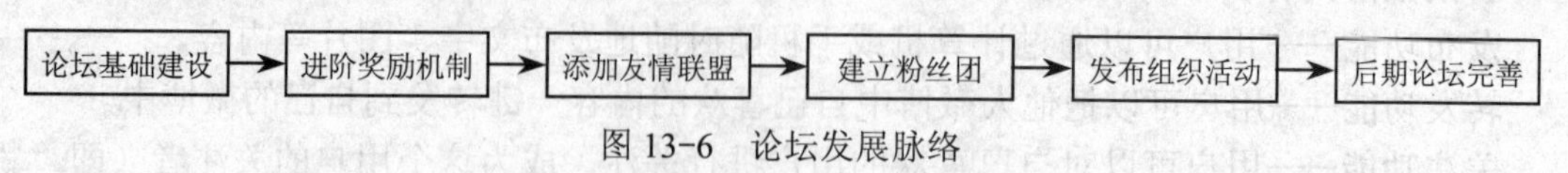

图 13-6　论坛发展脉络

3）论坛基础建设。与大家分享我们的团队故事，包括团队组成、团队的成长经历和心路历程等，记录一路走来的点点滴滴。

① 产品中心。介绍主要银行产品的基本知识，为方便浏览，分为以下几种产品类别进行介绍：

- 存款产品——活期存款、定期存款、七天通知存款等个人存款产品。
- 贷款产品——住房贷款、消费贷款、汽车贷款等个人贷款产品。
- 理财产品——股票、基金、黄金、债券等各类理财投资产品。
- 电子银行产品。

② 产品介绍。现有网上银行、手机银行、短信银行、电话银行等电子银行产品介绍。

③ 安全提示。介绍关于电子银行安全性及如何安全使用电子银行的知识。

④ 理财大厅。发布与理财主题相关的知识和信息，分为以下一些版块：

- 理财知识——讲解基本的理财概念及常识。
- 投资技巧——交流投资规划、投资趋势预测等信息。
- 财经信息——分享经济、金融的时事热点，用以指引理财投资。
- 活动专区：线上线下活动信息的发布、关于活动内容的讨论及活动总结等。
- 资水库：论坛成员的灌水区，交流娱乐信息、心情故事、趣闻趣事等。
- 友情链接：经济类网站、理财论坛、银行、高校等网站的链接。

4）进阶奖励机制。利用论坛自身升级特点设置基础激励机制，并通过附加分的利用增加精华帖数量，并通过精华帖和论坛自身进阶特点吸引更多的人来注册论坛，随着论坛人数的增加，粉丝团的建立就有了基础。

① 利用前期的市场调查找到人们最关心的内容，将问题分类分别对应论坛几大板块，在各个板块发布若干很有价值的精华帖，以此来吸引人们浏览，初造人气。

② 利用论坛的论坛币进行论坛内的交易活动，初期交易信息，将以前无偿提供的精华帖，做成隐藏内容，用论坛币进行售卖，论坛币是由论坛发帖奖励的自身机制提供，开始时由论坛建立人发帖进行交易引导，在建立友情联盟后，自然有想在我们的平台上一吐为快的发帖者继续交易，利用交易过程中的论坛币刺激论坛浏览量和论坛会员注册量。

③ 随着关注人注册时间和发帖数量的不同，会员的级别也会有所差异，此时推出类似博客里面“活跃榜中榜”的竞争机制，在一定级别线上截取人数分发内部资料或赠送论坛币的“亲情回馈”活动，刺激更多的人为了更高的级别而增加发帖量和推荐注册量。

④ 结合后期的具体活动，丰富进阶奖励机制的内容和形式，并推出实物奖励等有价政策，让已注册用户为论坛里自己的虚拟身份做预算，将他们牢牢地留在论坛里。

最后，利用论坛自身的数据库整理统计系统，可以更快捷地整理用户信息，减少工作量，增加数据的科学性和说服力。

升级条件说明：注册即送 5 点经验值和 2 个论坛币，每登录一次经验值增加 1，每发一帖经验值增加 1，每发起一个新的帖经验值增加 2 并送 1 个论坛币，论坛币和经验值的兑换参考普通论坛设置，已注册会员每介绍一个人浏览论坛赠送论坛币 1，经其介绍的人注册成功赠送论坛币 2，精华帖等视跟帖人数加分。

5）添加友情联盟。

论坛有一定的专业性，为增加论坛的宣传力度和可信度，需要扩充论坛建设人员，各个高校研究生部的论坛和社会其他金融经济类论坛都是这类人员的潜在人力资源，可以与他们协商进行论坛间的友情链接，让其他论坛的人部分流向我们的论坛，为后期资料准备和活动参加人员提供后备军。

6）建立粉丝团。

粉丝团，顾名思义，就是由网友组成的在网上活动的积极发烧友（fans）们的网络集合。这类人群自觉不自觉地为同一件事情或者同样一个目的走到一起，是为某类事情、某个人、某种活动、某个话题走到一起的网络力量。目前来讲，网络粉丝团的发展与网民们日趋强大的舆论监督和娱乐需求密不可分。越来越多的名人明星都注重在网上开博搭建平台，积极引导自己的粉丝联合到一起为自己加油助威。很多相关论坛等也以名人明星的名字命名，吸引了一大群粉丝安营扎寨。这个有趣的现象几乎得到了所有网民的关注和积极参与，同时也获得了网络粉丝团地位的认可。人们由线下的捧场助威发展到网上的集群活动，让虚拟空间充满了活力和人气。

活动方案从"思想决定行为"的哲学观点和心理规律出发，将娱乐界的粉丝团建立系统创新性地应用于建行电子银行网络推广宣传中，从加强大众理财观念的宗旨出发，潜移默化地将建行网上银行的推广工作融入其中，力图让大众更加轻松地贴近理财生活并形成使用建行电子银行产品的理财习惯。从消费心理来看，普通消费者都有一定程度的从众心理，因此会产生追逐流行的行为。娱乐界借助"粉丝团"进行推广宣传的行为让我们看到了追捧的强大商业能量，因此，将粉丝团的思路引入电子银行产品的推广，成立建行电子银行产品专属的网络粉丝团并组织开展相应的线上线下活动，可以将使用电子银行产品年轻化、流行化发展成为一种新的流行趋势，树立建行电子银行产品的"E 路通"品牌，不断扩大品牌的知名度及影响力，从而增加建行电子银行的客户。

粉丝团的组建是一个从无到有、从小到大的渐进过程，博客的竞争奖励机制、论坛的互动性和微博的用户互动关注功能为网络虚拟粉丝团的建立提供了可能。

方案实施初期，将通过博客"活跃榜中榜"、"精华榜中榜"等活动所积累的浏览者、微博的关注者（"粉丝"）、论坛中的积累浏览者作为基础粉丝团的主要资源。随着粉丝团成员的不断积累和粉丝团的逐步壮大，可设立类似版主的"粉丝团"领导人，并对其根据"粉丝团"的贡献值即"粉丝团"人数和活跃程度给予奖励。

在粉丝团的成长过程中，可以组织开展一些宣传、竞赛、聚会等活动将成员聚集起来，通过发放团员卡、印制发放团服等方式进一步明确粉丝团成员的身份，增强成员的团队归属感。同时，可针对粉丝团成员推出一些建行电子银行产品（如网银盾）的馈赠、论坛和博客积分的赠送等优惠活动，并及时发送建行优惠产品资料、电子银行最新营销活动等信息，使后期在网络中进行的活动可以以此论坛作为活动阵地。此外，论坛还可以为实地活动提供与博客相同的功能，并可以开发活动参加者专区，专供参与者进行经验心得交流，在宣传论坛的同时，也可以将关注参与者的部分人开发成参与者的"粉丝团"，这些关注金融知识的“粉丝”将有机会成为建行未来的“粉丝”，并引导其他人趋向使用建行网银。

7）论坛绩效指标。是指论坛注册人数、论坛发帖数量和论坛关注人数。

（4）博客与论坛的结合和效果预期

总体来讲，博客是文字、视频等资料宣传的主要阵地，论坛是形成网民互动的主要平台，两者互相促进互相宣传，共同增加建设银行官网的浏览量和建设银行电子银行业务的使用。

1）结合点分析。

博客主要通过发表博文、视频、图片等形式进行宣传，内容主要围绕理财业务介绍和建行电子银行业务的宣传展开，具有知识性、自主性、共享性等基本特征，浏览者可在博客留言发表自己的观点，还可参加博客举办的博文征集等活动，就相应的主题献言献策；作为博客的有益补充，微博通过其便捷的信息发布、信息分享等功能可以更加灵活地实现网友用户间的交流沟通；论坛为广大网友提供了一块可用于交流讨论的公共电子白板，每个用户都可以在上面书写，发布信息或提出看法。论坛的交互性强，内容丰富，用户可以发表一个主题，让大家一起来探讨，也可以提出一个问题，大家一起来解决，具有实时性、互动性。这三种宣传方式互为补充，相辅相成。

博客、微博和论坛作为本方案实施的主要阵地，要充分建立起三者之间的密切联系。三个平台都使用“E资新世界”这一名称，增强平台的统一性和辨识度。在博客、微博和论坛中的醒目位置要长期设置宣传语，同时标明另外两个平台的网址，起到相互宣传、相互链接的作用，最终实现共同发展。博客的留言者、微博的关注者和论坛的注册用户都是未来“粉丝团”的潜在成员，需要共同维护。随着粉丝团成员的增加，后期可组织举办一些主题活动，活动方案可在博客和论坛同期发布，同时在微博发布活动提示信息吸引关注者到博客或论坛查看具体内容。活动结束后，同样在三个平台发布活动总结等后续信息。

2）效果预期。

通过对博客、微博和论坛这三个宣传助阵的维护和经营，实现三个平台间的互联互通。

利用三个平台的宣传和营销，逐步发展起一批各自的关注者，将所有关注者进行整合，形成以大众理财和电子银行为主题的粉丝团，建立相应的平台进行团员内部的交流沟通，并不定期组织团体活动，增强粉丝团成员的归属感和忠实性，从而逐步树立其建行电子银行产品的“E路通”品牌，扩大品牌知名度及品牌影响力，从而吸引更多的粉丝，为建行电子银行发展更多的拥护者，形成良性循环。

（5）其他辅助宣传平台的建立

1）交友类网站。

人人网是由千橡集团将旗下著名的校内网更名而来，“校内网”刚建立的时候一个最重要的特点是限制具有特定大学IP地址或大学电子邮箱的用户注册，从而保证了注册用户绝大多数都是在校大学生，鼓励大学生用户实名注册，上传真实照片，让大学生在网络上体验到现实生活的乐趣。为了给校内网带来一个更长远、广阔的发展前景，2009年8月千橡集团宣布将校内网更名为人人网，成为为整个中国互联网用户提供服务的SNS社交网站，给不同身份的人提供了一个互动交流平台，提高了用户之间的交流效率，降低了维护用户之间的交流成本，通过提供发布日志、保存相册、音乐视频等站内外资源分享等功能搭建了一个功能丰富高效的用户交流互动平台。目前人人网已正式推出公共网页，将网罗圈子发展到社会范围，且与开心网形成互助通道，其用户既有关注专业领域的学生团体又有实际收入的社会成员，这些都是强大的潜在资源。如图 13-7 所示。

图 13-7　人人网截图

2）视频类网站。

以优酷网为例，优酷网是中国领先的视频分享网站，是中国网络视频行业的第一品牌。优酷网以“快者为王”为产品理念，注重用户体验，不断完善服务策略，其卓尔不群的“快速播放，快速发布，快速搜索”的产品特性，充分满足用户日益增长的多元化互动需求，使之成为中国视频网站中的领军势力。优酷网以视频分享为基础，开拓三网合一的成功应用模式，为用户浏览、搜索、创造和分享视频提供最高品质的服务。优酷网突出简单易用的显著特色，具有以下三大优势：

① 最快速的视频播放：优酷网首创多运营商多节点网络布局，在 50G 带宽储备保障上，发挥视频短片快速播放的特点。

② 最快速的视频发布：24 小时全天候服务保障热点资讯、网友作品发布，随时随地走在视频文化前沿阵地。

③ 最快速的视频搜索：在自主研发的定向搜索技术和海量数据精准处理模式支持下，达到便捷的专辑分类交叉搜索。

优酷网的视频内容包罗万象，追击社会热点实事，见证世间奇异趣事，第一时间发布关注焦点，从而吸引了大量网友点击观看，其品牌口号是“全世界都在看”。我们可以在优酷网创建自己的视频空间，上传与金融理财、建设银行电子银行相关的视频，把建行电子银行的精彩通过优酷网与全世界分享，利用鲜活的视频语言全方位生动地展示建行电子银行产品的优势和特点。同时，在视频信息部分添加博客、论坛主阵地的网址链接，起到宣传作用。同时，还可通过微博、博客、人人网等平台的视频转发功能增加视频的观看点击量，增强宣传效果。如图 13-8 所示。

图 13-8　优酷网视频截图

3）各类贴吧、空间。在百度贴吧、百度空间、Myspace 等地方开辟新的讨论区，并附上链接。

百度贴吧于 2003 年 11 月 26 日创建，是一种基于关键词的主题交流社区。百度贴吧与搜索紧密结合，准确把握用户需求，通过用户输入的关键词，自动生成讨论区，使用户能立即参与交流，发布自己所拥有的其所感兴趣话题的信息和想法。这意味着，如果有用户对某个主题感兴趣，那么他立刻可以在百度贴吧上建立相应的讨论区。百度贴吧自从诞生以来逐渐成为世界最大的中文交流平台，为用户提供了一个表达和交流思想的自由网络空间，提供一种用户驱动的网络服务，强调用户的自主参与、协同创造及交流分享，也正是因为这些特性，百度贴吧得以以其最广泛的讨论主题（基于关键词），聚集了各种庞大的兴趣群体进行交流。

4）聊天类网站。

QQ 空间（Qzone）是腾讯公司于 2005 年开发的个性空间，具有博客（blog）的功能，自问世以来受到众多人的喜爱。在 QQ 空间上可以书写日记，上传自己的图片，听音乐，写心情。通过多种方式展现自己。除此之外，用户还可以根据自己的喜好设定空间的背景、小挂件等，从而使每个空间都有自己的特色。通过开通使用以理财为主题的 QQ 空间，可以在空间中发表相关内容的博文，发布团队的博客、论坛等信息，吸引 QQ 好友前来浏览、探讨，从而通过 QQ 用户之间的广泛链接，不断增加空间的人气，也为博客和论坛主阵地的粉丝团累积成员。

QQ 群是腾讯 QQ 的一种附加服务，是一个聚集一定数量 QQ 用户的长期稳定的公共聊天室。团体成员可以互相通过语音、文字、视频等方式互相交流信息。随着粉丝团成员的不断增加，可开通QQ群，建立一个可以即时沟通交流的便捷平台。

5）社区论坛类网站。

以西祠胡同为例，西祠胡同始建于1998年，是华语地区第一个大型综合社区网站。西祠胡同并非传统意义的社区网站，它首创"自由开版、自主管理"的开放式运营模式，深得用户好评。至今西祠用户已自建讨论版超过20万个，经多年积累和发展，西祠已成为华语地区最大的社区群。西祠用户遍布全国及境外，积累了不同地区、各年龄层次、各种行业、不同兴趣爱好的大量忠实网友，用户群横跨学生、都市白领、记者、编辑、作家、艺术家、自由职业者、商人、党政机关工作人员、公司高层人士、退休老人等。

西祠胡同具有简单、友好、开放、多样性、易于交流等特点，通过在西祠的相关版块发帖留言，宣传我们的博客、论坛、微博等平台，可以扩大活动平台的宣传范围，提高各平台的关注度。如图13-9所示。

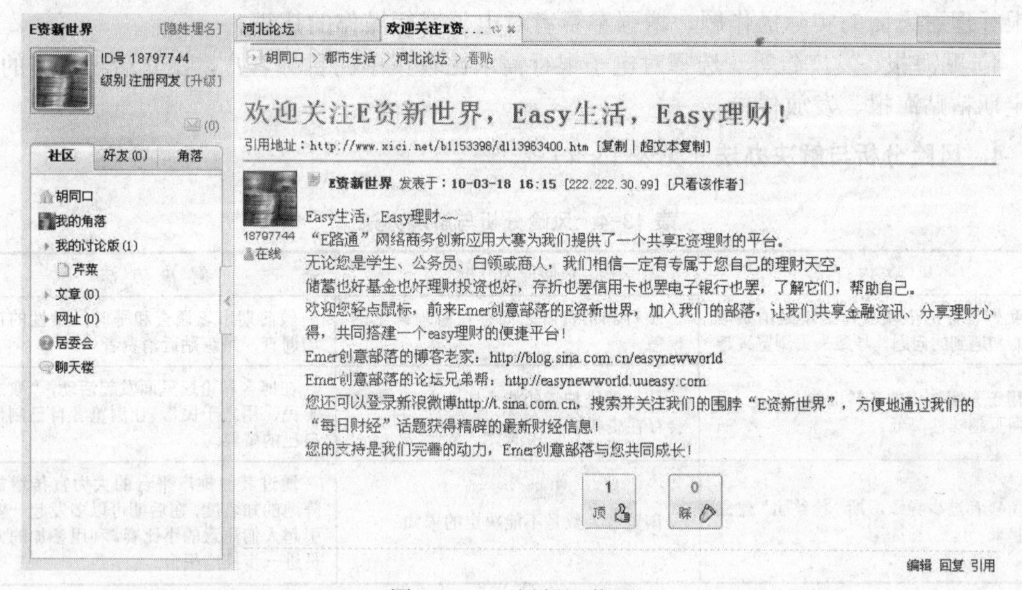

图13-9 西祠胡同截图

6）电子商务类网站。

淘宝网是亚太最大的网络零售商圈，致力打造全球领先网络零售商圈，由阿里巴巴集团在2003年5月10日投资创立。淘宝网现在业务跨越C2C（个人对个人）、B2C（商家对个人）两大部分。截至2008年12月31日，淘宝网注册会员超过9800万人，覆盖了中国绝大部分网购人群。除了出色的电子商务平台外，为了方便用户间的交流，淘宝网还构建了时尚的"淘社区"，其版块划分清晰、类别全面，积聚了大量人气。我们在其中的"理财大学"版块发帖留言，宣传我们的博客、论坛、微博等平台，可以吸引同样关注理财的用户眼球。

（6）线下活动

1）举办理财知识普及活动，其间加入电子银行产品的宣传。

活动内容可包括如下：

举办讲座，邀请理财方面的专家发表关于理财基础知识的演讲，在理财知识普及过程中强调电子银行可突破时间、空间限制，方便快捷的自主理财功能，吸引大家的眼球。

邀请建设银行客户经理进行电子银行理财功能及其他常用功能的现场演示讲解。若条件允许，可进行电子银行的现场移动签约，及时巩固活动成果。

设计一些与理财知识相关的小游戏，提高宣传活动的趣味性、互动性、广泛参与性。准备一些不同价值的精美小礼品，分别发给游戏的参与者和获胜者。

印制理财产品介绍及理财小技巧的宣传单页，在活动现场发放。

2）举办理财方案比赛。可做一些具体的人物案例及情景设置，举办根据具体的案例情况设计有针对性的理财方案的比赛。或征集参赛者个人的实际理财方案及理财成果，进行评比。通过在线上传方案、网络投票评选等方式进行。可在线上线下同步发布比赛信息，增强比赛的影响力。

3）举办理财知识竞赛。与高校、社区等联合举办理财知识竞赛，在竞赛答题中加入电子银行理财方面的实际操作题，增强参赛者对电子银行操作的认识。

4）贴海报、发广告等。选择对电子银行需求比较集中的目标客户，在其活动密集的场所定期粘贴海报、发放传单。

4．风险分析与解决办法（见表13-4）

表13-4　风险分析与解决办法

风险内容	风险原因分析	解决方法
我们设计的版块有可能不是消费者关心和遇到的问题，导致失去浏览兴趣	银行和消费者之间存在着理解上的偏差	做前期市场调查和平时经常性的市场调查，跟踪贴近消费者
用于介绍知识的资料可能会匮乏，导致网页趣味性降低	阵地的维护者的能力毕竟有限，可能会存在资料缺失的可能	在博客和论坛里面发起活动，“取之于民，用之于民”，让浏览者自己制作自己的资料
留言者过少导致后期“粉丝团”建立不起来	浏览者人数是不能决定的未知	通过其他推广平台的大力宣传增加阵地的知名度，在后期可以多发起一些引起人们注意的小比赛，利用参加的人员进一步推广平台

5．信息反馈

通过推广平台的实验性运行，发现问题，并及时与银行反映，并将反馈这一行为公布在网络上晒一晒，让浏览者发现他们有了发言权，从而进一步提高推广平台与潜在消费者之间的互动性和信任程度，达到增加建行电子银行业务使用量的效果。

13.4　竞赛结果

13.4.1　实施结果

1．建立新浪博客

对建设银行进行推广，从博客日志和博客相册等方面对建设银行手机银行进行宣传推广，我们将博客日志分类，通过丰富多彩的内容来吸引网友关注我们的博客，进而关注建设银行电子银行的相关内容。

2．与企业联系

我们已经与河北省建行取得联系，并获得他们的高度肯定和大力支持。

3．方案实施

与河北省建设银行相关领导进行积极沟通交流，在网络平台将主营业务平台搭建起来，并已做好了在交友类网站人人网，视频类网站优酷网，各类贴吧、空间，电子商务类网站等上，发表文章、上传理财教程、创立主要阵地的链接等充足的线上辅助推广工作。

4．校园活动

与河北省建设银行客户经理沟通，结合我们的方案，在校园内开展与建设银行电子银行相关的一系列活动，现场反应热烈，同学们普遍表示本次活动让他们对建行电子银行有了进一步认识，提高了校园参与热情，拓展了业务覆盖范围。

13.4.2 名次结果

全国总决赛本科组网络商务创新应用一等奖。

13.5 方案点评

安珣（天津大学）日期：19/04/2009 22:27　　评分等级：★★★★★

作为学校最有活力的主题，学生们总是能从身边发现生活中的商业需求。而把这种需求与现有的商业技术进行结合的想法更体现了学生们务实的特点。

作为网络营销活动策划主题赛，学生在第二阶段应该在实践环节上更多地抓住活动策划的特点，从学生群体特点和学习生活习惯出发，设计并实施其策划方案。

文燕平（上海师范大学）日期：17/04/2009 13:13　　评分等级：★★★

学生是新生事物的积极践行者，他们对新东西有着先天的浓厚兴趣，是进步、高效、便捷的代言人。从这一点来说，大学生应该是手机银行最直接的潜在用户群体。

13.6 获奖感言

感谢主办方中国互联网协会，感谢主协办方中国建设银行为我们搭建这样一个展示自我的平台，让我们有机会展示自己的风采，施展自己的才华。本次比赛让我们重新认识到了“学以致用”的重要性，在职业能力方面给予我们极大的锻炼。

通过大赛，我们有机会接触到全国高校的各类人才，并有机会与企业和专家进行面对面的交流。本次比赛得到了学校的重视和大力支持，经过本次比赛，我们不但锻炼了自己的能力，同时也获得学校为实践活动特设的学分奖励。团队的每一个成员都有热情和信心将我们的创意继续下去，为着梦想扬帆远行。

附件：

关于网上银行认知度和使用度调查问卷

真诚地感谢您参与本次调查！

本次调查意在了解人们对网上银行的认知程度和使用满意度以及相关意见和建议，并向银行有关部门反映以加强其网上银行功能从而更好地完善网上银行系统。

填写方法：在每道题后面勾画符合您情况的选项，并在附横线的地方写下您的其他意见。如果有哪些地方不理解，可能是我们叙述的问题，希望您能和我们询问沟通以便您继续填答。

1．请问您的性别是？（　　）

A．男　　B．女

2．请问您的职业是？（　　）

A．大一学生　　B．大二学生　　C．大三学生　　D．大四学生

E．研究生　　F．教师

3．您了解网上银行业务么？（　　）

A．非常了解　　B．一般了解

C．略有耳闻　　D．从来没听说过

4．你目前有使用网银业务吗？（　　）

注：选“有”可以答一组题目，选“没有”可以答二组题目

A．有　　B．没有

一组题目：

1．你使用的是哪一间银行的个人网银业务？（　　）

A．建设银行　　B．农业银行　　C．工商银行　　D．中国银行

E．其他

2．你使用网上银行的主要原因是什么？（　　）

A．使用方便，节省时间精力　　B．去营业厅不方便

C．网上购物便捷　　D．有些网上交易必须使用网上银行

E．出于好奇，尝试新鲜事物的心理　　F．其他

请写明：________________

3．你最常使用的业务是？多选（　　）

A．汇款转账　　B．购物支付

C．查询账户及交易记录　　D．修改密码或挂失

E．投资理财　　F．缴费

G．其他

请写明：________________

4．你使用网上银行的频率大概是怎样？（　　）

A．每月4次以上　　B．每月3～4次

C．每月1～2次　　D．半年1～2次

E．没有规律，偶尔使用1次

5．在使用网上银行时，你最重要的因素是（　　）

A．交易安全性　　B．功能多样性
C．手续费便宜　　D．与其他网站的合作规模
E．服务质量高　　F．银行的品牌/影响力
G．其他

请写明：________________

6．若银行推出适合大学生资金管理或者购物方便等新功能业务，您会考虑体验开通么？（　　）

A．会考虑，感觉对自己有利并且开通业务
B．会考虑，感觉对自己有利也不会开通业务
C．不会考虑，直接开通尝试
D．不会考虑，也不会开通

7．你是否会继续使用网上银行？（　　）

A．肯定会　　B．不一定　　C．不会

二组题目

1．你不使用网银的原因是？（　　）

A．担心其安全性
B．申请开通太麻烦
C．目前使用的银行业务均可在储蓄网点完成
D．不了解网银业务的操作流程
E．其他

请写明：________________

2．以下哪些安全性问题是您使用网上银行中最担忧的？（多选题）（　　）

A．账号及密码泄漏　　B．缺少交易凭证记录
C．电脑病毒　　D．网站自身的建立和维护安全
E．假网站　　F．其他

请写明：________________

3．你对网银业务有所了解后可能开通网银业务吗？（　　）

A．很可能　　B．有些许可能　　C．基本不可能

4．以下哪种因素会促使你使用网银业务？多选（　　）

A．对网银业务的安全性和操作流程有大概的了解后
B．发现网银业务带来很大方便
C．受同学影响
D．发现网上购物很有吸引力
E．出于好奇心理，尝试新鲜事物
F．都不是

请写明：________________

5．若以后使用网银业务，你会选择哪间银行？（　　）

A. 工商银行　　B. 建设银行　　C. 农业银行
D. 招商银行　　E. 发展银行　　F. 其他

6. 在网银业务增加以下哪项功能你认为较具吸引力？多选（　　）
A. 校外课程或网上课程的报名与费用支付
B. 定期网上购物打折或送礼优惠
C. 网上预约送餐、送花等服务
D. 用转账方式交学费时免手续费
E. 四六级等全国性考试网上报名及费用支付
F. 开通附赠杀毒软件并可在网上以优惠价格购买升级时间

您对网上银行现有业务的总体评价是？

您认为网上银行还有哪些不足之处？

第14章

江西高校同城易物网

作者：江西农业大学　团队：e 路 winner

14.1　团队介绍

我们是来自江西农业大学的“e 路 winner”团队，如图 4-1 所示。“e 路 winner”成立于 2010 年 3 月，“e 路通”让五个人走在一起，一起奋斗到深夜、一起哭、一起笑，正因为我们有着同样的憧憬、相似的梦想，加上我们大学三年积累起来的默契，让我们志趣相投，朝着共同的梦想前进。

图 14-1　团队合影

1．成员介绍及分工

队长：孙月萍，作为团队的负责人，主要负责团队管理，组织讨论，协调各方面意见以及跟老师沟通联系。

队员：何权超，作为团队宣传的负责人，利用 Photoshop、Flash 等软件制作宣传材料，为开拓方案的市场添砖加瓦。

队员：兀剑，负责团队的整个材料的汇总工作，在工作中总能为团队带来很多欢乐，让我们在辛苦的工作中感受到快乐，使我们乐于工作，开心工作。

队员：吴志斌，主要负责网站的开发。

队员：黎通，主要负责团队的市场分析，SWOT 分析，营销策略。

2. 团队宣言

扬起梦想的风帆，驶向成功的彼岸！

14.2 选题经过

随着当今社会经济实力的整体提升，许多商品不断被更替，人们必须将自己的闲置物品处理掉；如何充分发挥闲置物品的最大价值已成为人们所关注的重点。在西方，易物已经有了成熟的市场机制，跳蚤市场和租赁市场已成为人们普遍的交易方式之一。现在我们将为江西的广大学生提供一个同城易物平台，实现资源的最优化。

当今社会，如何利用蓬勃发展的互联网经济和日益壮大的网民群体打破时间、空间对交易的限制，使地球人能将自己的闲置物品相互交换以提升商品的价值已成为热潮，这为网络易物的出现提供了一个很好的背景。于是，一些全新的、以换物为主的换物网站纷纷涌现，它们定位为“换物为主的综合性网络社区”，核心服务就是聚集各地的物品交换信息，并提供查找、搜索方式，为交换双方提供一个完善的换物和交友的互动平台。由此也产生出一个新的互联网名称——“换客”，就是指在互联网上以物易物或进行虚拟物品交换的爱好者，其只要在交换网站上发布自己的物品，再公布想要交换的物品，然后就可以等待合适的“换客”，在换物过程中可以体验着交换的乐趣，并实现了物品交换的价值。

14.3 方案

14.3.1 简介

金融危机及其造成的减薪裁员潮，让在校生捂紧了钱袋。如果需要新东西，人们更愿意选择用自己的闲置用品跟别人去换，而不是花钱买。网上易物平台不再仅仅是淘宝爱好者的天下，更多讲究实惠的学生也开始使用。2009 年度某网站一年的数据如图 14-2 所示。

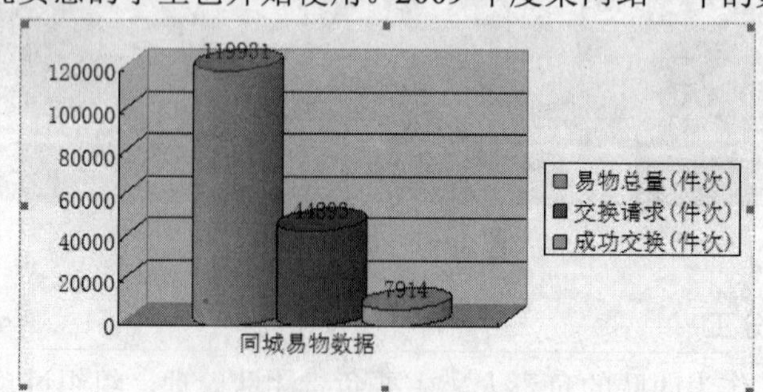

图 14-2　2009 年度某网站一年的数据

打造江西省第一个高校同城易物网，为广大高校生提供一个易物的平台迫在眉睫。对大学生来说，将闲置物品如何处理是一个棘手的问题。

现在，学生可借助我们的平台，通过交换，有效处理闲置物品，并得到那些需要购买的商品，大大节约了开销，我们的网站不仅为在校生提供易物的信息，交易的平台，更是为广大同学提供一条爱心通道，校园最热门的资讯，寻物启事及求购启示。相信在我们团队的细心策划下，一定为同学提供一个安全、快捷、方便的易物平台。

14.3.2 正文

为配合国家环保政策，提高资源的再度利用，方便群众处理身边闲置的物品，我们将为江西高校学生打造一个易物的平台。建立一套完整的易物体系，促进江西省大学生对于电子商务的了解，推动我省大学生的网络商务应用能力的发展。

同城易物网实际上是一个中介机构，帮助有易物需要的学生展示他们的“货品”，并且统计学生们的易物需求，帮助他们发现适合自己需求的物品。并且高校同城交易能亲眼看到将要换到自己手里的东西，让易物双方都更放心，自然比单纯的网络易物更能取得消费者的信任。

通过交换物品、交换建议、交换心得等途径，达到交朋识友的目的，让交换成为人们日常生活中的一种习惯。建立江西高校同城易物网，并通过一定的营销策略使我们的网站在我省范围内得到推广并扎根，我们深知大学生创业的经费以及经验的欠缺，所以我们立足根本，从小做起，从身边的小事做起，从大众的需求做起，我相信，我们定能成功！

1. 问卷数据分析总结

此次问卷调查共发放500份，收回500份，调查对象是江西农业大学、江西财经大学及华东交通大学的在校大学生，其中一年级占调查问卷的10%，二年级占20%，三年级30%，毕业生占 40%。调查过程中花费了大量的时间和精力，逐个地分发（同时有解说），完成后再逐个回收，所以调查的成果比较完整，达到预期效果。根据调查数据，我们进行了讨论并在问卷上进行了总结。

1. 您对“以物换物”为主要交易形式的“社区易物”了解吗？

A. 完全不了解　　B. 有一点了解　　C. 很了解　　D. 完全了解

结果显示：有83%的学生只了解一点点，只是听说过，只有一少部分人对此有一定的了解（见图14-3）。

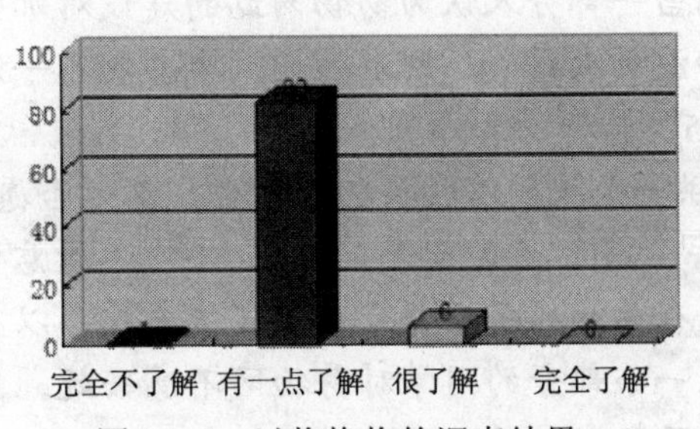

图14-3　以物换物的调查结果

2. 您家中都有哪些类别的闲散物资？（多选）

A. 数码类　B. 书籍　C. 电脑软件
D. 五金类　E. 玩具饰品类　F. 运动休闲类
G. 服饰类　H. 居家用品　I. 交通工具
J. 家用电器　K. 收藏品　L. 化妆品　M. 其他

结果显示：绝对有必要深入推广物物交换的思想，因为学生对于这一事物有参与的积极性；另外，学生闲置的物品最多的是书本，几乎每个寝室都有，其次就是一些穿戴的，这些将是易物集市上交换最多的物品。

3. 您平时都是如何处置这些闲散物品的？

A. 扔掉　B. 送人
C. 捐赠　D. 与其他人“以物换物”

结果显示：有93%的学生在处理闲置物品时是以非交换的方式，甚至有少数人直接将自己不用的东西扔掉，浪费资源，只有 7%的学生有易物的意识，平时有可能拿自己的东西与别人交换。（见图 14-4）。

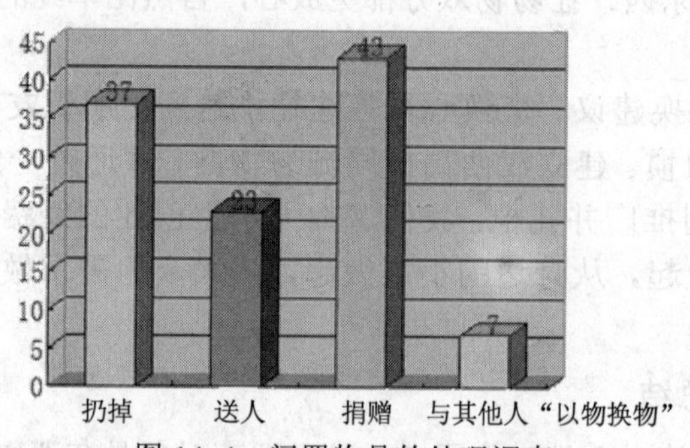

图 14-4　闲置物品的处理调查

4. 您觉得以物换物活动，可能对自己的生活有哪些意义？（多选）

A. 闲散资源效益最大化　B. 加强朋友间的交流
C. 环保节约　D. 促进校园和谐
E. 促进节约型社会的发展　F. 实现资源循环利用

结果显示：在我们问卷的引导下，同学们大都意识到易物的重要意义，因此对于第 4 个问题，几乎 100%是全选的，因此我们更加看好易物市场的前景。

5. 您认为“以物换物”是否能带动学校同学之间的互相了解，共筑和谐？

A. 是　B. 没什么作用　C. 不一定，视网站建设而定

结果显示：尽管有相当一部分人认为易物网站的建设对加强朋友之间的友谊有作用，但也存在一部分人对易物没什么信心，所以他们认为易物不一定甚至不能对学生之间的友谊起到作用。（见图 14-5）。

6. 如果现在为您提供一个校园以物换物的平台，您是否愿意经常去逛逛吗？

A. 愿意　B. 看时间是否合适　C. 不愿意

结果显示：若在身边有易物的平台并可以在学校内就可以交易，则大部分的同学很乐意去看一下，但是也存在一小部分的同学对易物网不感兴趣。然而在高校易物的话，能够实现面对面的易物，减少了远程易物的信用问题。

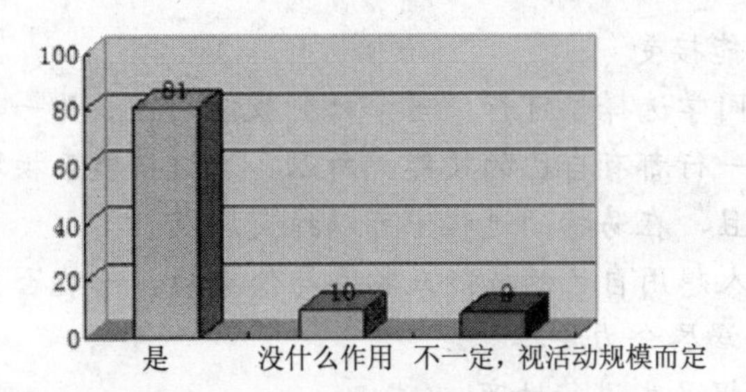

图 14-5　以物换物活动影响力展示

7. 选择一个物物交换网站，您看重以下哪一点（可多选）？

A. 交易规则简单　B. 网站会员多　C. 服务好且多样

D. 网站信息丰富　E. 网站诚信度高　F. 其他

结果显示：56.8%同学对网站诚信度相当重视，其次18.9%对网站内容的丰富度有要求，11.0%的同学对网站的服务态度比较重视。因此，我们在网站的建设管理中务必会把信誉安全问题放在首位。（见图14-6）

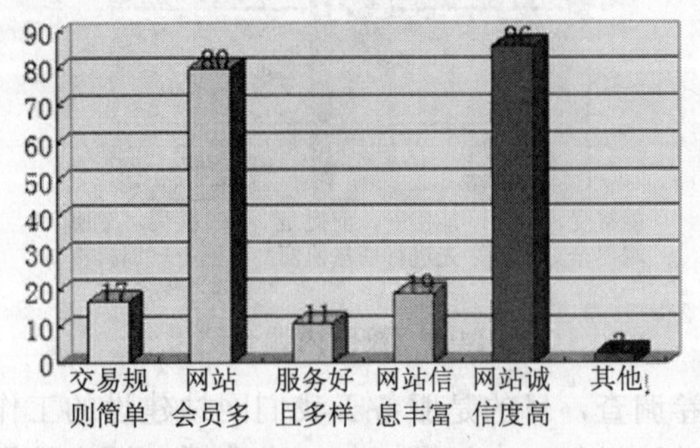

图 14-6　物物交换网站的调查结果

8. 您通常以什么途径进行物物交换？

A. 不交换　B. 与亲戚好友交换　C. 通过网络平台

结果显示：多数同学的闲置物品一般选择不交换，可能由于在江西省内易物的思想还不是很清晰，但是少部分同学思想比较前卫，能够接受同城易物的想法，并曾在一些大型的网站上进行过易物交易。（见图14-7）

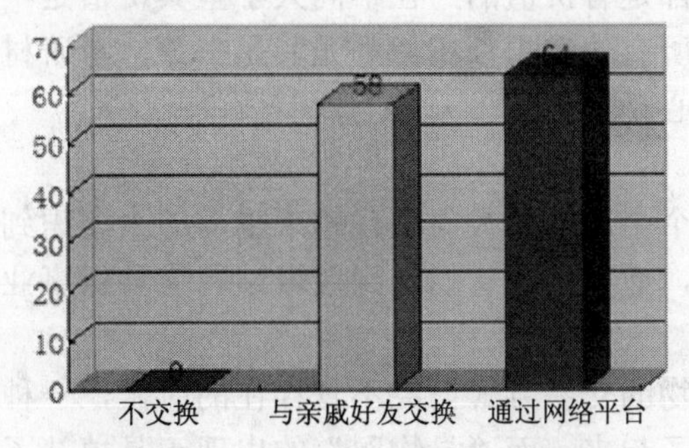

图 14-7　物物交换途径的调查显示

9. 对于现在一些人用技能换技能、用物品换物品的行为，您是怎么看待的？（可多选）

A. 支持，节约金钱成本　B. 可行，且能交到各种领域的朋友

C. 不可靠，不能接受

结果显示：大部分同学选择了可行，当今社会技能已经成为一类财富；正所谓，三十六行、行行出状元，每一行都有自己的技能，所以，通过技能来换取有价值的商品，多数同学是能够接受的，并且，在易物的过程中可以结交朋友。

10. 如果校园内有人想用自己的技能或物品与您交换，您能否接受?

A. 能接受，会竭尽全力安排

B. 能接受，前提是先进行协商

C. 不能接受，宁愿自己上培训机构或买新物品

结果显示：大家的选择都比较均匀，在用技能换取物品的过程中，技能看不见、摸不着，给人不踏实的感觉，但有些同学认为一些技能自己需要但自身又不具备，想通过交换的过程来获取这些技能，以达成自己的目的。（见图 14-8）

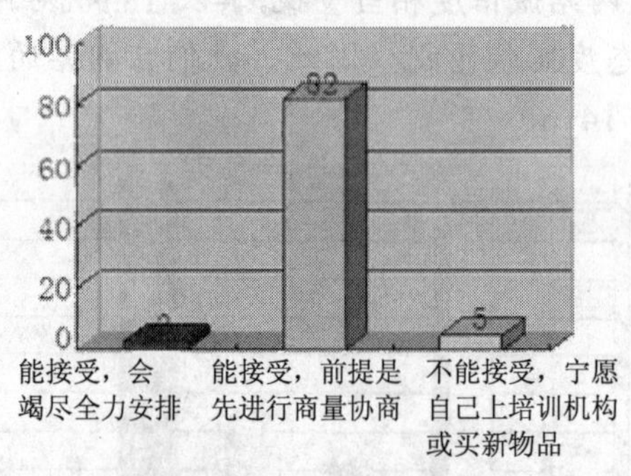

图 14-8 校园内调查结果

总结：这一次的问卷调查，目的是服务于我们网站建设的工作，所以，大家都踏踏实实地做好每一个细节，设计好每一个问题、每一个选项，调查结果与原先预测的相似。

从调查结果来看，我们的项目非常有价值，在农大的校园内更为显著，只要我们精心策划，细心实施，易物的理念一定会随着我们网站的迅速推广在江西高校传播开来，完成我们为学生服务，为实现社会主义建设低碳经济的心愿。

2. 易物网市场分析

（1）让物品的价值最大化

任何一件物品的存在都是有价值的，在不同人手里其价值是不一样的。而我们所面向的对象都是在校大学生，所有的需求都相似，尤其是书籍、考研材料、课件等，我们在易物的过程中更能找到自己心动的商品。

（2）环保

保护环境已经成为一个全球性的大问题，越来越多的人意识到环境保护的重要性。我们将多余物品拿出来交换，而不是把它们送到垃圾站，为环保事业做出了一份贡献。

（3）新型商务模式

当原始社会的集市换物的交易方式已经不复存在的时候，一种最新的电子商务复古风潮却悄悄在互联网上流行了起来，而“易物网”的出现正是填补了国内这一复古电子商务网站的空缺。你能交换的不仅仅是物品，也可以是一个创意，一份服务，一个故事，换来的却是高品位的生活方式，愉快的心情和可以信赖的朋友。

（4）增加适合自己的网络圈

如果您经常交换某类物品，比如音像制品，那么您肯定会认识一帮喜欢音像制品的朋友，相信通过兴趣相投的交换关系建立起来的友情是可以保障的。

（5）安全可靠

高校同城易物能最大限度地降低网络欺诈行为的发生，增强电子商务的安全体系，进一步扩大电子商务的影响；另一方面，也减少因网络上照片与实物差异较大而导致的交易失败。

3. 易物网市场的问题

随着市场经济的发展，特别是由于短缺经济向相对过剩经济过渡和受“三角债”债务链的影响，在交易市场上逐渐出现了“以物易物”、“商品串换”等交易形式，在财务结算、账目处理上的“抹账”也就应运而生，而且大有滋长蔓延之势。对这种现象时好时坏、利弊得失众说纷纭，运作起来也各行其是、五花八门。因此，越来越引起人们的关注，需要认真加以研究解决。

应该承认，在商品相对过剩、生产领域资金严重短缺、“三角债”债务链互相缠绕的情况下，通过物物交换、互相调剂余缺，或是通过“抹账”解开部分债务链，抹回企业紧缺的生产物资，既是减轻企业间“三角债”、盘活企业资产、减少企业应收应付账款、缓解企业资金紧张局面、提高企业经济效益的有效方法，也是减少流通环节、厂家与用户直接见面以保障原燃料供应、促进生产发展的一条重要渠道。但实践证明，这种原始的交换形式用到现代化经济蓬勃发展的今天，在充分发挥优势的同时，也暴露出许多不适应、不科学、不完善等弊端。

换得的商品所发挥的效用，其实也是交换过程本身的效用。用“换客”的话说，就是享受“交易的乐趣”，但是在实际的网络易物交易中却存在着若干亟待解决的问题。

1）互换物品种类难以满足需要。与一般的等价交换不同，换客在网上易物大部分都是本着“需求决定价值”的心理来进行交换的，并不是以物品的实际价值作为衡量尺度，物品能否交换成功，全以交换双方的需求为准。只有当交换双方均对对方提供的商品满意时，网络易物才可能进行。而一般的网络购物仅需要买家对相关商品满意即可。为了达到“享受交换乐趣”的目的，就要求进入交换的商品具有一定的独特性，能在功能、外观或者其他方面与其他同类商品相区分。而换物网站上大量出现的却是缺乏足够区分度的物品，这些物品与一般购物网站提供的商品并没有太大区别，难以通过交换物品的差异性，并以此进行人群区分。网络经济扩张效应的梅特卡夫定律告诉我们，网络经济的扩张与网络节点数的平方成正比，网络的价值等于网络节点数的平方。此定律用在网络易物方面同样适用，网络换物网站必须通过扩大交换人群的数量，使得众多的商品信息汇集放大，并借助于检索工具效率的提高，才能增加交换物品的差异性，提高交换的成功率。

2）缺乏有效的安全交易机制和信用评价体系。网络易物有别于网上购物，没有第三方的介入，就只能通过换客的信用度来进行主观判断。而在交换的过程中，换客普遍采用线下交易方式，脱离作为中立第三方的换物网站。从这一点看，通过换物网站交易的风险比购物网要大。不少网站为了介入交换过程，纷纷鼓励换客将交换心得或对对方的评价记录下来，张贴在网页上，并表示网站将通过注销用户等方式对违背诚信的行为进行惩处。可是，由于网站不了解注册者的真实身份，注销一个用户不能阻止其改头换面再次注册。淘宝、易趣等 C2C 网站针对用户信用度的缺失问题，为了促成买卖双方交易的成功，无不推出各自的交易支付平台对买家货款进行保管，直到收到卖家发出的商品后再通知支付平台放款。但换物网站面对的不是资金，而是物品，不可能进行第三方中间保管。而因为换物双方最终交易都在线下，换物网站无法有效监督，复制淘宝、易趣信用评价体系的做法也就无从谈起。

3）换物网站的发展仍受限于地理位置。异地换物相对于本地换物，因为交换双方无法当面鉴定货物并实时交换，要承担更大的风险和费用，比如物品的新旧程度、性能参数是否真实、交换方式如何选择等一系列的问题。正因为如此，网络易物往往局限于同城交换，这也将使得换物网站长期限于本地发展，很难在短期内取得全国性的发展。目前国内发展较为成熟的几家换物网站都限于本城交易，真正的异地交易尚未实现。而前面所述互换物品种类的增加有赖于换客绝对人数的扩大，这两者无疑构成一对矛盾，如何解决这对矛盾也就成为摆在换物网站面前的一道难题。问题的关键不仅仅是建立异地换物的信用体系及安全交易机制，还在于如何给物物交换这个链条中所涉及的一系列问题给予一个完整的解决方案。换物网站也进行过一些设想，比如让有合作关系的物流公司进行专门的换物配送，在交换双方同时发货的时候再进行配送，保障换物的顺利进行。但基于中国物流及快递公司运营模式的实际情况，想要实现由物流公司送货上门，再将另一交易方的货品带回，这种模式操作难度极大，因为这会增加快递公司的责任，比如代交易一方验货等。

4）悬而未决的税收问题。目前关于 C2C 是否应该征税、征税时机和征税手段等问题的争论较多，网络易物也面临着同样的问题。换客以物易物的行为属于民商法中的财产转让行为，在我国现行税法体系框架下，是视为销售行为的，所以应当缴纳的税种可能不仅会涉及所得税，还会涉及流转税中的增值税、消费税、营业税等。尽管按照现有的税收法规来针对发生在网络上的电子商务交易行为进行征税，尤其是对个人交易行为进行征税，操作上还是存在大量不现实的因素，但这无疑是一把悬在换客们头上的“达摩克利斯剑”。

4. 高校同城易物与传统电子商务的比较分析（见表 14-1）

表 14-1　高校同城易物与传统电子商务的比较分析

	传统电子商务	同城易物
商品的配送	交货延迟、配送费用很高	相互约定并能及时换货，大幅度降低甚至不需要商品运输费用
安全问题	欺诈行为出现较为频繁、安全性较低	欺诈行为发生概率低，见面交易安全可靠
交易中的退货问题	退货难、并且由消费者承担费用	经过交易双方的对实物的磋商进行交易，减少退货情况的发生
售后问题	商品一旦出现问题，不易解决	交换货品已经使用过，降低消费者的期望值；高校同城交易可面对面解决货品问题

5. 易物网现状的 SWOT 分析

江西省高校同城易物网发展的优势分析。

（1）广阔的市场发展前景

各校都存在新老生交替的状况，由于金融危机的爆发，在校大学生的节俭意识增强，对生活、学习各方面用品的循环利用意识加强，大部分的毕业生所留下的物品、开学课本的购置等都无从下手，这为创建高校的同城易物网埋下了伏笔。同时，网站也为学生提供相互交流的信息平台，为不同领域专业的同学间相互学习知识提供机遇，为培养高校综合人才创造条件。

（2）政府营造良好的发展环境

江西省委省政府在全国率先建立了“电子商务推进工作联席会议制度”，制定出台了《关于大力推进江西省电子商务发展的若干意见》和《江西省电子商务“十一五”发展规划》，这为江西电子商务同城易物网的发展打下了扎实的基础，创造了良好的发展环境。

（3）保住流动资金，清理库存

物物交换的最大功能，就是保住资金的稳定，同时帮助厂家清货。如今的市场，能清货的同时又能获得需要的物品，对中小企业肯定是个喜讯。其实，实物交换也可以帮助厂家寻找自己所需要的原料、产品或服务。很简单，就因为交易无须使用现金，因此现金可以留存在其他用途上。现在市场竞争激烈，做什么生意都不能犯错，实物交换可以开源节流。

（4）保护环境

环境问题已经成为一个全球性的大问题，越来越多的人意识到环境保护的重要性。当我们把多余物品拿出来交换，而不是把它们送到垃圾站时，我们就为环保事业做出了一份贡献。

（5）让物品的价值最大化

任何一件物品的存在都是有价值的，在不同人手里其价值也不一样的。或许一件东西，在您的手里没有任何价值，甚至对您来说是一种负担，但对另一个人来说，却是非常重要的；我们有责任，让自己的物品的价值最大化，哪怕物品的所有者不是自己。如果碰巧对方有您需要的物品，那么您的物品将给您带来增值，在网络上这是完全有可能的。

（6）交友并找到适合自己的网络圈子

据美国经济署统计，在美国以实物交换概念进行的交易额，每年接近7000亿美元，是全球交易额的1/4。实际上，65%在纽约证券交易所上市的公司，譬如3M、三菱汽车、可口可乐、百事可乐、IBM和兰克施乐（Xerox）等，都曾进行过实物交换。

在马来西亚，网络实物交换公司MOLBarter.Com，短短6个月内，光在房地产上，就已成功促成将近143万新元的实物交易。

江西省高校同城易物网发展的劣势分析。

（1）互联网普及率高，但同城易物网的应用不足

据调查，寝室互联网普及率已高达95.03%，但学生从事与同城易物网相关的事物的概率只有13.0%，由此可见，要推进我省同城易物网的发展，必须首先改善高校生的主观意愿。

（2）同城易物网意识淡薄

我省经济相对落后，人们思想也较为封闭，对发展同城易物网的重要性和必要性缺乏认识。为了推动我省同城易物网的发展，就必须从高校大学生入手，改变学生参与同城易物网的热情，改变传统的购物习惯，改变学生的消费意识，从而促进这种网上购物消费模式的快速发展。

（3）难于实施规范化管理，助长不正之风

由于债权人、债务人的情况千差万别，串换产品品种、串换形式又多种多样，在串换“抹账”的过程中，很难确定不同产品在不同情况下的标准价格，随意性很大。在操作过程中，难以制定规范化的管理办法，很容易出现各种各样的漏洞，滋长各种不正之风，诱发营销人员的违法违纪活动。有人利用管理不规范的漏洞，与客户内外勾结，里勾外联，

谋取私利，而有人甚至采取欺骗手段谎报价格，侵吞货款，导致犯罪。

（4）仍在摸索中的换物网站盈利模式

目前换物网站在盈利方面都属于摸着石头过河，要经过比较长的时间才会形成完整的盈利模式。基本的物物交换信息的全面收费模式已经被“易趣 VS 淘宝”（这是易趣网和淘宝网的竞争案例，在这个竞争案例中，二者的业务模式是类似的，易趣网处于市场领导者的位置，它对用户提交在该网站上的信息收费，而淘宝网是后起之秀并对用户提交在该网站上的信息免费，结果淘宝网在最终的市场竞争中胜出）的事实证明是行不通的。在激烈的网络竞争环境中，只有做到第一才能算是成功，但即使是做到了第一，只要向用户全面收费，处于行业第二位的又会立即赶上。而在增值服务收费方面，包括设置线下交换场所、换物带动的物流和分类信息广告、类似竞价排名的方式使换客的物品排在页面的前面以吸引点击率等一系列业务的收益在目前换物网站的收益中仍然微乎其微，还不能够覆盖由此产生的成本。换物网站今后主要的盈利模式极有可能是模仿目前“阿里巴巴 VS 淘宝网”的模式，即利用 C2C（个人易物）聚集人气，B2B（企业易物）获取收益。因为个人闲置物品的数量毕竟有限，C2C 只能使换物网站处在网络易物的初始阶段，只有将网络易物向 B2B 延伸，充分发掘企业仓库中的闲置物品，把成千上万、数以吨计的物品放到互联网交换平台上，才能在更大的范围取得更深远的发展。

江西高校同城易物网发展的机遇分析。

（1）谋发展的大环境

由于同城易物网具有交易成本低、效率高、市场大等优势，这为我省高校开展同城易物网积累了一定的经验并奠定了一定的物质基础，还提供了人才与技术等多方面的保障。

（2）巨大的潜在利益

学生群体将是今后几十年的主要消费群体，如何从我们这一代入手，让同城易物网能从多层次、全方面地灌输到高校生中，对提升我国整体经济实力有着重要的作用。江西要实现中部崛起、实现经济跨越式发展，必须挖掘高校同城易物网带来的巨大的潜在利益。

（3）网络直供

随着网络系统的完善，生产者、市场和消费者三者将进一步加强，信息沟通方式更广泛、更透明，这将对中间流通企业的生存空间形成压力。

（4）行业营销平台

电子商务经过几轮淘汰后，将根据不同行业特点形成行业营销和经营平台，这些平台符合行业特点，易用、知名度高，形成品牌效应，参与者众多，成为行业标准。

（5）品牌效应

随着宽带网的发展和完善，网络通信将是最低廉的沟通和交流渠道，中间费用及成本将进一步减少，生产效率大大提高，最终留下优质品牌，并向更专业化的方向发展。品牌效应可以减少交易中的信用风险和信用成本，并且由于交易环节有权威机构的参与，如政府机构、银行、海关、税务、第三方组织等，提高了交易的安全性和便利性。

（6）网上交易向大额商品和大额贸易发展

目前，由于法律规范、管理体系和配套设施尚不健全，很难进行大额商品的网上贸易活动。但随着国家基础信息设施的健全以及人为壁垒的消除，同城易物网将向大额贸易方向发展。据说，已有一些实力强大的电子商务公司正在研究大额贸易的电子商务平台。

江西省高校同城易物网发展的威胁分析。

（1）高校易物网安全问题

在南昌周边的高校已经存在类似易物网的站点，但网站整体缺乏针对性，并被远程注入了木马程序，一旦登录该网站，电脑信息可能被盗取。

（2）针对同类网站的商品展示问题

由于同城易物网是通过计算机和网络来实现的，涉及许多商品的真实信息，我们将开拓一套完整的物品观看系统，能清晰完整地了解整个物品，减少网络上的欺诈行为，保障网络交易各方的合法权益。

（3）网络钓鱼易使受骗者泄露自己的重要数据

最典型的网络钓鱼攻击方式是在E-mail中给出一个网站链接，将收信人引诱到一个通过精心设计与目标网站非常相似的钓鱼网站上，让用户输入个人信息，这些信息就被钓鱼者获取，网络钓鱼攻击者就可以假冒受害者进行欺诈性金融交易。

总结：通过江西高校同城易物网的分析，我们更加认清了江西省高校发展同城易物网的优势、劣势、机遇和威胁，同城易物网在我省具有巨大的发展潜力，这为促进我省经济的迅猛发展提供了一个良好的平台。

6．江西高校同城易物网站的建设及介绍

（1）建立网站目的及功能定位

实现江西高校内学生校园易物。如图14-9所示。

（2）高校同城易物内容及实现方式

7．高校同城易物网的技术解决方案

根据高校同城易物网的功能确定网站技术解决方案。

1）由于我们技术与经验的不足，时间有限，网站的各项功能未能完全地展示给大家，但若这个项目能得到各位的支持，我们将更好地落实网站的开发，因为我们坚信年轻无极限。

2）采用模板自助建站并进行个性化开发。

3）提出高校同城易物网的安全性措施，防黑、防病毒方案，并有效地应对突发状况。

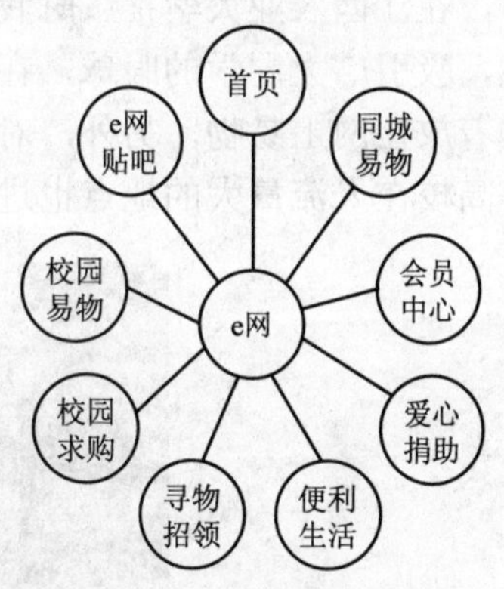

图14-9　同城易物网九个模块

4）针对网站本身的特点及行业状况进行系统分析。

5）可进一步将网站推广效果分析与网站访问统计分析相结合，提供深度分析报告。

8．高校同城易物网测试

高校同城易物网发布前要进行细致周密的测试，以保证正常的浏览和使用。主要测试以下内容：

1）服务器稳定性、安全性。

2）程序及数据库测试，网页兼容性测试，如浏览器、显示器。

3）文字、图片、链接是否有错误。

9．高校同城易物网发布

1）高校同城易物网测试后进行发布。

2）登录搜索引擎与网站优化。

3）借助淘宝网、阿里巴巴、和讯网、酷 6 网、腾讯等网站互动推广。

4）通过征集网站 logo。

5）在各大高校招收推广员，并按业绩分成。

10．高校同城易物网维护

1）服务器及相关软硬件的维护，对可能出现的问题进行评估，制定响应时间。

2）利用我院专业的特色，可每年从大三学生中选 3～4 名同学来对网站进行维护，给予相应的补贴。

3）制定高校同城易物网维护的规定，将高校同城易物网维护制度化、规范化。

14.4 竞赛结果

14.4.1 实施结果

1．线下摆点推广

由于我们的客户群集中在校园内，活动宣传的模式可以在各校区的人流高峰处摆点宣传，在江西农业大学推广时我们在南区门口设点，对感兴趣的同学简要介绍网站的特色功能，吸引广大同学的眼球，在摆点宣传过程中，许多同学纷纷表态：要将自己的闲置物品试着放在网上易物。另外，对农大周边院校，如江西财经大学、江西农业大学南昌商学院等高校在人流量大的地点也进行传单宣传。如图 14-10 所示。

线下摆点宣传

农大周边高校进行宣传

团队成员正在对感兴趣的同学进行介绍

图 14-10 团队线下活动

2．海报宣传

高校内一般有海报专区，对于前期网站资金匮乏，无疑是最实效的一种宣传方式，精心设计每一张海报的布局及内容，通过鲜红的海报、彩色海报在人流量大的地点进行张贴，让在校师生直白地了解到网站的最新动态，达到访问网站及易物。如图 14-11 所示。

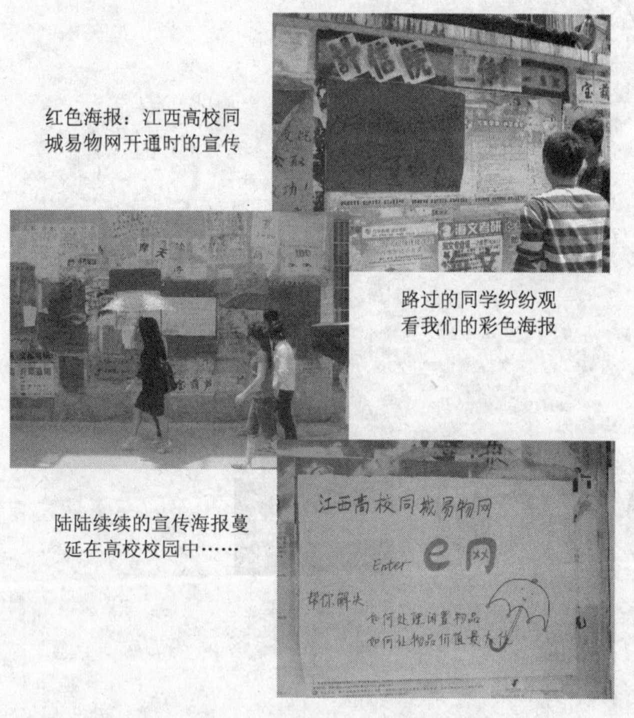

红色海报：江西高校同城易物网开通时的宣传
路过的同学纷纷观看我们的彩色海报
陆陆续续的宣传海报蔓延在高校校园中……
江西高校同城易物网
Enter
e网
帮你解决
如何处理闲置物品

图 14-11　团队宣传的足迹

3. 线上借助平台推广（见图 14-12、图 14-13）

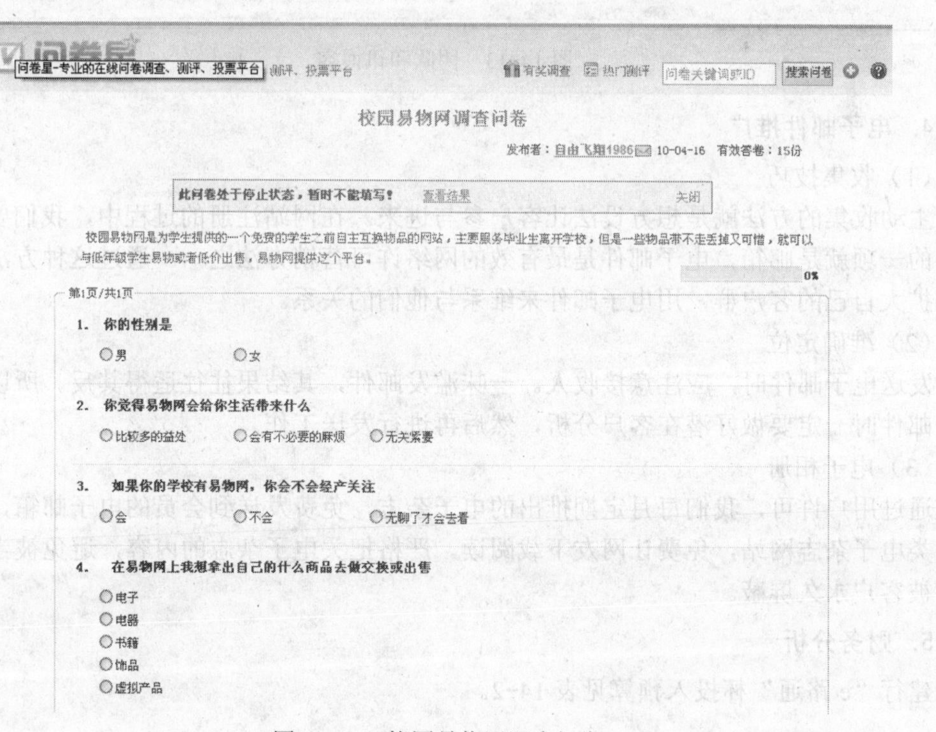
问卷星-专业的在线问卷调查、测评、投票平台　　有奖调查　热门测评　问卷关键词或ID　搜索问卷

校园易物网调查问卷

发布者：自由飞翔1986　10-04-16　有效答卷：15份

此问卷处于停止状态，暂时不能填写！　查看结果　关闭

校园易物网是为学生提供的一个免费的学生之前自主互换物品的网站，主要服务毕业生离开学校，但是一些物品带不走丢掉又可惜，就可以与低年级学生易物或者低价出售，易物网提供这个平台。

0%

第1页/共1页

1. 你的性别是

○男　○女

2. 你觉得易物网会给你生活带来什么

○比较多的益处　○会有不必要的麻烦　○无关紧要

3. 如果你的学校有易物网，你会不会经产关注

○会　○不会　○无聊了才会去看

4. 在易物网上我想拿出自己的什么商品去做交换或出售

○电子
○电器
○书籍
○饰品
○虚拟产品

图 14-12　校园易物网调查问卷

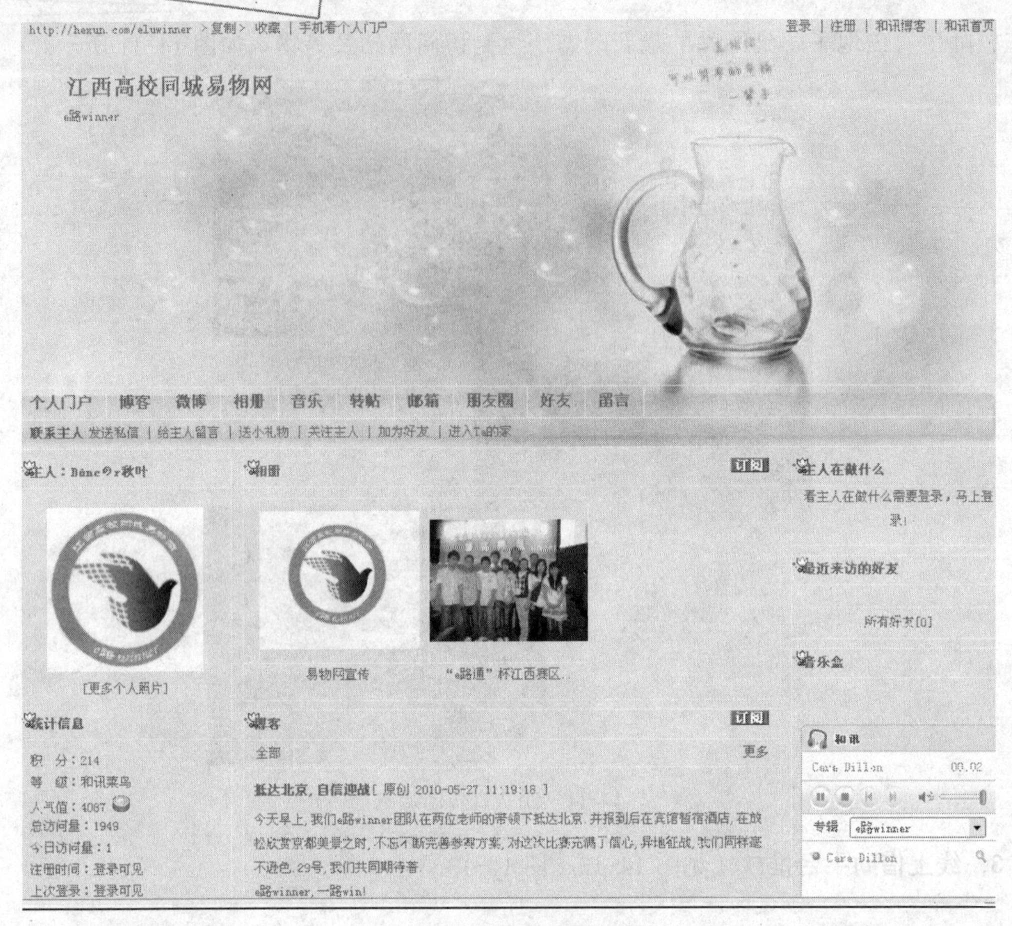

图 14-13 团队和讯博客

4. 电子邮件推广

（1）收集技巧

主动收集的方法就是想方设法让客户参与进来。在网站注册的过程中，我们要求会员填写的一项就是邮箱，电子邮件是最有效的网络许可营销方法之一。通过这种方法，有意识地扩大自己的客户群，用电子邮件来维系与他们的关系。

（2）准确定位

发送电子邮件时，应注意接收人。一味滥发邮件，其结果往往适得其反。所以在发送电子邮件时一定要做好潜在客户分析，然后再进行发送工作。

（3）电子相册

通过用户许可，我们每月定期推出的电子杂志，免费发送到会员的电子邮箱，同时提供各类电子杂志网站，免费让网友下载阅读。严格把关电子杂志的内容，避免被当做垃圾邮件被客户永久屏蔽。

5. 财务分析

建行“e路通”杯投入预算见表 14-2。

表 14-2 e 路 winner 团队预算

工作内容	数据	总金额（元）	工作内容	数据	总金额（元）
印发宣传材料（份）	2000	400	推广费		80
制作展板（块）	1	70	礼品费		90
制作横幅	2	60	工作餐	6	60
打印材料（元）		400	电费、网费		40
网站域名	1	50	宣传单		300
网站空间	1	200	宣传材料发放务工费	3	30
问卷调查	1000	200	网站后期维护费		300
车费	6	200	经费投入总数（元）		2408

6. 多角度分析

首先，从顾客的角度分析：

根据我们的调查问卷以及与同学之间的交流得知，我们项目的吸引力很大，尤其是针对高年级的同学，寝室空间大小的限制、自身的不断购买，导致闲置物品不断增加，一些同学急需易物平台让自己的闲置物品变得有价值，这是我们创立 e 网的根本原因。

其次，从“e 网/开发者”的角度分析：

“e 网”是集易物、新闻、生活、工作为一体的多方位、多层次的网站，我们的宗旨是解同学之忧，为社会主义的低碳经济贡献一份力量，网站的功能是服务于江西高校的所有学生，让他们能真正地感受到我们用心经营。

最后，从“赞助企业”的角度分析：

根据为期一个月的试运行，通过我们跟他们介绍网站的功能及运行的成效，已经有 7 家商家表态，愿意在我们的网站上投入一定的广告。由于校内商家的资本有限，我们还将联系经济实力雄厚的企业为网站的运营进行赞助。

14.4.2 名次结果

全国总决赛本科组网络商务创新应用一等奖。

14.5 获奖感言

感谢校领导的关心，校学工处及学院的大力支持和帮助，我们团队经过为期三天的激烈角逐，在北京师范大学和来自全国 250 余所高校的比赛中脱颖而出，并荣获建行“e 路通”杯第三届全国大学生网络商务创新应用大赛全国总决赛一等奖。

校领导和院领导对我们进行了大力表彰，并在校内悬挂横幅，鼓励学生多参与此类活动比赛，将所学知识融入实践之中。

此外，建行还给我们这些去北京参加比赛的选手提供了实习的机会，对于我们以后的就业有相当大的帮助，衷心感谢大赛组委会。

第15章 飞信营销推广方案

作者：南昌大学科学技术学院　团队：e 路风行

15.1 团队介绍

“e 路风行”展现了我们创造美好未来的决心。我们希望团队能够克服困难，发挥创新精神，共同为电子商务提供新鲜的创意且具备实施力的解决方案。团队人员照如图 15-1 所示。

图 15-1　团队合影

1. **成员及分工**

队长：唐亮华，负责问卷调查及分析、博客博文撰写。

队员：陆正春，飞信营销线上推广策略研究、风险预测。

队员：钱植龙，负责飞信市场分析、飞信产生发展现状分析。

队员：胡超，负责飞信营销线下推广策略。

队员：王欢，负责视频编辑制作、图片技术处理。

队员：汤尚龙，负责提供并整理资料、整理文字、陈述。

2. **团队宣言**

以真诚的信念对待朋友，以尊重的态度对待对手，用我们炽热的激情燃烧我们崇尚的自由。激战天下，我们无以回望，无须犹豫，今日再战沙场，用我们火焰般的赤热灵魂打造属于我们的霸气传说！

15.2 选题经过

随着飞信业务的推广，越来越多的人开始选择飞信平台来进行联系和沟通。可是我们团队通过实践发现飞信的推广还存在着很多问题，很多人对飞信业务还是抱着怀疑和观望的态度。我们团队针对飞信业务的现状提出了一些自己的看法和创意。

随着互联网的不断发展，各种即时通信软件相继而至。中国移动推出的"飞信"这一产品，由于其强大的功能，得到许多用户的关注和支持。然而，在激烈的市场竞争中，如何面对对手的挑战，如何提升自身的品质，如何扩大用户群体……这些成为中国移动飞信快速发展亟待解决的问题。本次对飞信的市场进行综合分析并策划出合理的营销方案以扩大用户群体、增强客户的粘性与忠诚度。在对即时通信行业发展状况分析的基础上，从飞信发展现状出发，通过分析它的产品状况、功能特色、竞争状况、自身的优劣势以及市场环境中潜在的机会、威胁，提出了飞信合理的发展思路，并针对存在的风险进行分析，提出控制方法。

15.3 方案

15.3.1 简介

飞信营销推广方案大体上针对于拥有5亿的移动用户进行的推广。主要是以南昌大学科学技术学院为推广"堡垒"，发掘客户源，一方面稳定移动用户，即将移动用户转化为飞信用户；另一方面发展其他用户，使其使用飞信，即非飞信用户转变为飞信用户。我们抓住当下网络热点，借助博客平台对大家不熟悉的飞信进行宣传和推广，建立飞信的品牌效应。同时，将飞信与校园活动相结合，挖掘优质潜在客户，形成使用习惯，使得飞信让我们的沟通更加亲近。

我们方案的特色可概述为：

1）SEO（Search Engine Optimization）优化——利用博文群发软件的同时向各大博客发布有关飞信博文。

2）病毒式营销——编辑制作有关飞信的娱乐短片。

3）主动推广——对移动营业厅营业员进行扫盲式的飞信培训。

15.3.2 正文

方案主要由三个部分组成，包括飞信分析、飞信营销方案、成本分析。

1. 飞信分析

随着互联网的不断发展，各种即时通信软件相继问世。中国移动推出的“飞信”这一产品，由于其强大的功能，得到许多用户的认可。为了更好地了解飞信的情况，我们发放电子问卷和纸质问卷，调查大家对飞信的了解度与实际需求等情况及移动厅营业人员对飞信的了解度。

经过调查，我们发现，目前18～25岁的人群对飞信的熟知度、使用率较高，其中学生占大部分。通过此次调查，我们还发现，移动营业厅营业员对飞信的熟知度不高。

由此，我们的团队提出了飞信推广的线上和线下策略，线下策略配合线上的推广，二者相辅相成。我们的方案让更多的人了解飞信，从而对其产生兴趣。让飞信真正走入人们的生活—“拉近你我沟通”。从而达到非飞信用户转变成为飞信用户，稳定移动用户的目标。经过与南昌青山湖移动大厅渠道部门廖经理会谈后，我们的方案想法得到了他的认可和赞赏，并且在实施过程中得到了南昌移动的大力支持。

打开我们的软件之后，出现了软件主界面，如图15-2所示。

图15-2 博客群发软件界面

1）主界面包含项目采集设置、我的账号、采集文章、登录博客、开始群发等功能。其中，我的账号用于管理团队所用博客；登录博客时同时登录各大博客；开始群发意味着同一篇博文同时发布。

2）要进行博文群发，首先先点击“登录博客”图标，进入如图 15-3 所示界面。

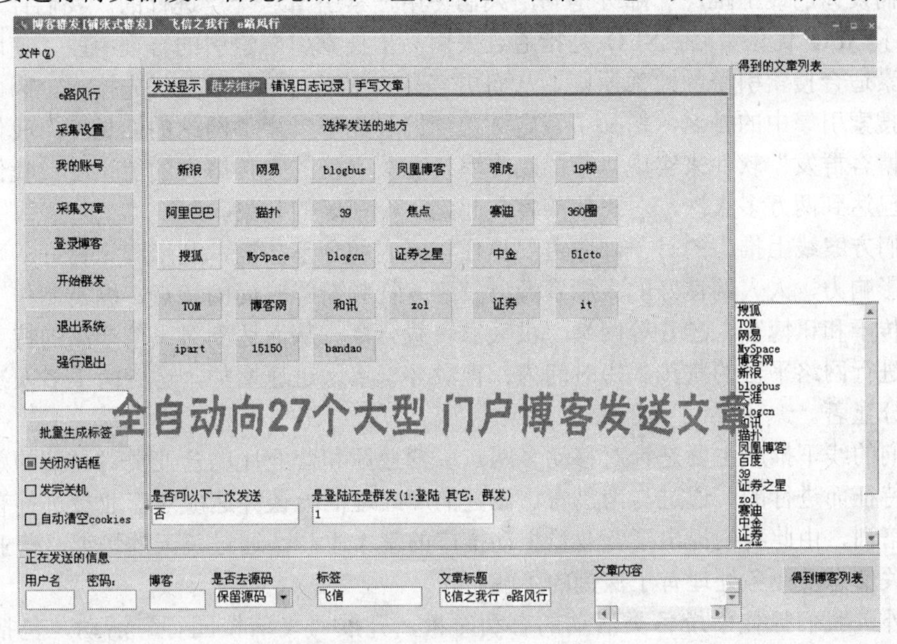

图 15-3 撰写博文界面

3）再点击“开始群发”图标进入如图 15-4 所示界面，在中央的主面板内编辑所要发表的文字内容。

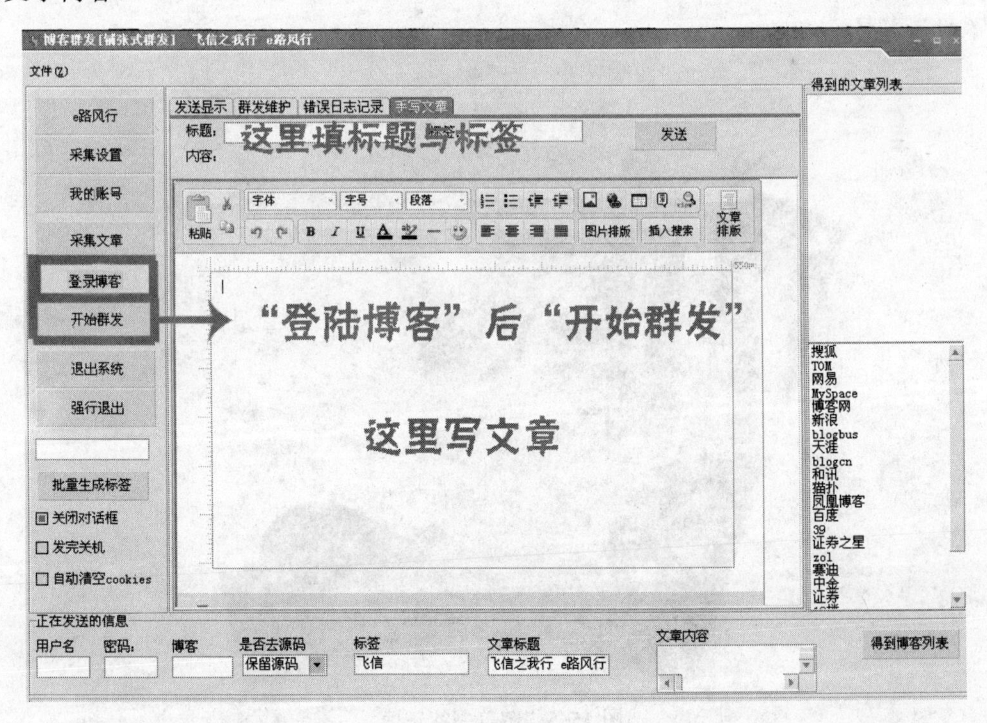

图 15-4 博客群发

2．飞信营销方案

我们设计的线上推广一部分是利用人们使用搜索引擎这一点进行的。我们针对这一特征制定了 SEO 优化策略。SEO 是指通过采用易于搜索引擎索引的合理手段，使网络各项基本要素适合搜索引擎的检索原则，从而更容易被搜索引擎收录及优先排序。因此，为了提高在搜索引擎中的排名，增加了特定关键词的曝光率以增加网站的能见度。我们主要是通过“博客群发”软件来实现飞信的曝光率及有关飞信的宣传博文的能见度。我们博客的点击率已达到两万多人次，对飞信的宣传起到一个很好的效果。

我们方案线上推广的另一部分主要抓住年轻人的分享热潮，利用和讯良好的财经氛围和社会影响力、人人网良好的人脉资源以及酷 6 视频新鲜时尚的特点，编辑制作了推广视频，上传于和讯博客、酷 6 等网站，供大家转载分享。从而达到对飞信产品的特点、功能等知识进行网络平台的宣传。短时间内，视频分享率就迅速增加，达到两千多人次，宣传效果十分显著。

我们的线下推广主要是针对移动多网点多营业厅和营业厅的营业员对飞信的熟知度不高这一特征而进行的。通过与南昌青山湖区的廖经理的洽谈并达成对营业员进行有关飞信业务的培训，由此我们提出了营业员主动推广的基本思想。通过三天的培训，营业员对飞信的相关信息及业务处理有了深刻的了解。

此外，我们抓住学校各类活动的有利时机，开展“飞信校园行”活动，包括图书馆赠送书签活动和现场开通飞信送好礼活动。在送出的精美书签（见图 15-5）的背面印上为活动选手的飞信投票方式（见图 15-6）。通过这种方法，一方面培养了学生的良好读书习惯，另一方面让同学们主动使用飞信。开展飞信送好礼活动就直接增加了飞信的用户数量。

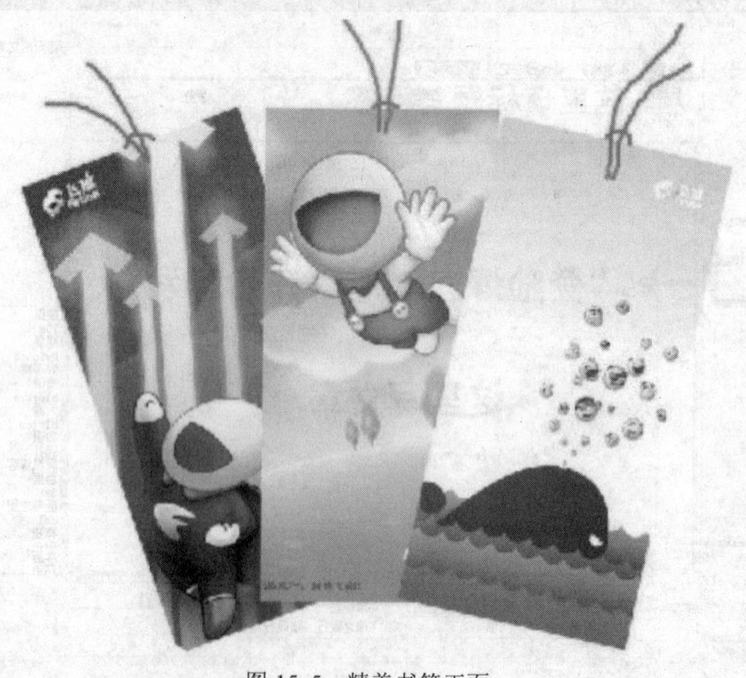

图 15-5　精美书签正面

3．成本分析

从方案分析，在实施过程中，线上的 SEO 优化，娱乐视频等制作均是团队人员自己制作的。博客、人人网等的管理宣传操作均是免费进行的。线上这一部分基本上没有多大的成本，但其带来的宣传效果是不容忽视的。而费用主要是一些线下推广所需要的材料费和活动策划费用等，如开展“飞信校园行”活动。

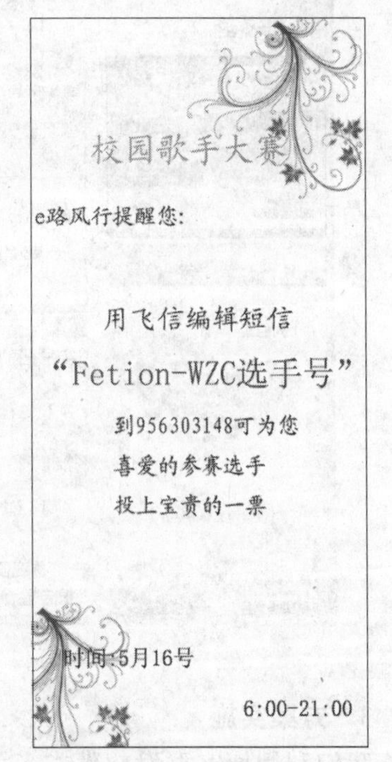

图 15-6　书签背面

15.4　竞赛结果

15.4.1　实施结果

1．建立和讯博客

对飞信进行推广，主要从博文方面对飞信相关的信息进行宣传推广，我们通过丰富多彩的内容来吸引网友关注博客，进而了解与飞信有关的内容。如图 15-7 所示。

图 15-7　和讯博客展示

2．建立酷 6 空间

通过娱乐视频及图片、文字等形式全方位宣传飞信，针对线上推广的视频已经顺利完成。如图 15-8 所示。

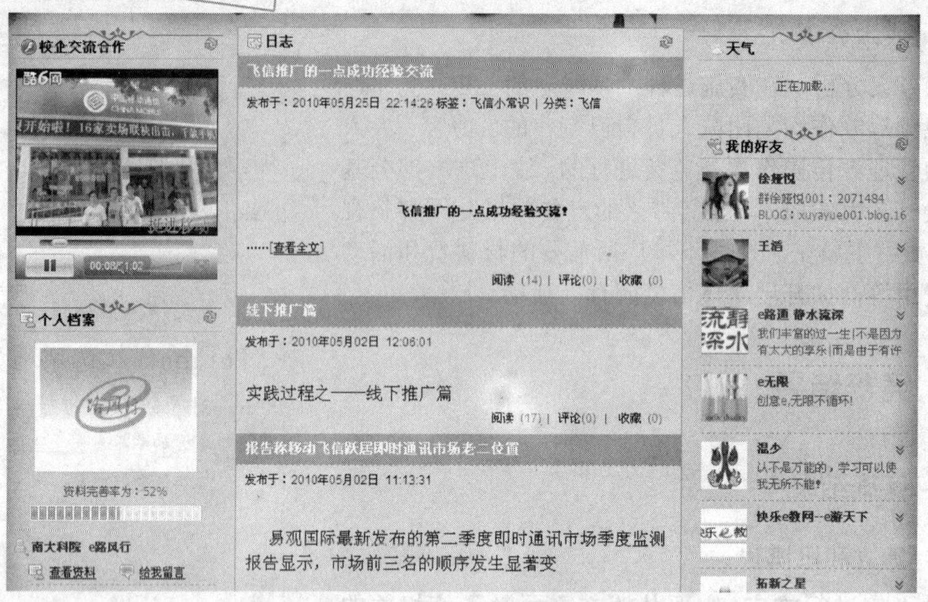

图 15-8　酷 6 空间视频展示

3．**方案实施**

我们利用博客群发软件在各大博客网站上同时发表了有关飞信的博文，如今我们的博文已经排到了百度搜索的首位。我们制作的视频点击率也在不断上升，截止全国总决赛前，已达到 1000 多人次，分享次数达 200 余次。另外，我们与南昌青山湖移动大厅渠道部门廖经理进行积极沟通交流，并走访了各大营业厅，如南昌北京东路营业厅、南昌大学科学技术学院青苑营业厅等，并在北京东路营业厅进行了方案中关于营业厅服务员的培训活动。

4．**校园活动**

与南昌青山湖移动大厅渠道部门廖经理沟通后，结合我们的方案，在南昌大学科学技术学院内成功开展“文明读书，快乐学习”赠送书签活动和“开通飞信送好礼”等校园活动。并在短时间内促使 121 名学生开通飞信，飞信用户活跃度得到很大的提高。

15.4.2　名次结果

全国总决赛本科组网络商务创新应用一等奖。

15.5　获奖感言

在没有参加这个比赛之前，我们自身是飞信用户。通过这次比赛我们更深入地了解了飞信，也明白了飞信作为一个新兴的 IM 通信工具是如何方便于我们的日常生活，与更多的人分享飞信。

通过这次比赛我们认识了更多朋友，也得到了许多学习的机会，同其他参赛选手的交流中，发现自身的不足，使自己得到改进。这次比赛对我们每个人都有重大的意义和深远的影响。

临近暑假，我们团队很惊喜地收到南昌建行洪都支行提供的实习机会。这种千金难求的机会使我们激动不已，同时也告诫自己，新旅程开始了。

第16章

5 动手机银行，善建者行

作者：湖北大学　团队：5 动奇迹

16.1　团队介绍

我们是来自湖北大学的“5 动奇迹”团队，团队取名为“5 动奇迹”，旨在说明 5 个人将融合 5 个专业之精髓，打造手机银行校园推广新篇章。如图 16-1 所示。

图 16-1　团队成员和指导老师合影

1. 成员及分工

对长：余晶，负责带领团队、统筹协调整个推广方案的策划和实施。

队员：王博，负责方案创意。

队员：郑永姣，负责问卷数据分析；市场研究。

队员：彭瑶，负责活动策划。

队员：樊易，负责外联沟通。

2. 团队宣言

5人的力量，将创造奇迹！

16.2 选题经过

经过五年多的发展，尽管国内的手机用户目前已经达到了5亿户的庞大规模，但是手机银行和支付业务却没有迅速发展起来，而且使用该项业务的用户并不算多。尤其是大学生市场，银行对于这部分的市场仍然处于观望阶段，任其自由发展，尚未作出任何合理的推广营销策略。

经过我们在学校所做的大规模抽样调查研究，并结合SPSS分析结果表明，致使手机银行校园普及率低的主要原因有四个，分别是对安全性的质疑、对复杂性的反感、对未知领域的恐惧以及缺乏个性化的功能界面。

正因为大学生鲜明的时代特征，使得他们必将成为手机银行下一个重要的潜在市场；而另一方面，就两者需求和供给来看，银行在很大程度上没有满足大学生的需求。因此本方案的主要目的在于弄清楚原由，并就目前银行存在的问题在理论与数据的基础上对建行建言献策。

在此次手机银行的推广过程中，我们从调查研究的四个原因出发，制定出了可复制的营销模式，形成了针对高校学生群体的一套完整的、可操作的电子银行（手机银行）营销宣传方案，同时，在实施过程中，利用各种互联网平台，并做整合研究，提出了一个专为大学生量身定做的品牌“潮银部落”，实现了真正的知行合一。

16.3 方案

16.3.1 简介

我们的整体方案主要是完成主题“如何让更多的用户了解、体验，并使用建行手机银行”，因此结合实际情况和能涉略的范围确定了目标群体——当代大学生，同时选取和讯博客、酷6空间等网络创新营销模式辅助我们的活动方案。

针对四个影响手机银行进入大学校园的原因，我们举办了以AIDA模型为理论基础的一套完整的活动“5动奇迹”杯建行手机银行校园产品营销设计大赛。

对于消费者行为学的研究中有一个很著名的模型——AIDA模型，由戈德曼提出，消费者购买或使用任何一款产品，都必须经历以下四个阶段：

1）Attention：引起注意，因此我们进行了一系列前期海陆空全方位立体式强势的“5动奇迹”杯建行手机银行校园产品设计营销大赛的宣传，试图通过此宣传在湖大校园产生一定的影响力，让更多的学生知晓并记住建行手机银行。

2）Interest：唤起兴趣，通过吉祥物征集大赛拉动同学积极性，扩大参与度，让同学们在设计中了解并对手机银行产生兴趣，同步推广我们的和讯博客。

3）Desire：激起欲望，专业人士的手机银行讲座能直接起到增进了解的作用，并能从理论上认识手机银行的功能实现。

4）Action：促成行为，调动全校同学的积极性，以学生的立场和角度解读手机银行校园推广的瓶颈和难题，为建行切切实实地提供可供参考的意见。

我们的方案特色可概述如下：

1）形成了针对高校学生群体的一套完整的、可操作的电子银行（手机银行）营销宣传方案。

2）校内联合各种力量举办手机银行“形象创意大赛”和“营销方案大赛”；从实际层面增加了参与的广泛性和深度性，凝结了学众智慧。

3）“手机银行—数字校园生活”的可操作性。

4）多方网络平台的应用，和讯博客主人“小5”的打造加强了企业博客的亲和力。

5）切实地为建行提出了全新的大学生消费品牌“潮银部落”。

16.3.2 正文

方案主要由四部分组成，包括手机银行背景分析及建行手机银行市场现状、创意的产生、校园的实施和成果展示以及全新品牌的打造。

1. 背景分析

为了能够更好地了解建行手机银行的现状，我们通过互联网多方渠道搜索资料。从宏观和微观两个角度解读建行手机银行目前的状况，同时在全校范围内开展了关于建行手机银行的问卷调查，从结果来看，仍不可忽视的是建行手机银行业务的推广和使用的目标客户群体比较单一并且宣传力度较小，影响力不大。针对这一问题我们团队做出了相应分析并提出了推广方案。整体方案得到了建行湖北分行领导的大力支持，在整个推广策略中，不但给予了资金支持，更有专职经理人前来讲授。

2. 创意的产生

我们采取线上线下相结合的方式进行。线上主要采用和讯博客和酷6视频做建行手机银行业务知识的详细解读。

结合之前的调查问卷分析得出：建行要想让更多的人了解并使用手机银行，尤其是在高校的推广中，应具备以下几点特征：

1）对建行手机银行知识普及。

2）宣传材料浅显直白、通俗易懂。

3）建行的手机银行宣传册相对其他银行来说做得非常不错，但是其对大学生的吸引力很欠缺。我们认为建行的手机银行要想在大学生中推广，必须要紧密切合大学生的需求，因此，我们建议可以针对大学生的实际需求，适当取舍和突出相关信息，制作专门针对大学生的宣传册，解决大学生疑惑的问题，凸显他们的兴趣点。

4）联合学校、学院举办联合活动，增进参与度。

5）寓宣于教。

在宣讲中寓宣于教，不仅以提高学生对建行手机银行的认知，还应该让参加活动的学生得到相关知识水平的提升，加强参与热情，提升建行企业形象。

6）活动形式低门槛、参与度高、富有趣味性。

综上所述，我们认为建行手机银行得不到推广的首要原因是因为了解的人太少，那么如何让更多的人群或大学生来使用它呢，就必须要有值得信赖的形象，让人一说起手机银行就能马上想到建行的某个代表性的产品或东西，因此，我们大胆提出了一个虚拟代言人“小 5”，这个形象类似腾讯的企鹅 QQ，瑞星的小狮子卡卡，不仅给人留下很深刻的印象，并且给消费者一种亲切感，让他们愿意去接受。“小 5”将贯穿于我们整个活动的始终。我们会把和讯博客和酷 6 的视频网站当做是它的展示平台，由“小 5”带领我们为大家展示建行的手机银行。如图 16-2 所示。

图 16-2 “小 5”原形

3．校园的实施和成果展示

经过前期的调查分析研究，我们认为首要任务是让大家了解到建行有手机银行这项业务，同时它具备相当高的安全性，因此我们将邀请建行的专业人员来湖北大学给学校的学生做一次详细的讲解，并与同学交流经验，推广建行手机银行，首先必须让大家认识到它的安全性和便捷性。

在了解之后必须要做的就是结合大学生自身的体会，设计大家想要的手机银行。这样不仅可以进一步推广建行手机银行，而且也能集所有人的力量切实为建行提供可行的意见。具体的活动分为以下三个部分：

（1）手机银行吉祥物设计大赛

“5 动奇迹”杯建行手机银行吉祥物设计大赛是我们系列活动中的第一季环节，是我们所有校园活动的基础。吉祥物设计大赛通过设置了专业组和非专业组以及接受手绘和电脑制作的比赛办法，以较低的参与门槛和较高提高学生参与度的比赛内容方式，扩大学生参与面与参与度，起到为我们系列活动提供人气引导，为后两季系列活动做好铺垫。并使参与选手通过参与比赛了解建行和建行手机银行两大品牌产品的内涵与相关信息。还能够为目前银行服务主要是手机银行在与客户交流时的不亲和、不友好式的操作界面提供参考。

（2）“电子化、金融化的人生”讲座

“电子化、金融化的人生”讲座是我们系列活动中的第二季活动，此次讲座的主要目的是通过建行专业人士的讲解，使广大同学对手机银行的相关业务和认识能够更近一步。我们通过互动和提问，了解当代学生对手机银行的需求和困惑，以学生的眼界来看待手机银行，并通过专业的讲解，现场签约建行手机银行，切身体验，真正了解和体味。同时，本次讲座也为第三场的手机银行校园营销设计大赛提供了参考意见和企业教官培训。

（3）“5 动奇迹”杯建行手机银行校园产品设计营销大赛

通过本次比赛，通过自下而上的方式，由在校学生参与设计策划手机银行校园产品的套餐、功能、自费等新产品并提出营销方案，寻找建行手机银行进入校园市场的切入点和明确校园市场对于建行手机银行的使用诉求；结合比赛博客上开辟的信息区以及交流区供选手查阅交流，起到扩大博客推广、聚集人气的作用；通过参赛选手对方案设计、投票过程，让参与团队及其辐射群体进一步深入了解建行手机银行的相关信息与功能，达到在校园推广的目的。

4．成果展示及全新品牌打造

第一季“5 动奇迹”杯建行手机银行吉祥物设计大赛。如图 16-3～图 16-6 所示。

图 16-3　海报宣传单

图 16-4　火爆的报名现场

图 16-5　同学们设计出来的优秀作品 1

图 16-6　同学们设计出来的优秀作品 2

校颁奖典礼现场如图 16-7 所示。图中右四：建行湖北分行电子银行部总经理阮国良先生；左四：湖北大学商学院党委书记杨世雄教授；湖北大学商学院电子商务系主任徐锐教授。

图 16-7　校颁奖典礼现场

第二季电子化、金融化的人生讲座。如图 16-8、图 16-9 所示。

图 16-8　张辉经理现场讲座

图 16-9　同学现场提问

第三季“5 动奇迹”杯建行手机银行校园产品设计营销大赛总结。如图 16-10、图 16-11 所示。

置顶文章

建行手机银行知识目录 [2010-04-11 01:12:42]

关于建行手机银行校园设计营销大赛的具体事宜 [2010-04-14 22:56:14]

关于营销大赛相关问题的解答 [2010-04-15 15:33:18]

吉祥物设计大赛落幕 [2010-04-26 17:36:14]

图 16-10　联系博客宣传

图 16-11　全体获奖选手和颁奖嘉宾合影

通过一整套完整的宣传攻势，最终达到了建行手机银行在湖大的宣传效果，你可以选择不需要，但你不能选择不知道！只有了解才会愿意去使用，因此对新事物的了解是摆在第一位需要解决的问题。同时，整个活动尤其是最后的产品设计大赛收到 60 份参赛作品，其中质量较高的参赛作品 40 余份，这些作品从各个角度设计和叙述了手机银行适合校园的新产品以及创新的营销方案。例如，手机银行与教育基金金融产品的结合、与校园一卡通的绑定、新品牌套餐、积分计划、消费联盟以及新的校园营销方式。给建行、我团队提供了新的角度和创新点。在方案中绝大部分参赛队伍都对建行手机银行、校园营销方式做了细致的市场调查，为建行“5 动奇迹”团队提供了大量最新最全的在校学生真实度较高的相关信息，使我团队修正了前期调查中的不足之处，以及补充了未涉及的调查点。大部分参赛队伍结合第一季“5 动奇迹”杯建行手机银行吉祥物设计大赛的获奖作品，将其融入参赛作品，为我团队提出了人机互动的全新方向，强调人性化、友好型界面，在用户担心的安全性与用户需求的便捷性中寻找出了平衡点。

16.4 竞赛结果

16.4.1 实施结果

1. 和讯博客

我们的博文全部是以第一人称“小 5”来表述，无形之中增加了企业博客的亲和力，拉近了与读者的距离，同时我们将线下和线上的活动联合起来，在吉祥物设计大赛中，我们将博客作为官方网站，选手们通过我们的博文来了解建行手机银行的相关业务。我们通过代码修改了博客首页的各种布置，顶端是单独制作出的包含团队名和建行标语的图片，图片清晰地表现出手机银行的特色。同时，我们利用 html 代码专设的一个版块，将我们酷 6 的视频链接全部放在首页的右上方。微博的开通使我们更轻松地表达每个不同阶段的不同想法，每日一条的声音记录了我们成长的点点滴滴。而最终我们博客的点击率已经达到 38251，这一数字还在增加。如图 16-12 所示。

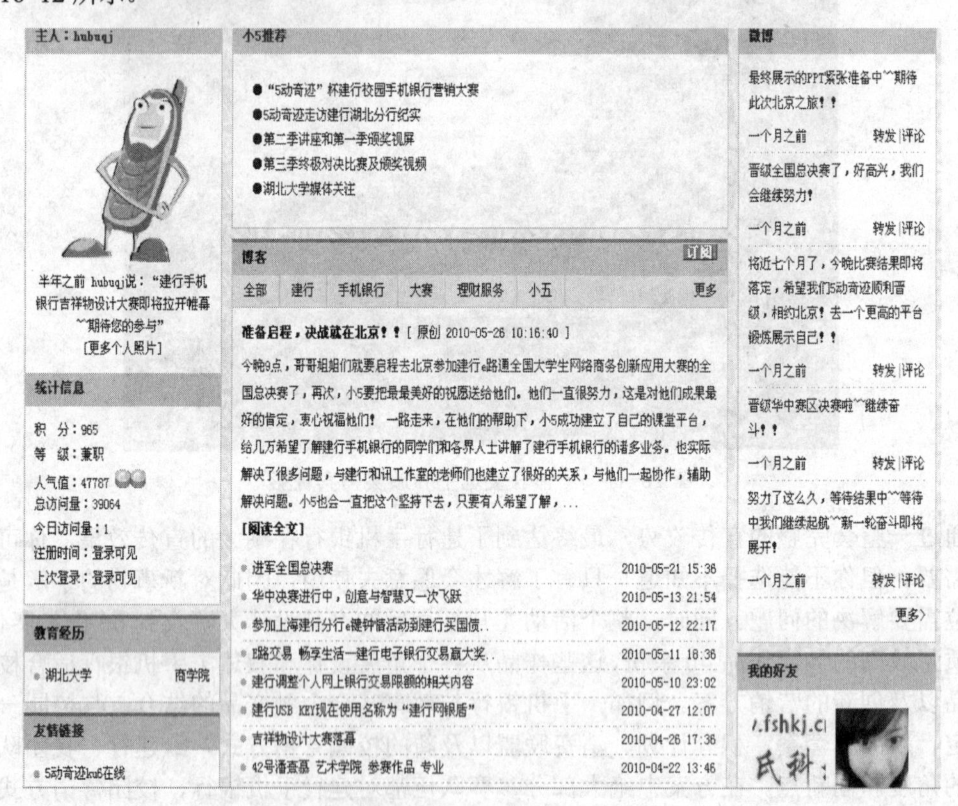

图 16-12 和讯个人门户宣传

2. 酷 6 空间

我们在酷 6 网中上传的作品主要是活动的影音版，因为单纯静态的博文方式会使人疲惫，通过动态视频，同学们可以图文并茂地看文章、进而了解我们的活动。同时通过引导，使人们去浏览我们的博客，进而通过博客了解到更多有关建行手机银行的介绍，在无形之中极大地推广了手机银行。如图 16-13 所示。

图 16-13 酷 6 视频展示

3.“潮银部落”品牌打造

品牌名称“潮银部落”；定位为时尚、创新、活力；品牌诠释，“潮”，即新潮的意思，大学生追求新奇、时尚；“银”则代表银行，“部落”则类似于 80、90 后等的一个群体。一方面“潮银”向大学生传达青春时尚的品牌信息，另一方面“部落”则增强目标群体的归属感。而产品定位“时尚、创新、活力”则是根据大学生的特点提出的、贴近其实际生活并倡导积极的生活态度的定位。品牌代言为捷米。

结合我们团队针对本校银行业务及数字化校园目前存在的问题及其潜在的未开发市场，自己创新出了手机银行的八个新功能：

1）建行地图手机分布图。

2）会员卡集成。

3）信息资讯业务。

4）校园卡充值、座机电话卡充值。

5）网上购物。

6）游戏币充值。

7）火车票、汽车票、航空订票。

8）学生保险指定医院挂号缴费。

将以上的八项业务和建行原有的四项功能重新整合成“基本功能”、“个性功能”两个部分构成完整的“潮银部落”产品。分类原则是具体手机银行业务在大学生群体中的普遍性和使用频率、客户基数的大小。基本功能是绝大多数手机银行在日常生活中会使用的业务；个性功能是部分特殊群体有兴趣使用的手机银行业务。

对于每一项功能，我们均设置了具体业务的简介、推广宣传词及业务涉及的说明。业务简介和宣传词可以在“潮银部落”作为推广宣传时宣传资料的主打内容，让学生一看后就对业务了如指掌。我们对整体的费用预算和宣传推广策略也进行了设计，并做了详细的说明。

16.4.2 名次结果

全国总决赛本科组网络商务创新应用一等奖。

16.5 方案点评

张辉【建设银行湖北省分行】时间：2/5/2010 AM:10:34:23　　点评等级：★★★★★

方案特点在于：

1. 可复制的营销模式：形成了针对高校学生群体的一套完整的、可操作的电子银行（手机银行）营销宣传方案，并可以经过进一步总结提炼形成今后针对高校学生群体的可复制的电子银行的营销宣传活动模式。

2. “知行合一”的营销方案：该营销方案没有局限于在纸上展示营销创意和思维，而是进一步在校内联合各种力量举办手机银行“形象创意大赛”和“营销方案大赛”，从实际层面增加了参与的广泛性和深度性，凝结了学众智慧。实现了“知行合一”的营销方案。

3. “手机银行—数字校园生活”的可操作性：在方案组织的“营销方案大赛”，参赛的有 60 份营销方案，最终有 6 支参赛队伍进行了决赛展示，其中有很多结合校园生活的好的创意和方案，完全可以进行总结提炼形成“手机银行—数字校园生活”这样一份完整的营销落地实施方案。并且这份“手机银行—数字校园生活”营销落地实施方案在任何一个高校都具有可实施性。

16.6 获奖感言

很荣幸获得“e 路通”全国大学生电子商务创新应用大赛博客创新大赛全国一等奖，感谢建设银行，尤其是湖北省分行给予我们团队的支持。我们将一如既往地建设我们的博客。

通过此次大赛，我们对建行手机银行、企业博客等相关知识有了更深入的了解，同时我们主要将市场营销、消费者行为学等课堂学到的理论创新地应用到了实际生活中，让更多的人了解、体验并使用手机银行。这次大赛让我们都有了一次难忘的奋斗经历：分析、创新，团队合作等，从比赛过程中我们得到的都是我们将来就业的法宝。

此次大赛，湖北大学各方面都积极支持，尤其是商学院，更是竭力为我们提供帮助。指导老师的耐心指导，学院领导的支持鼓励，学院同学的积极参与。此次我们获得全国一等奖，学院公告栏张榜表扬，并在综合评定中给予我们奖励学分。总而言之，此次比赛，我们收获颇多。

第17章 建设银行高校服务方案

作者：北京联合大学商务学院　团队：梦&望

17.1　团队介绍

“梦&望”团队（见图 17-1）是一只充满了梦想和希望的团队，团队里的每一名成员都心存高远但又能脚踏实地，我们来自同一专业——信息管理与信息系统，为了同一梦想而走到了一起。我们携手并肩，凭借着我们的满腔热血，一路走来，克服了种种挑战，最终取得了优异的成绩。

图 17-1　团队合影

1．成员及分工：

队长：王蕊，负责协调团队的运行与管理，团队方案策划制作。
队员：王凡，负责技术问题的解决。
队员：聂静，负责博客设计，博客线上推广的相关工作。
队员：王沈之，负责线下工作，包括社团、企业、老师的公关联络。
队员：王姗，负责团队及外界信息的搜集工作，整理数据并进行分析。

2. 团队宣言

有梦想就有希望！

17.2 选题经过

作为五个来自电子商务系信息管理专业的学生，我们从得知这个比赛开始，就产生了浓厚的兴趣，大家基本上是一拍即合，决定组成一个团队，一起投入到比赛中来。希望可以通过参加这个比赛作为对我们专业知识的一种实践，提升自身的能力，于是“梦&望”团队诞生了。

选题关乎团队的方向，是比赛中非常重要的一步。为此我们在这上面下了很大的工夫，经过反复商量和征求老师意见，又结合我们学习的专业知识分析自身优势，最终选定“建行业务服务高校方案”作为我们团队的比赛题目。

接下来就是如何迈出第一步，我们“梦&望”小队利用休息的时间，走访了多家建行的北京支行，并且去了部分其他银行进行调查分析，认真分析了建行的优势及可发展空间。经过深入调查我们发现，建行的很多业务可以在高校中发展，之所以没有得到发展是因为建行与学生客户的联系还不够紧密。于是我们决定，从学生的角度出发，利用建行现有的服务业务，充分地将建行与大学生紧密联合起来。我们确定将方案分三个方面来进行，加大其可行性。我们通过和讯博客，腾讯空间等进行方案的推广，最终博客总访问量人数接近 3000 人次，平均每天有 20 余名来访者关注团队的各种消息以及比赛进度。这充分肯定了我们“梦&望”团队几个月的努力，也证明了我们的选题是完全正确的。

17.3 方案

17.3.1 简介

随着时代的发展，高校学生可以自由支配的资金越来越多，银行开始走入学生的生活中，而银行并没有针对于大学生的服务方案，所以相应的也产生了许多问题，如高校学生必须要去银行或 ATM 机取款，之后才能为校园卡充值；因为课业繁忙，平时没有时间去银行办理转账等业务。各大银行近几年也都着眼于高校的业务发展，同时高校学生又具有敢于尝试新鲜事物、喜欢方便快捷的解决途径等特点，所以成为了银行业务庞大的潜在使用群体。

17.3.2 正文

1. 建行业务使用现状

（1）网上银行现状分析和市场调研

1）网上银行的概念。

网上银行（Internetbank or E-bank），包含两个层次的含义，一个是机构概念，指通过信息网络开办业务的银行；另一个是业务概念，指银行通过信息网络提供的金融服务，包括传统银行业务和因信息技术应用带来的新兴业务。在日常生活和工作中，提及网上银行，更多是第二层次的概念，即网上银行服务的概念。网上银行业务不仅仅是传统银行产品简单从网上的转移，其他服务方式和内涵发生了一定的变化，而且由于信息技术的应用，又产生了全新的业务品种。

2）建设银行网上银行的使用情况及其分析。

第一，发展速度明显加快。

建设银行的网上银行在2004年的统计数据表明，该行网上银行个人客户数新增300万户，达到389万户，网上银行企业客户数达到68705户，网上银行总交易量为33956亿元，五年后截至2009年11月底，个人客户数已超过3800万户，企业客户数也达到68万户，网上银行总交易量更是多达16亿笔。网上银行经营成本的比较优势日益显现，已实现从功能型向效益型的成功转变。

第二，服务功能不断增强。

建行个人网上银行提供24小时服务，可提供外汇买卖、黄金、基金、国债、证券、理财产品、保证金存管等多项业务，满足客户多方面的投资理财需要。

第三，大学生使用现状。

虽然在校大学生在入学之初都办理了银行账户，但其中使用最多的无非是存款、取款、转账之类最基础的业务，其中很多人都认为ATM机就够了，70%的大学生没有用过或很少使用网上银行。而我国高校扩招的政策已使接受高等教育的人数得到大幅度的增加。不难看出，网上银行在大学生市场中还有着广阔的发展空间。大学生等高教育水平人群，有着较高的互联网操作技能，对网上银行有着很强的使用需求，但问题在于对目前网上银行业务的安全性不够信任，影响了电子银行用户使用比例的上升。60%大学生认为安全性是选择网银的首要标准，另外，在使用网银的大学生中，51%认为网银的安全性应得到改进。由此可见，安全成为限制网银推广的瓶颈。

（2）手机银行的现状分析和市场调研

1）手机银行概念。

手机银行是银行携手移动通信运营商推出的，基于移动通信数据业务平台的创新银行服务。它是网上银行的延伸，也是继网上银行、电话银行之后又一种方便银行用户的金融业务服务方式，有贴身“电子钱包”之称。它一方面延长了银行服务的时间，同时也扩大了银行服务范围，满足了广大客户的各种需求。

2）建设银行手机银行的使用情况及其分析

首先银行手机银行发展速度明显。

截至2009年11月底，建行手机银行（WAP）客户数达到1327万，基于短信模式的手机银行客户达到6125万户，两者相加共计7452万户，继续保持国内同行业第一。2009年前11个月建行新增手机银行活跃客户832万，完成交易5071万笔，交易额2136亿元。同时需要指出的是，新增的832万客户都是活跃客户，也就是至少登录过手机银行并完成一笔交易的客户。能直接说明手机银行使用情况的数据是客户通过手机银行完成的交易额和交易量。据了解，建行手机银行的交易额和交易量同样位居同行业第一，远远大于其他商业银行。

其次银行手机银行服务功能不断增强。

建行在国内首家推出手机银行服务，并且率先支持3G网络——2008年5月17日“电信日”，建行就在国内同行中率先推出3G手机银行。目前，建行手机银行推出的服务基本覆盖了柜台提供的所有非现金、非票据类业务。包括基金、黄金、外汇买卖，手机股市、理财产品、债券投资等投资理财服务，以及账户查询、汇款、跨行转账、缴费支付、信用卡还款等服务。建行手机银行“手机到手机转”服务全面升级后，没有开通建行手机银行甚至非建行客户，也可凭手机号码接收转账款项。

最后建行手机银行大学生使用现状。

虽然建行手机银行一致被外界所看好，但是由于高校学生的认知度和市场的发展度不高、用户对移动网络操作不熟练，还被视作新生事物，乐于接受这种金融服务的公众尚未形成规模，实际的用户比例更是无法与手机用户数量匹配，甚至有些大学生都表示他们在此前从未听说过手机银行业务。可见，还需要在大学生市场中加强手机银行产品的推广力度。

2．电子银行服务分析

（1）网上银行产品对比

1）宣传多元化与和谐化。

在建行的主页 www.ccb.com 上有建行网上银行的演示，演示的过程就是体验的过程，在演示的过程中客户可以体会网银的优势。包括建行在主页的连接中有相关 Flash 介绍网上银行的作用，以及相关的游戏来推动相关产品的市场占有率。

2）操作的简练程度。

在操作简练程度上建行也排在前列，而且建行是从国际惯例出发为更多的储户着想。

3）网银功能。

在网银功能上建行全面而且合理。

4）使用费用。

目前建行网上转账汇款费率为柜面收费的 5 折，不收取任何形式的年费，个人客户本行同城转账免费；农行个人网银注册客户年服务费为 12 元/年，个人客户本行同城转账交易费 1 元/笔；工行网上银行年服务费每年每个客户 12 元，同城本行转账不收取费用。另外由于建行现在已经取消了普通的电子银行口令卡，全部采用了“U 盾”，所以相比之下，建行的电子银行产品在使用费用上并不占有优势。

根据以上对比分析结果并结合实际使用情况后团队认为：目前在网上银行项目方面建行略占优势。

（2）手机银行产品对比

1）费用。

① 工商银行。同城业务不收费；异地业务按汇款金额的 0.9%收取，每笔业务最低 1.8 元，最高 45 元。跨行汇款：按汇款金额的 0.9%收取，每笔业务最低 1.8 元，最高 45 元。

② 建设银行。目前手机银行收取异地转账（汇款）、跨行转账、向企业转账的手续费，截至 2009 年 12 月 31 日，这三种转账享受 0.15%手续费优惠即最低 1 元，最高 15 元。

③ 招商银行。同城他行转账，2 元/笔；异地快速汇款（本行），按单笔汇款金额的 2%。

除去费用外，其余业务、功能等方面各银行之间并无明显差异。

2）电子银行安全性比较。

通过对高校网银市场的市场调查，我们发现建行的主要对手是工行，而真正会影响学生选择的是优质、贴心的服务以及产品的安全性。

下面，我们将对这两个银行的安全性方面作对比。

① 短信服务。建行网上银行提供了从登录、查询、交易、直到退出的每一个环节的短信提醒服务，客户可以直接通过网上银行捆绑其手机，随时掌握网上银行的使用情况。

② 加强证书存储安全。建行网上银行系统可支持USB key证书功能，USB key具有安全性、移动性、使用方便性的特点。建行在推广USB key证书的时候，考虑到客户的需求，在USB key款式、附加功能上进行了创新，使建行的USB key更具吸引力。为保证您的资金安全，请用完后立即拔下USB Key。

③ 动态口令卡。建行网上银行除了向客户提供证书保护模式外，还推出了动态口令卡，可以免除用户携带证书和使用证书的不便，动态口令卡样式轻巧、安全性高，但现在已经停止使用。

④ 先进技术的保障。中国建设银行网上银行系统采用了严格的安全性设计，通过密码校验、CA证书、SSL（加密套接字层协议）加密和服务器方的反黑客软件等多种方式来保证客户信息安全。

⑤ 双密码控制，并设定了密码安全强度。网上银行系统采取登录密码和交易密码两种控制，并对密码错误次数进行了限制，超出限制次数，客户当日即无法进行登录。在客户首次登录网上银行时，系统将引导客户设置交易密码，并对密码强度进行了检测，拒绝使用简单密码，有利于提高客户端的安全。

⑥ 交易限额控制。网上银行系统对各类资金交易均设定了交易限额，以进一步保证客户资金的安全。

⑦ 信息提示，增加透明度。在网上银行操作过程中，客户提交的交易信息及各类出错信息都会清晰地显示在浏览器屏幕上，让客户清楚地了解该笔交易的详细信息。

⑧ 客户端密码安全检测。建行网上银行系统提供了客户端密码安全检测，能自动评估网上银行客户密码的安全程度，并给予客户必要的风险警告，有助于提高客户的安全意识。

⑨ 工商银行的安全策略。如果已经申请了个人网上银行客户证书"U盾"，只要保管好自己手中的"U盾"及其密码，就可以相对安全地使用网上银行。"U盾"是一个带智能芯片、形状类似于U盘的硬件设备，是工商银行与微软等国际知名公司共同合作开发，并应用了智能芯片信息加密技术的一种数字签名工具。一旦客户把自己在银行的账户纳入此证书管理，在网上银行办理转账汇款、B2C支付等业务都必须启用客户证书进行验证，而客户证书是唯一的、不可复制的，任何人都无法利用您的身份信息和账户信息通过互联网盗取客户的资金。

如果尚未申请个人网上银行客户证书"U盾"，在办理网上转账汇款、B2C支付等对外支付业务时系统只验证您的注册卡号及支付密码，安全性低。但"U盾"方式的不足之处在于服务费用较高，产品使用较为繁琐，以及所谓的性价比较低，针对以上的问题我们认为，首先要做的是在宣传上多下点工夫，让顾客明白我们的优势，特别是我们在安全问题上所做出的努力，我们要让顾客明白一分价钱一分货的道理，让顾客对于我们的服务价值产生认同。另一方面，通过组合营销的方式来合理地降低甚至免除用户设备的初装费用也是我们需要考虑的一个问题，让顾客感受到最大的实惠正是我们在下一步营销活动中的核心内容。

3．电子银行推广基础

（1）计算机网络在校园中的广泛应用

近年来，随着计算机技术的快速发展，计算机网络得到了越来越广泛的应用，高校均已开设计算机课程作为学生入校后的基础必修课程。校园网的建设与完善不仅为学校的日常管理工作带来了许多便利，更为学生打开了一条在线学习的新思路。同时，越来越多的大学在校内设立了机房，也在宿舍配置了网线，方便学生使用网络，55%的大学生在学校拥有个人电脑。可见，计算机网络对大学生的生活产生着日益重要的影响。

（2）手机越来越成为大学生不可缺少的必需品

由于经济的迅速发展，人们的生活水平不断提高，同时，科技的不断发展使得生产手机的成本不断降低，甚至一两百元就能买一部手机，这为手机的普及创造了条件，而大学生离家求学需要随时随地与家人和朋友联系，需要一个通信工具，而价格便宜且方便携带的手机就成为大学生的首选电子产品。手机通信资费是相当实惠的，与固定电话的话费基本持平，而且现在还有针对学生的优惠套餐，这为大学生普遍使用手机提供了良好的外部条件。当今是一个信息的社会，人们提高了对信息的需求量和及时性。手机从一个简单的通信工具，慢慢成为一个信息的携带者，手机的优越性从某种程度上来说已经超过了报纸、电视等信息载体。现在越来越多的人已经将手机作为一个随身必备物品。截至 2009 年，我国手机用户共计十亿户，其中大学生占相当份额。

4．适合大学生的建行服务

随着时代的发展，高校学生可以自由支配的资金越来越多，银行卡也变成每个人的必需品。但是因为各大银行都没有专为学生量身定做的银行卡，所以相应的也产生了许多问题，如高校学生必须要去银行或 ATM 机取款，之后才能为校园卡充值。因为课业繁忙，平时没有时间去银行办理转账等业务。各大银行近几年也都着眼于高校的业务发展，同时高校学生又具有敢于尝试新鲜事物、喜欢方便快捷的解决途径等特点，所以成为了庞大的银行业务潜在使用群体。

鉴于以上种种原因及前述分析，针对于高校与其学生，本团队认为，可以推出一种新的业务来弥补这方面的空缺——“校园 e 卡通”。此卡的版面设计如图 17-2 所示（随市场扩大后可开通卡面 DIY 服务，并收取一定的制作费用）。

（1）功能介绍

此卡除基本的金融功能（存款、取款等）外，还配备有如下特色功能：

1）短信通—手机话费自动提示充值业务（转账业务）。

当客户的手机话费余额不足十元时，通过建行的短信通服务会有一条短信提示——是否对手机充值，如果选择是会通过绑定的银行卡（e 卡通或原有建行银行卡）进行直接购买（或转账业务购买）手机充值卡进行充值，充值金额由客户自己选择。

图 17-2 “校园 e 卡通”

2）手机股市、手机基金、手机定投——手机银行理财篇。通过手机银行进行股票、基金的买卖，封闭式基金每月定投等。

对于那些经济条件较好的大学生来说，这不代表着他们可以没有节制的花费，应当学会自己理财。此业务即通过手机银行进行股票、基金的买卖，虽然有一定的风险，但是利润也会是相当可观的。

3）“金融宝宝”——手机银行小秘书兼附属游戏。

手机银行比作是每个人的小金库，虚拟一个“金融宝宝”（根据自己的喜好可以挑选自己喜欢的动物），如图17-3所示。作为管理个人小金库的宠物，类似于电子宠物，用户需通过喂食、打扫等一般行为维持宝宝的生存。当用户通过手机银行进行各种业务操作时，“金融宝宝”可向用户传达各种信息，如转账结果、缴费清单等，以起到小秘书的作用。既活泼生动，又极为时尚，在宣传时加以利用，也会引起用户的好奇心。从另一方面讲，此业务更加人性化，更容易被接受。

图17-3　金融宝宝

4）网上银行。可进行基本的转账汇款、缴费支付、投资理财、个人贷款等业务，同现存网上银行业务。

5）网上商城——建行高校学生用户专属购物商城。

对于大学生来说上电影院看电影或是去体育场看一场足球是再不能缺少的一项娱乐活动，但是常常会碰到买不到票或是得需要排上几个小时的队伍的情况，为此在建行网站网上商城上加入高校学生专属区，推出手机快速充值、优惠订票、学生折上折等贴心服务，牢牢抓住高校学生的需求。

6）小额理财。学生可以凭借此卡享受免费理财校园培训并提供大学生所承受的基金或股票投资。

（2）品牌定位及办理方式

“e卡通”是专为大学生量身定做的各种贴心服务和功能的银行业务套餐。其办理方式可分为柜台办理和统一办理。

（3）推广方案

1）建行可在高校录取通知书中夹带对“校园e卡通”详细介绍的宣传手册。

2）建行可在大一新生即将进入大学的暑假，组织大一新生到客户体验中心，体验“校园e卡通”给大学生生活带来的便利。

3）建行可在每年9月份到各大校园为在校大学生办理建行“校园e卡通”并且进行宣传。

4）建行可以通过人人网、开心网等大学生喜爱的网站为“校园e卡通”进行宣传。

5）在学校放置取款机，方便学生在大学校园里通过“校园e卡通”进行取款、充值、查询余额等活动。

（4）产品组合、服务方案

1）市场细分。团队将目标市场选定在北京联合大学。在此处，为了适应产品组合式营销的需要，将这一目标市场进行进一步的细分，并针对这些具体的目标群体采取不同的销售组合。团队以经济条件和是否使用手机上网服务作为细分的标准，将市场分为四类：

① 黄金市场。适用条件：经济条件很好，使用手机上网服务。

② 白银市场。适用条件：经济条件一般，使用手机上网服务。

③ 铜矿市场。适用条件：经济条件很好，不使用手机上网服务。

④ 铁矿市场。适用条件：经济条件一般，不使用手机上网服务。

2）产品组合形式：网上银行+网银盾+手机银行+短信通。

5．实施

建行产品推广方案。目标客户是北京联合大学学生；目标市场是朝阳区延静里北京联合大学商务学院。商院的最大特色在于学校提供丰富的网络资源，可选择推广的手段多样化。另一方面，商院学生比较前卫，消费水平较高，接受新事物的能力强。推广宗旨尽可能让更多的学生了解和使用建设银行的产品，尽可能更多的利用大赛提供的网络商务工具去解决问题。

推广手段为网上推广结合线下推广。

首先是网上推广。

1）腾讯网 QQ。QQ 是中国最大的即时聊天软件，每天有上亿的年轻人使用。团队中的每位队员在自己的 QQ 聊天工具上将我们为建设银行创建的博客网址加到个性签名中，同时建立 QQ 讨论群，将自己的好友添加进来，并向其他 QQ 用户发出邀请。

利用腾讯平台，可以为建设银行开通博客，利用博客进行建行产品的推广。上传关于建设银行产品的图片，发布建设银行产品的相关信息，详细介绍建行针对大学生推出的服务套餐，同时可以针对大学生比较关心的问题进行重点诠释，通过信息和图片，使访客能够了解建设银行的产品，通过博客打出建设银行这个品牌，同时设置一个链接，访客能够访问到建设银行官方的页面。

2）人人网。人人网（原名校内网）成立于 2005 年，是中国最早的校园 SMS 社区。它在学生朋友中有着极大的影响力。鉴于此可在人人网推广建设银行的产品。

分享：团队可以写一些关于建行特色服务的文章，再把它分享给好友，这样的链式传播影响力度是相当大的。

建立“建行高校特色服务”群，并且普及网银的知识，邀请同学加入。

校内论坛：在论坛发布建行产品介绍的文章，并且链接到团队的博客中，吸引更多的同学加入。

3）视频网站。以酷 6 网为例，酷 6 网作为中国最大的视频社区，每天都有大量的学生朋友用户访问，团队制作宣传动画来强调建设银行电子银行产品的优越性，这将会是一个极好的宣传手段。

4）网上商城。作为中国 C2C 及 B2B 市场领先者的淘宝网、阿里巴巴，网站上拥有上千万忠实用户，在这些讨论区上发表文章、留言，同时添加博客链接，吸引更多的用户关注建设银行的产品。

其次是线下推广。

1）校园推广。

首先采用校园报纸和广播推广。在不同的活动阶段使用这一媒介对于建行的推广是具有不同程度的强化作用的，尤其是在策划后期的公益推广中作用将会是巨大的。

其次结合相关校园活动。与学生会、社团联合会、学管会等学生组织展开广泛的合作，更主要的是与各校的志愿者组织展开合作，借助校园各种丰富多彩的活动的影响力推广产品。

然后采取张贴宣传海报。在学校的食堂，宿舍楼门口及海报栏等学生聚集程度高或关注程度大的地点张贴宣传海报，为各个阶段活动提供有力的支持。海报如图 17-4 所示。

最后在教学中渗透。通过调查，大多数学校都有电子商务试验室，可以通过与计算机中心的老师进行协商，在银行这一板块推出建设银行的产品，让更多的学生体验建设银行产品。

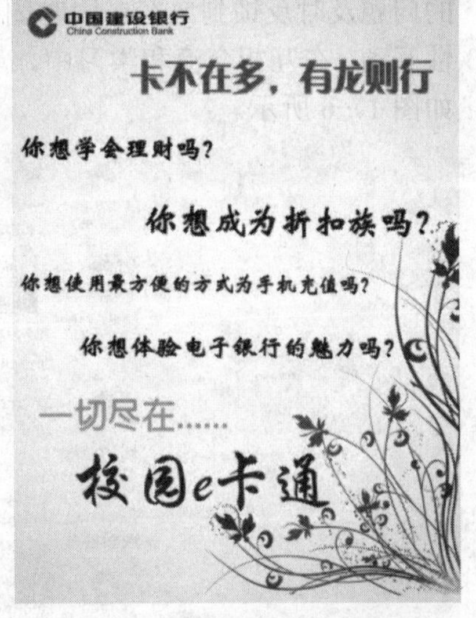

图 17-4 “校园 e 卡通”宣传海报

还可以举办全国大学生“建行‘校园 e 卡通’”卡面 DIY 设计大赛。当代大学生个性比较张扬、活泼，大学生“校园 e 卡通”的卡面采取 DIY 设计方式，每年建行举办一场全国大学生“建行‘校园 e 卡通’”卡面 DIY 设计大赛，可以激发大学生的积极性，同时，最重要的是可以借大赛宣传建行大学生“校园 e 卡通”。

2）校外推广。

一方面是营业柜台推广，在大学校园周边的建行储蓄所网点通过海报、小册子等方式宣传。

另一方面是促销推广，不定期举行现场办理的推广活动。

宣传图标如图 17-5 所示。

图 17-5 绿色建行推广宣传图标

17.4 竞赛结果

17.4.1 实施结果

1. 博客文章内容的建设成果

和讯博客文章的浏览。团队将博客文章分成了不同内容，浏览者可以根据自己的喜好选择浏览板块，进入博客中的浏览者大多数是对建行电子银行感兴趣或者是在线下活动中得知该博客从而进入博客中浏览的。因此，虽然人数不是很多，但是精准地找到了博客营销的目标群体。同时团队观察到很大一部分网民多次造访博客，因此博客文章内容的黏着度较高，收到了良好的营销效果。

和讯博客的关注度及文章的回复。自博客建立之日至今，博客总访问量人数接近 3000 人次，平均每天有 20 余名来访者关注团队的各种消息以及比赛进度。从回复中可见，博客宣传已经初见成效，很多对建行电子银行感兴趣的顾客纷纷前来咨询，将在开通和办理网银中出现的问题及时反馈到博客。同时团队的人员也对出现的问题进行及时回复，与用户形成了良性互动。在互相交流和学习中，营销了电子银行的产品、建行的企业文化及品牌的认知度。如图 17-6 所示。

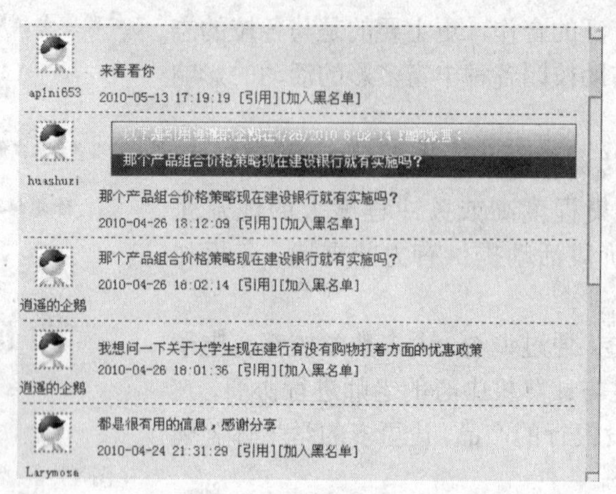

图 17-6　和讯博客宣传页面

2．网上推广

团队通过人人网、腾讯网、网上商城等处推广团队的博客、建设银行的产品，得到广大学生的关注，团队的博客访问量也在直线上升，使建设银行这个品牌得到了很好的宣传，值得大学生朋友去选择它。

3．新产品的可行性报告

在实施前期团队已经提出了针对大学生的银行卡——“校园 e 卡通”，通过对大学生问卷调查的深入研究，发现“校园 e 卡通”有非常大的市场潜力。如果建设银行发行“校园 e 卡通”，将会提高建设银行品牌知名度，同时将会有相当多的大学生选择成为建设银行的用户。（注：以下统计结果截至 2010 年 5 月 24 日）

（1）被调查者月生活费情况

由于团队的调查目标是“校园 e 卡通”在高校本科生中的可行性及相关情况，这其中需要了解高校学生每月的生活费，以便团队更好地做出统计。在本次的有效问卷中，月生活费 500 元以下的学生占总调查人数的 19%；月生活费 500～1000 元的占 71.7%；月生活费 1000 占 9.3%。具体情况如图 17-7、图 17-8 所示。

根据图 17-7 和图 17-8 可知，高校学生中，月生活费在 500～1000 元的占大多数。这表明高校学生有一定的可能性，可以存起一部分资金来进行理财或接受其他业务服务。这也更加支持了团队的调查目的，证明了团队所推出的“校园 e 卡通”是有市场的。

第3题： 您每月的生活费是多少　[单选题]

选项	小计	比例
500以下	57	19%
500~1000	215	71.7%
1000以上	28	9.3%
本题有效填写人次	**300**	

图 17-7　高校学生月生活费情况分布表

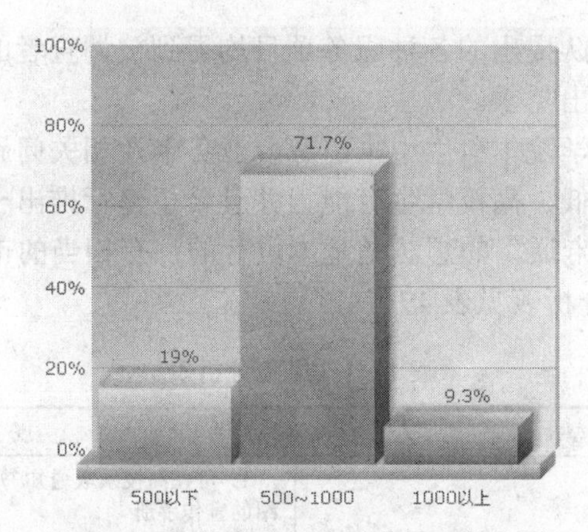

图 17-8 高校学生月生活费情况柱状图

（2）推出新卡的必要性

通过调查，团队发现高达 77.7%的同学认为有必要推出一款针对于在校大学生的综合业务卡。这为“校园 e 卡通”的推出提供了一定的依据。如图 17-9、图 17-10 所示。

第12题： 您认为建行是否有必要推出一款针对在校大学生的综合业务卡？ [单选题]

选项	小计	比例
是	233	77.7%
否	12	4%
无所谓	55	18.3%
本题有效填写人次	**300**	

图 17-9 在校大学生的综合业务卡必要性分布表

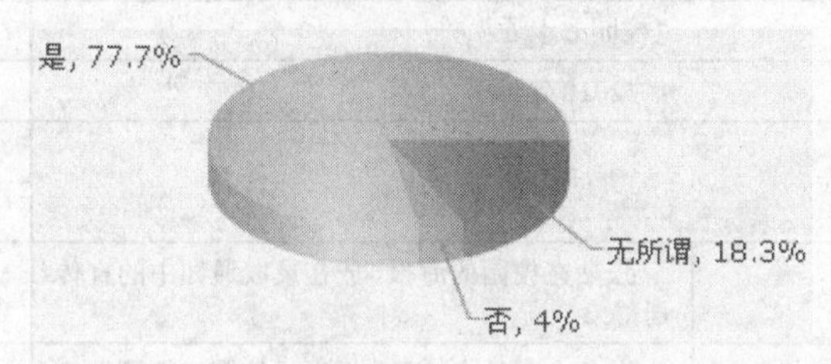

图 17-10 “校园 e 卡通”的推出必要性调查结果

（3）包含业务

此卡除基本存取等业务外，还包括诸如手机话费自动充值等其他业务，具体需求情况如图 17-11 所示。（注：图中百分比的计算说明：百分比=该选项被选次数/有效答卷份数）

第13题： 您认为该卡应包含除基本业务外的哪些扩展业务（可多选） [多选题]

选项	小计	比例
手机话费自动充值	220	73.3%
缴费短信通知	160	53.3%
网上商城	203	67.7%
理财服务	129	43%
其他（请具体填写） [详细]	9	3%
本题有效填写人次	**300**	

图 17-11 “校园 e 卡通”包含的其他业务调查表

由图 17-11 可知，团队提出的各种服务项目均得到被调查者的认可。与此同时，还有一些同学对于打折服务提出需求。

通过对联合大学商务学院本科生中推出综合业务卡及相关问题进行了分析，得出以下结论：无论男女和年级高低，高校学生有能力并且希望建行推出一款适合自己的综合业务卡，团队提出的“校园 e 卡通”的想法是基本可行的，有相当的市场潜力。

1）风险论证。风险分析表见表 17-1。

表 17-1　风险分析表

风险类型	规避方法
“校园 e 卡通”利用率低	1. 可在高校录取通知书中夹带对“校园 e 卡通”详细介绍的宣传手册 2. 可以在大一新生即将进入大学的暑假，组织大一新生到客户体验中心，体验“校园 e 卡通”给大学生生活带来的便利 3. 建行可在每年 9 月份到各大校园为在校大学生办理建行“校园 e 卡通”并且进行宣传 4. 建行可通过人人网、开心网等大学生喜爱的网站为“校园 e 卡通”进行宣传 5. 在学校放置取款机，方便学生在大学校园里通过“校园 e 卡通”进行取款、充值、查询余额等活动
“校园 e 卡通”的使用对象仅针对大学生，当大学生毕业之后，“校园 e 卡通”就作废，会造成资源的浪费	大学生毕业之后，只要到建行任意营业厅办理升级业务，就会免费升级为建行客户，这样就不会造成资源的浪费，还可以扩大建行的用户数量

2）盈亏论证。费用预算表见表 17-2。

表 17-2　费用预算表

项目名称	“校园 e 卡通”推广		对象：地处北京所有大学
时　间	2010 年 4 月		1　个　月
序　号	费 用 项 目		金　额
			人民币/元
1	海报印刷费	张贴在校园的海报、放在录取通知中的宣传册等	64000
2	广告费	在各大网站上、滚动播出“校园 e 卡通”的宣传片	10000
3	礼品发放	针对办卡的学生发放礼品	500000
4	宣传人员其他费用	工资、伙食费等	10000
5	卡的成本费用	制作卡的成本费用、制卡工人的费用	400000
6	媒体宣传费	媒体宣传人员费用	30000

注：海报印刷费=北京所有高校×每张海报印刷费用+北京所录取的大学生×宣传册的印刷费

礼品发放费=发放礼品的数×礼品单价（预计发放 10000 件礼品）

卡的成本费=工本费×发行数量（预计一个月内发行 50000）

4. 线下校园推广

如前述所示，团队设计所推出的“校园 e 卡通”封面及张贴海报在校园内进行了线下推广，引起了老师和同学的关注。如图 17-12 所示。

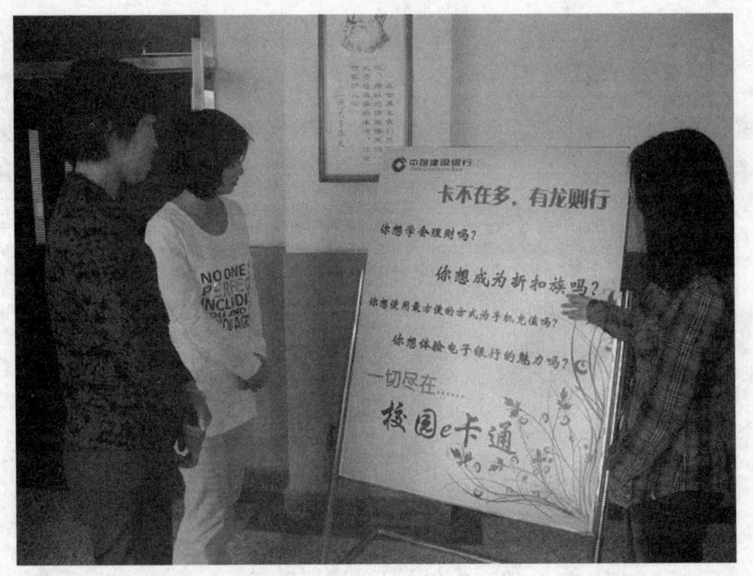

图 17-12 “校园 e 卡通”引起高校老师和同学的关注

5．酷 6 网实施成果

经过团队共同策划，制作出团队主题宣传短片，发布在酷 6 网站上，视频得到部分关注，很好地宣传了团队。如图 17-13 所示。

图 17-13 酷 6 网展示成果

6．网站宣传成果

通过团队成员的努力，最终制作出了建设银行高校服务网站。通过本网站的上传，更多的人会关注我们，关注建行，关注“e 路通”杯电子商务大赛。如图 17-14 所示。

图 17-14　团队网站展示

17.4.2　名次结果

全国总决赛本科组网络商务创新应用一等奖。

17.5　获奖感言

首先感谢中国互联网协会和建行举办这项大赛，给我们一次展现自我风采、锻炼自身能力的机会。其次感谢指导老师和建行方面在比赛过程中给予我们的帮助与指导。通过这次比赛，使我们增长了知识，增进了相互之间的友谊，也真正让我们认识到学校和企业是不同的，只有通过实践才能真正将书本所学的东西灵活运用，所以这次比赛也可以说是我们走向工作岗位之前的一次练兵，是大有益处的，同时此次大赛也加速了产、学、研相结合的进程，有利于学校，有利于企业，有利于研究机构。虽然此次大赛已经圆满结束，我们取得了较为满意的成绩，但我们的方案以及实施还有不够完善的地方，所以在今后我们也会继续积极和建行方面取得联系，把项目做得更加完美。

第18章 丝织品营销方案

作者：河北软件职业技术学院　团队：标新立 e

18.1 团队介绍

我们是来自河北软件职业技术学院的“标新立 e”团队（见图 18-1）。个性张扬，真我风采，带着 90 后敢于拼搏，勇于创新的气息，我们组建了“标新立 e”团队。不抛弃，不放弃，既然选择了，就要风雨兼程，我们会沿着创新的风向，扬帆起航！

图 18-1　团队合影

1．成员及分工

队长：董继祥，组织安排、网络平台的维护和丝织品营销方案的撰写及实施。

队员：孟祥爽，负责幻灯片的美化、方案的阐述。

队员：张丁扬，负责幻灯片的制作、丝织品营销方案的设计。

队员：于文，负责网络平台的维护。

2．团队宣言

创新的人是美丽的，异想天开，敢为天下先！

18.2 选题经过

我们团队根据目前丝织品加工市场的分析和研究，近几年来，丝织品加工企业处于稳定发展的局面，顾客对丝织品的需求量在不断上升，丝织品项目市场价格走势也成整体上升趋势。

随着人们生活水平和文化素质的提高，丝织品的销售市场具有广阔的发展前景和提升空间，我们相信伴随着经济的发展，丝织品的网络营销一定会吸引更多的消费群体。

18.3 方案

18.3.1 简介

丝织品的网络营销需要将传统商务活动中的物流、资金流、信息流的传递方式利用网络技术来整合。我们的最终目的是通过 B2B、C2C、博客和视频推广以及安全的网上支付与中国建设银行的应用，扩大丝织品的销售渠道。我们将从这四个方面入手为丝织品进行销售和推广。我们根据产品的研发和生产，利用市场发展战略、企业销售战略、企业生产战略，实现丝织品的订制加工服务。

方案的亮点可概述为：

1）对产品进行批量订制销售，吸引更多的消费者。

2）推出产品捆绑式销售，与更多的卖家实现双赢。

3）通过线下积累消费群体拉动线上销售。

4）利用各大网络平台例如和讯、酷 6、百度等，进行丝织品的营销和推广。

18.3.2 正文

方案主要由五个部分组成，包括产品定位分析、丝织品 SWOT 分析、丝织品营销策略、成本预算和长期发展目标。

1. 产品定位分析

在市场开拓之前，有必要对产品本身特征进行有效的分析，并在此基础上为每一类型产品制定一个合适的营销组合战略。

我们团队对产品做了以下分析：

1）随着对外开放的不断扩大，特别是加入世贸组织之后，具有中国文化气息的产品以其纯正和质朴的特色受到世界各地友人的欢迎，加之近几年来我国综合国力的增强，奥运会、世博会的成功召开，人们对中国文化的追求愈加强烈，使得富有中国文化气息的产品具有广阔的市场前景。

2）我们的产品独具人性化，顾客在选购各类各式时尚丝绸小包的同时也可根据产品的样式、材质、颜色、功能、商标、包装、价格等直观方面的要求进行订制，这样我们能够吸引更多的顾客，拓宽销售渠道。

2. 丝织品 SWOT 分析

（1）优势

1）在经济高速发展的时代，人们的物质文化生活已大大提高，为满足消费者追求个性化的心理，订制销售已成为当今流行的销售模式。顾客可以登录我们的网店或者通过博客、视频链接到我们的网店两种形式对我们的产品进行查看、询问和购买。在这一过程中，我们做到和顾客及时有效地沟通、交流，在尊重顾客意愿的前提下，给顾客专业性的指导和建议，最终达成一致协议订制出顾客满意的产品，完成销售过程。

2）企业根据广大消费者的心理需求和产品在市场的定位自行研发和创新，将丝织品与现代时尚元素相结合，制作出广大消费者易于接受的产品，在中国古老的丝织文化基础上，引领一代时尚高贵的潮流。

3）丝织品不只是一种商品，也是中国古老文化的象征，是中国的名片。对外开放以后，随着我国综合国力的提升，中国传统文化在世界上得到了广泛的传播，这也为富有中国文化气息的产品拓展了销售空间，特别是近两年奥运会、世博会的成功召开，更加带动了产品的销售。

（2）劣势

1）网下店面仅仅局限在商业区，面向的受众较少，具有局限性。

2）网上没有完善的销售体系与服务结构。

3）业务洽谈主要通过电话联系，不能对产品很好地进行介绍，导致在业务繁忙时，流失很多顾客。

（3）机会

市场空间广阔，产品具有人性化，易于满足消费者的心理需求，具有一定的文化背景。

（4）威胁

市场竞争压力逐步增大，消费者需求日益提高，对产品的要求也越来越大，需要进一步探索和改进。

3. 丝织品营销策略

（1）网络贸易现状

当前，网络消费已经成为不可忽视的一种重要消费形式，网络消费的迅猛发展与各种问题的层出不穷是其主要两个特点，低管束、高风险等问题的存在是制约网络消费进一步发展的主要因素。本方案在把握网络消费现状的同时也分析了问题，并提出了促进网络消费顺利发展的策略。

今天互联网的使用者经常在不知不觉中进行国际间交流，电子现金成为人们跨国交易中的新的支付方式，国际互联网支持着数以亿计的无国籍的货币。估计在 2000 年全球购物量将超过 10 万亿美元，其中，1 万亿美元是电子现金。另外根据美国商务部的研究报告，到 2005 年，国际互联网每年可以传递 1.25 万亿美元的货币，不到所有顾客电子现金的一半。因此，未来的竞争热点不仅仅在于那些提供网络销售的商场，而是在于电子现金的供应。可以说，电子现金的供应商们之间的竞争更为激烈。

（2）网络推广方式

1）利用搜索引擎宣传和推广。我们通过发布产品的相关信息和资料，利用关键词广告，让各大搜索引擎收录我们的视频、博客和店铺。利用互联网做广告，在全球各大知名搜索引擎上进行竞价排名增加点击率，提高丝织品在网络上的知名度，并定时向网店主页更新信息、图片和优惠活动。百度搜索引擎如图 18-2 所示。

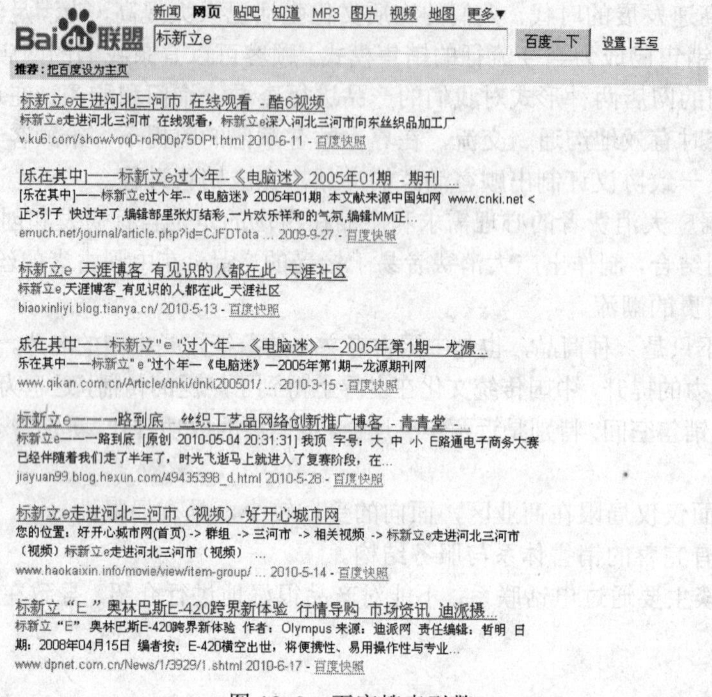

图 18-2 百度搜索引擎

2）利用百度贴吧宣传和推广。我们利用百度平台建立丝织品的贴吧并申请吧主，定期发表帖子，更新产品信息和最新动态，在与更多志同道合的人畅快交流的同时也让更多的人了解了丝织品，加大了推广力度。如图 18-3 所示。

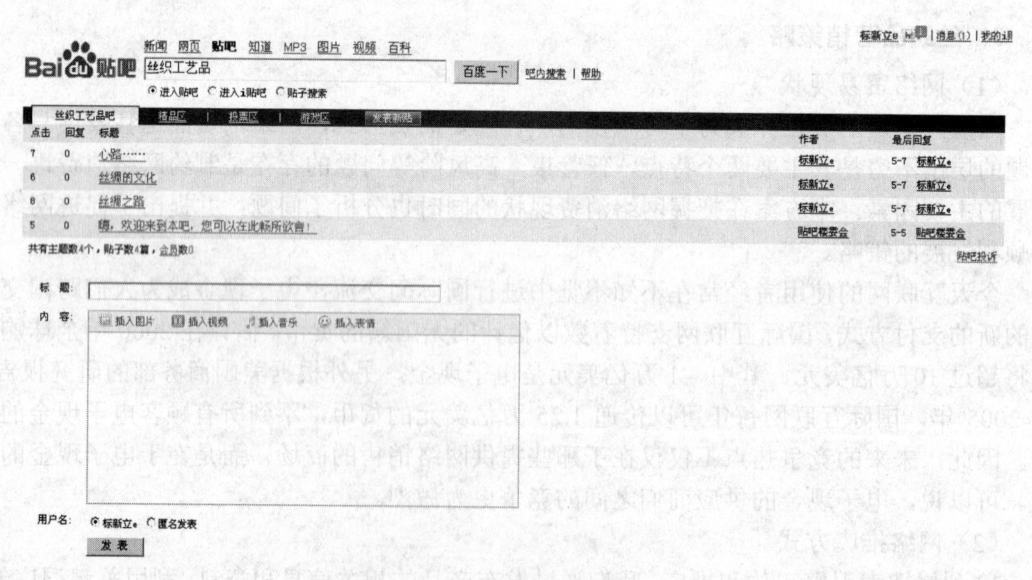

图 18-3 百度贴吧

3）利用酷 6 网、和讯网两大网络推广平台进行宣传和推广。在酷 6 播客中，我们团队将上传关于丝织品的动态视频来调动潜在顾客购买的积极性。在博客上面还添加店铺链接和关键词链接来吸引消费者关注我们的销售店铺，查看相关产品的价格和信息。如图 18-4、图 18-5 所示。

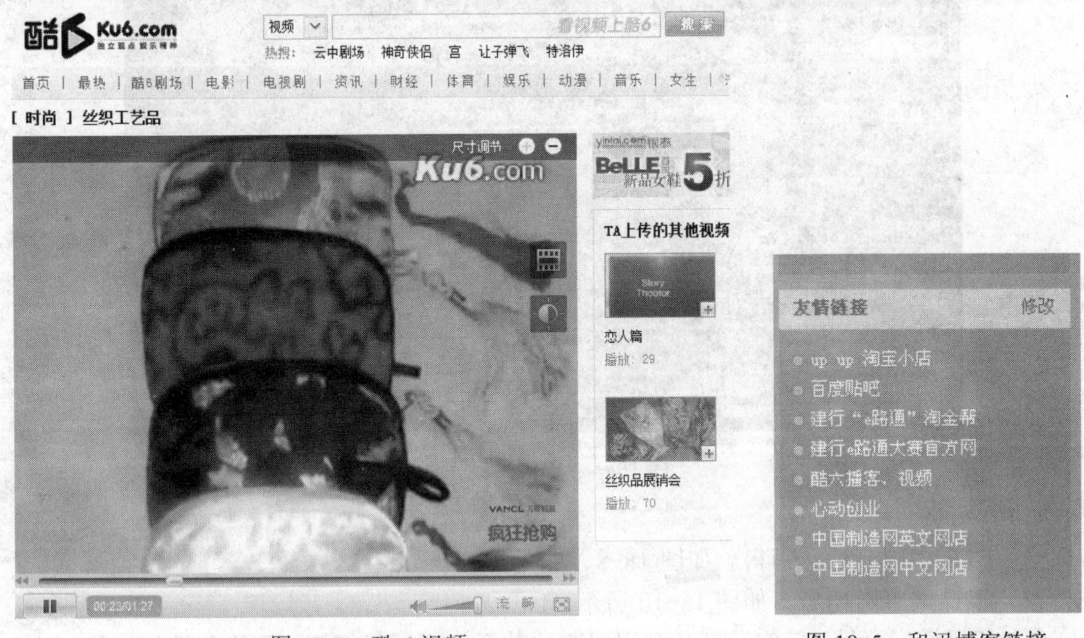

图 18-4　酷 6 视频

图 18-5　和讯博客链接

4）利用各大论坛宣传和推广。我们利用西祠胡同、人人网、天涯社区、猫扑论坛等大学生十分喜爱和关注的社区网站定时更新产品信息和企业相关动态，带动更多的潜在消费者消费。如图 18-6、图 18-7 所示。

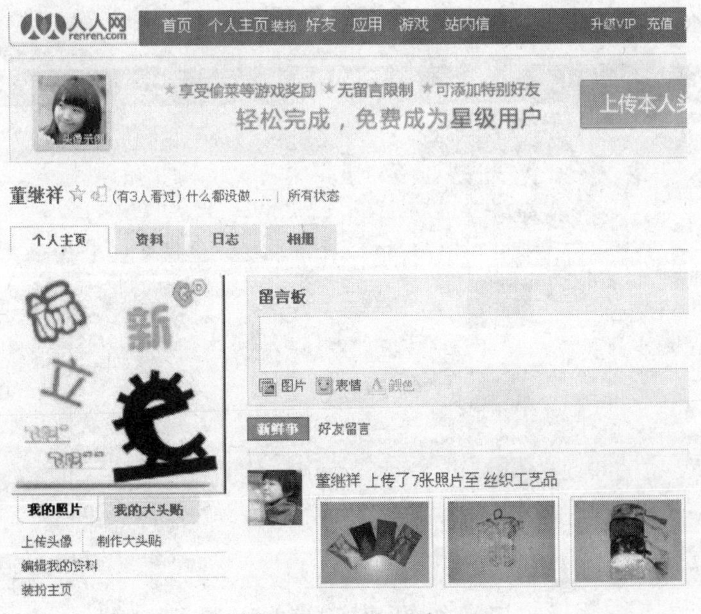

图 18-6　人人网论坛

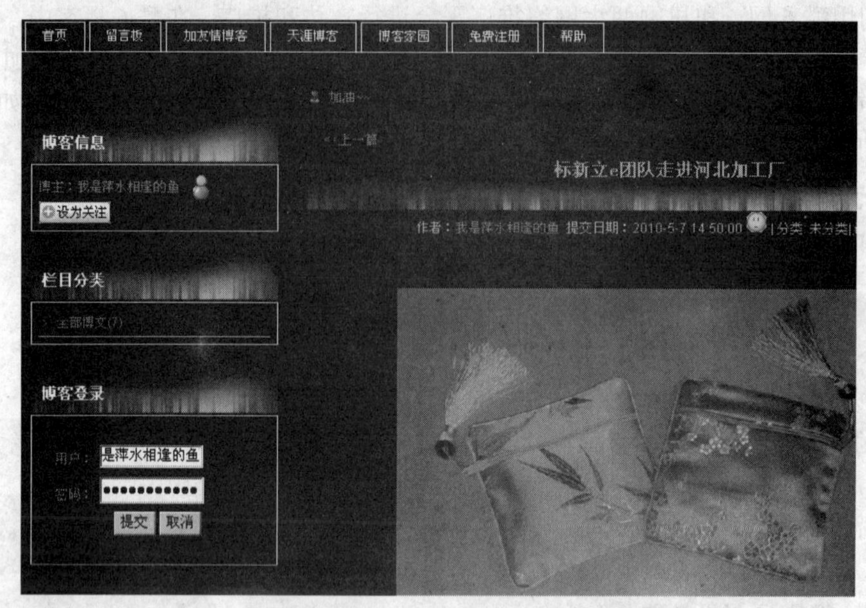

图 18-7　天涯社区博客

（3）网络营销渠道

1）B2B 中国制造网销售。如图 18-8、图 18-9 所示。

2）C2C 淘宝网销售。如图 18-10 所示。

3）和讯博客营销。博客营销是利用博客这种网络应用形式开展网络营销的工具，是公司或者企业利用博客这种网络交互性平台，发布并更新企业或公司的相关概况及信息，密切关注并及时回复平台上客户对于企业的相关疑问以及咨询，通过较强的博客平台帮助企业零成本获得搜索引擎的较前排位，以达到宣传目的的营销手段。

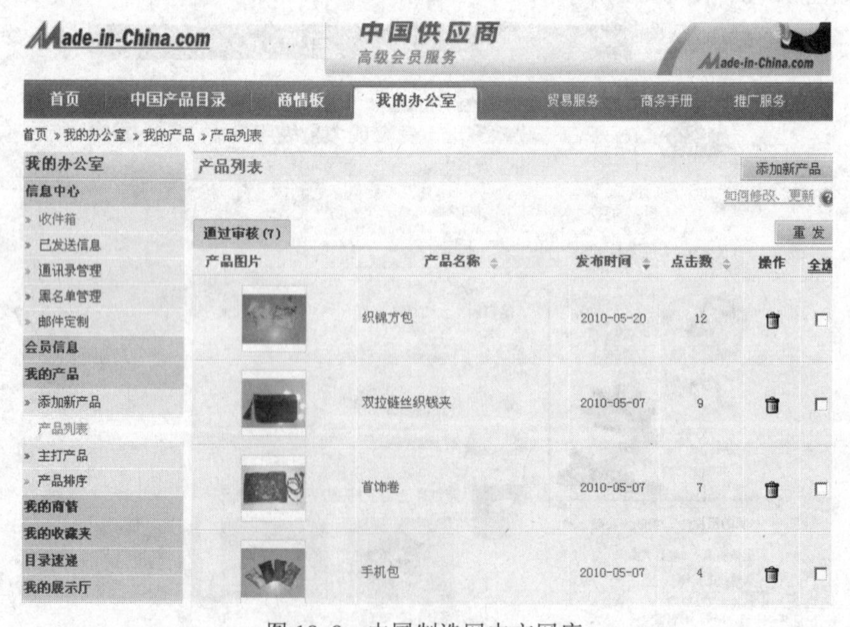

图 18-8　中国制造网中文网店

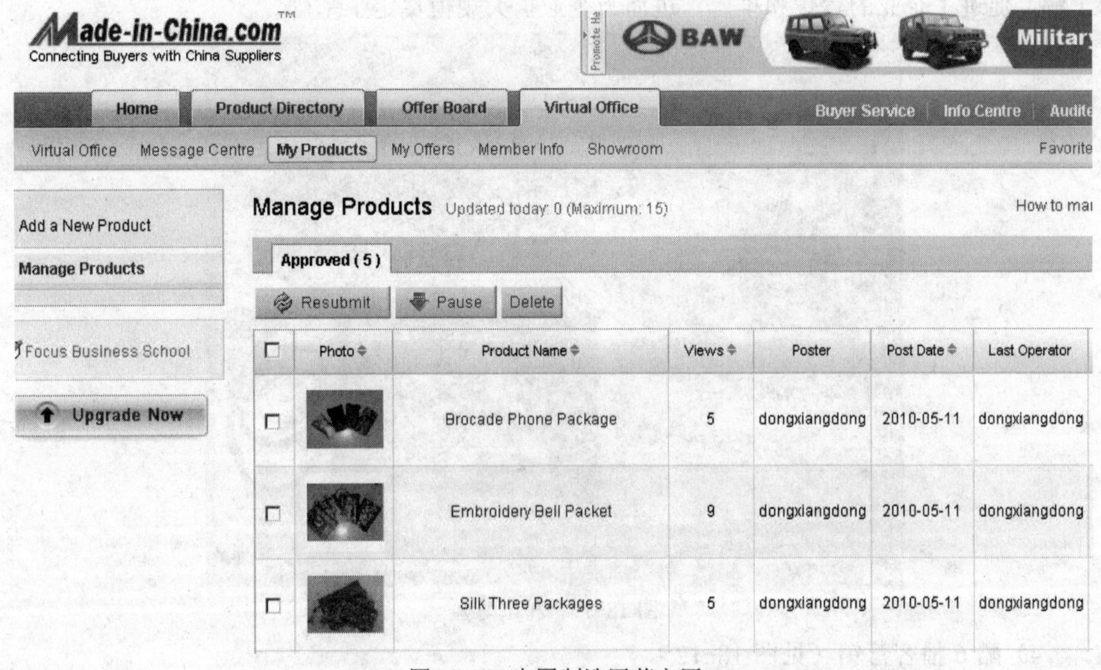

图 18-9　中国制造网英文网

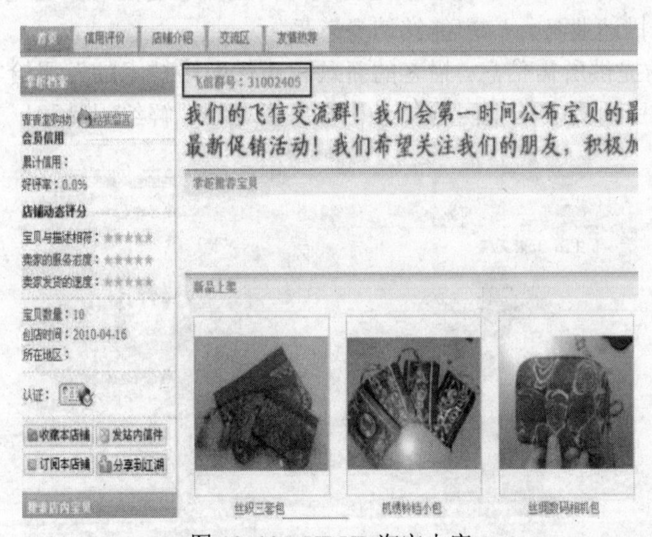

图 18-10　UP UP 淘宝小店

我们为企业开通了和讯博客，目的是创造潜在的客户群。和讯博客是全国最大的财经博客，其面向的消费群体也多是白领级别的中产阶级消费群体，因此我们将在博客中展示一些中高档的丝织品和相关产品信息的介绍，同时我们还在博客中添加了 B2B（中国制造网）、C2C（淘宝网）商铺地址的链接，寻求更大、更多的采购商，为 B2B、C2C 的销售打下基础，方便对产品感兴趣的客户。如图 18-11 所示。

我们在博客上提供了公司简介、产品及其与产品相关的信息介绍，还有最新产品和联系厂家等相关信息。这样能使顾客更好地了解该厂的特色，对该厂的产品有一定的认识和了解，促进了企业的宣传和推广，进而为企业扩大规模奠定了基础。

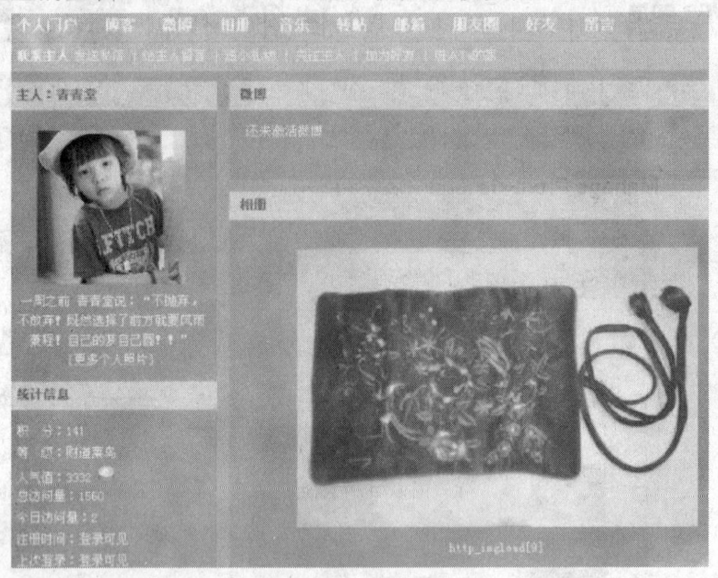

图 18-11　和讯博客

4）酷 6 播客营销（见图 18-12）。

① 将企业变得人性化。由于播客较之传统的商业网站更随意、更无拘无束，因此可以用个人化的口吻来描述业务，客户能够切身感受。

② 为目标市场提供所需信息。播客的新颖和现代网络技术的发展给客户带来的是眼观和耳听，并且可以引用更多的新闻题材来让客户直观地了解丝织品和厂方的信息。

图 18-12　酷 6 播客

③ 带动其他网站的流量。除了在播客上添加相关网站的链接，还可以利用关键词搜索，显著提高播客以及相关网站在搜索引擎上的排名。

④ 提升产品的销量。每当有新产品推出时，可以在播客上发布消息，指引访问者前去销售页面购买，或者直接通过播客进行交易。

⑤ 制作不同类型的视频并实施相关产品的营销活动。

首先是亲情篇。亲情是任何感情都无法超越的一种感情，基于这一情感，我们企业推出了这一篇章。在假期来临之际，举办产品优惠促销活动，让学生把富有亲情特色的小礼品带给自己的亲人，这就为企业做了更好的宣传。

其次是爱情篇。爱情是世界上最美妙的感情，而我们正处于感情萌芽期，所以我们根据这种情况制定出了符合大学生情感的爱情篇，在情人节的时候，把商品做成情侣挂饰，绑在玫瑰花上独具浪漫色彩，这样更容易被大学生接受，在潜移默化中又为我们吸引了大批的顾客。

最后是友情篇。友情是最纯洁的一种感情，是最永恒的，他就像一杯美酒，时间越久越醇，而丝织品恰到好处地表现出了这一特色，它自古至今越发受到人们的喜爱，将精致的丝织品作为纪念性的礼物赠送给友人，一定会受到人们的广泛喜爱，为企业的推广起到了非常大的作用。

（4）线下的推广

1）开办丝织品展销会。近期我们在高校开办了一次规模较大的“丝织品展销会”，这次展销会上我们把企业的各类丝织品进行了分类展销，展销会上吸引了很多同学，同学们都表现出对丝织品浓厚的兴趣和喜爱，成功地把该产品推广到了大学生这一消费群体中，使消费群体不断扩大。在展销会上销售产品的同时，还赠送一个我们为企业精心设计的书签给消费者，书签上面留下了我们建立的校园代理商批发购物网站网址、淘宝小店网址、校园代理商 QQ 号以及校园代理商和厂家的电话联系方式等。这次展销会上我们取得了不错的销售成果，可见丝织品在校园里的销售空间是十分广阔的。

2）深入挖掘高校代理商。该企业一直以来都是以线下销售为主，我们也经常利用课余时间在各个高校附近通过摆地摊的方式帮助企业进行销售和推广。如今通过网络创新的平台使丝织品的宣传和销售方式更加多元化。同时，我们还建立了校园代理商的 QQ 群，积极寻求各个高校的校园代理商参与进来，进一步发展一级代理商，二级代理商等链式方式帮助企业扩大规模。各高校的代理商人数统计表见表 18-1。

表 18-1　各高校的代理商人数统计表

校　　名	校园代理商人数
河北大学	3
保定学院	1
河北农业大学	2
河北软件职业技术学院	3

3）走访周边丝织品商铺。为了更好地了解丝织品在市场上的走向，我们团队还积极地走访了保定周边丝织品商铺进行产品市场调查，更深一步地了解丝织品的市场价格和

消费人群。经调查发现，丝织品的消费人群主要集中在青年或中年女士这一消费群体，我们通过与商家真诚的面对面交谈，了解到商家的进货价格相对于我们产品的进货价格较高，又通过进一步的与商家洽谈，提出为他们供应我们的产品，以达到扩宽销售渠道的目的。

4）积极寻求大客户。一个企业若想获取更高的利润必须与大的采购商建立稳定的合作关系，为此我们团队还多次走访保定其他行业市场，例如，保定周边的家具商城、手机商城、酒品厂等。我们意在与这样的大企业进行捆绑式销售，商家在销售家具的同时附赠舒适的丝织坐垫，在销售手机的同时附赠时尚的丝织手机包，在销售高档酒品的同时以丝织酒套做包装，最终与商家达成一致协议，实现互惠互利。

5）学校对于丝织品的间接推广。华北分赛区决赛以后，团队取得了优异的成绩，学校为表彰团队所付出的努力，在学校网站进行了公开表彰，这使更多的同学认识了我们团队，进而了解到我们参赛的概况和销售产品的信息，间接地为产品做了很好的宣传，为我们的网上销售奠定了基础。

4. 成本预算（见表 18-2、表 18-3）

表 18-2　丝织品项目费用预算表

产品项目	进价	代理商价	售价	利润
织锦笔袋	4 元/个	5 元/个（≥500 个）	5.5 元/个	1～1.5 元/个
棉麻小包	5 元/个	6 元/个（≥800 个）	6.5 元/个	1～1.5 元/个
绣花鞋袋	9 元/个	10 元/个（≥400 个）	10.5 元/个	1～1.5 元/个
织锦手机袋	3 元/个	4 元/个（≥800 个）	4.5 元/个	1～1.5 元/个
织锦首饰卷	6 元/个	7 元/个（≥300 个）	7.5 元/个	1～1.5 元/个
丝织酒瓶套	8 元/个	9 元/个（≥500 个）	9.5 元/个	1～1.5 元/个
机绣化妆包	4 元/个	5 元/个（≥600 个）	5.5 元/个	1～1.5 元/个
丝织三件套包	18 元/个	19 元/个（≥300 个）	19.5 元/个	1～1.5 元/个
丝绸数码相机包	5.5 元/个	6.5 元/个（≥500 个）	7 元/个	1～1.5 元/个
总计				4500～5000 元/月

表 18-3　项目支出预算表

费用项目	单价	数量	金额（元）
网络平台维护的费用	720 元/月	1 年	720
网站空间的费用	58 元/年	1 年	58
制作书签的费用	0.3 元/个	2000 个	600
总计			1378

该数据预测根据我代理商平均月销售量和平均月（年）支出评估得出。

5．长期发展目标（见表 18-4）

表 18-4　项目的长期发展目标

时间	实施目标	实施过程	预期效果
正在进行	建立校园代理商购物网站	随着我们校园代理商人数和顾客群的增加，我们将建立校园代理商批发购物网站并寻找更多网上的企业进行合作，以满足市场的供需，最终实现产品自行销售	方便代理商的订购，与更多的厂家实现互惠互利，共同双赢
正在进行	捆绑销售扩大化	与更多的企业进行捆绑式销售合作，例如，手机商城、家具商城进行合作，销售丝织手机包和丝织坐垫等产品	建立长远的合作伙伴，提高企业订单量
长期进行	代理商扩大化	努力寻找想要在网上开店的客户，通过达成协议来为他们配货	提高企业的订单量
长期进行	客户的维护和新产品快速打入市场	定期与企业有长期合作关系的老客户进行回访关注，在特殊的节日对老客户实施优惠活动，把企业的新产品赠送给老客户	牢固老客户群，为企业新产品的上市做好宣传

18.4　竞赛结果

18.4.1　实施结果

1．网络推广成果

（1）和讯博客推广

通过以上方案的实施，我们团队博客的人气值和访问量在与日俱增，这充分体现了我们博客营销推广方案的可行性。近日，我们得知厂家业务洽谈繁忙，厂家认为这与我们的努力是分不开的，我们有自信将博客营销推广做得更好。

（2）酷 6 视频、播客推广

对丝织品进行推广，在视频中上传了动感影集，其中有对最新产品的影视作品展示。很多人进行了留言，表达出对丝织品的喜爱之情。

2．网络销售成果

B2B/C2C 商务平台自建立以来就受到顾客的欢迎，店铺每天都会有客户浏览并询问有关丝织品信息的一些问题，特别是 B2B 的网络店面已有买家进行询盘，取得了不错的成果。通过得益于厂家的授权，相信我们在店铺上的销售业绩会越来越好。同时我们还积极地在国内外寻找大的采购商，通过我们的创新想法，比如，丝织品的批量定制，丝织品的捆绑式销售，建立校园代理商批发购物网站，线下拉动线上销售等，为丝织品开拓了更宽的销售渠道。

3．线下销售成果

通过我们团队组织的“丝织品展销会”，使大学生开始慢慢接受和了解丝织品，并且有部分大学生开始加入到校园代理商的 QQ 群中，带动了更多的大学生来消费，取得了很好的效果。

18.4.2 名次结果

全国总决赛专科组网络商务创新应用一等奖。

18.5 方案点评

殷兵（河北软件职业技术学院）日期：17/4/2009　09:27　评分等级：★★★★★

此方案起到了真正与企业相结合，紧密地把学生所学到的东西应用到了企业当中去，使企业的分销方式和销售额都有了显著的提高，并且学生的推广真正抓住了产品特色，应用的各种电子商务有关方法已非常到位，获得了企业的一致好评，此最终结果使企业和学生达到了双赢。

18.6 获奖感言

作为一名电子商务专业的学生，为企业开拓网络市场无疑是我们将来发展的一个方向。今天，我们四名电子商务专业的学生聚在一起，制定出符合互联网发展方向、实现企业盈利的一种网络商务创新应用方案，为丝织品开拓网络市场，不仅仅是为了参加这次比赛，更是见证我们能力的一种体现。因为我们相信专业的力量！我们已经与企业建立了长期的合作关系，因此“标新立 e”团队不会停止前进的步伐，我们会一直努力地走下去，延续大赛的精神，力争帮助该企业进一步扩大市场规模。“标新立 e”团队的成员不会忘记这次比赛中洒下的汗水与欢笑。我们衷心地感谢中国互联网协会给我们搭建了这个展现自我的舞台。感谢所有评委老师对我们的支持与鼓励，感谢建行 E 路通杯全国大学生网络商务创新应用大赛对我团队精神与物质上的支持！

从初赛、复赛、到全国总决赛，我们团队共同努力，克服了一个又一个困难。最后取得了全国赛区专科组网络商务创新应用一等奖的成绩，我们为所取得的成绩感到骄傲，或许我们不是最好的，但是我们付出过，我们努力过，我们更注重的是沿途的过程。大赛让我们提早认识到了如今人才市场的激烈竞争，让我们提早得到了历练，教会我们如何面对这激烈的竞争，同时大赛还让我感受到了团队的力量是强大的，我们应当学会合作！

在此，我们还要由衷地感谢我们的指导老师——殷兵老师，是他鼓励我们一步一步走到今天，看着我们的方案一点点完善，看我们在历练中逐步成长。最后感谢所有一直关心、支持我们的人。我们会沿着“标新立 e”的风帆继续航行！

第19章 如何开好御泥坊代销店铺营销方案

作者：威海职业学院　团队：梦想之队

19.1　团队介绍

团队名称“梦想之队”代表着我们五个充满朝气的学生为梦想而不断奋斗的历程，我们坚信只要为着自己的梦想而努力奋斗，胜利就会在前方向我们招手。之所以选择御泥坊这个课题，是因为我们都对这个课题感兴趣，并共同为我们的目标而奋斗。团员成员照如图 19-1 所示。

图 19-1　团队成员

1. 成员及分工

队长：王金凯，负责网店的日常管理。

队员：牛盼盼，负责市场调研、调查问卷的撰写、发放、回收与总结。

队员：许玲玉，负责线上（网络）的宣传。

队员：黄文华，负责视频的宣传以及一些图片效果图的处理。

队员：张楠，负责线下的宣传。

2．团队宣言

梦想绝不是梦，两者之间的差别通常都有一段非常值得人们深思的距离。

19.2 选题经过

现阶段，网购随着时代的发展已经越来越流行，而化妆品在淘宝网的销量排名第一，可见化妆品在网购中有着很好的前景。由于我们团队的几个成员也对化妆品有着一定的兴趣，所以最终我们决定选择化妆品来进行代销实现我们的理想。

接着我们团队就为选择什么化妆品而准备，我们感觉许多化妆品都已经有了固定的市场，没有太大的潜力。正当我们犹豫之时，看到互联网大赛中有个协办单位是御泥坊，经仔细研究后，发现这个化妆品有很大的潜力。我们买了一款御泥坊的产品，使用后感觉效果特别好，所以最终选择了代销御泥坊这个课题。

19.3 方案

19.3.1 简介

我们选择的方案是如何经营好御泥坊代销店铺。首先我们进行了御泥坊产品的介绍，让顾客更好地了解御泥坊产品；其次我们团队通过调查问卷的方式对目标人群进行了定位，认识到该对哪些人群进行宣传，通过线上、线下的宣传，让更多的人了解御泥坊。通过我们的努力，我们的网店让更多的人熟知并给我们网店带来了很大的效益。

我们方案的特色可概述为：

1）对网络红人、影视明星、歌曲明星以及创业名人这四类人群，在他们的博客中留言，推广店铺的产品。

2）在猪八戒网站中进行征文比赛。

3）利用客户关系管理的模式进行网络营销。

19.3.2 正文

方案主要从了解御泥坊产品、目标人群定位、采取的营销策略、网店代销推广、实施方案五个方面组成。

1．了解御泥坊产品

为了更好地了解人们在日常的生活中使用何种化妆品，我们进行了一份调查问卷。

在这次调查问卷中，我们总共发放了 500 份调查问卷，实际收回 450 份，通过对这 450 份调查问卷的统计分析，得出御泥坊产品在人们的心中已经存在着一定的地位，但并没有占据主导地位，而且御泥坊的竞争对手比较多，所以要想更好地销售我们的产品就需要进行更好的宣传。

2．目标人群

威海职业在校大学生。

3．营销策略

（1）产品策略

给消费者提供多种组合产品，让消费者有更多的选择空间；在给消费者发送产品时要包装精美，给消费者留下良好的印象。

（2）价格策略

一个“御”字让人想到了古时候的帝王、封建时期的“土”皇帝，是一种高端产品，这种产品代表着一种身份的象征。我们可以采取差异化战略来制定价格策略。

（3）渠道策略

可以在阿里旺旺的群里发布我们店铺的产品信息；可以在淘江湖中认识朋友，从而介绍御泥坊产品；可以在淘江湖、博客中发表文章，从而让淘江湖朋友看到店铺的产品。

（4）促销策略

每逢元旦、情人节、妇女节、圣诞节等不断进行特价、赠送等优惠活动，提升人气，给学校、机关、企业等团购服务提供一些价格上的折扣。

4．网店代销推广

通过网上调查问卷了解到有 70%的网购者会选择淘宝网购物，只有 30%的网购者会选择其他的网站购物，他们认为淘宝网有支付宝的存在会更加安全，而且淘宝网中的商品种类多，价格便宜，所以最终我们选择在淘宝网开网店进行御泥坊代销。

5．实施方案

（1）店铺装修与促销（见图 19-2）

图 19-2　店铺促销活动

（2）利用网络资源宣传御泥坊（见图 19-3～图 19-5）

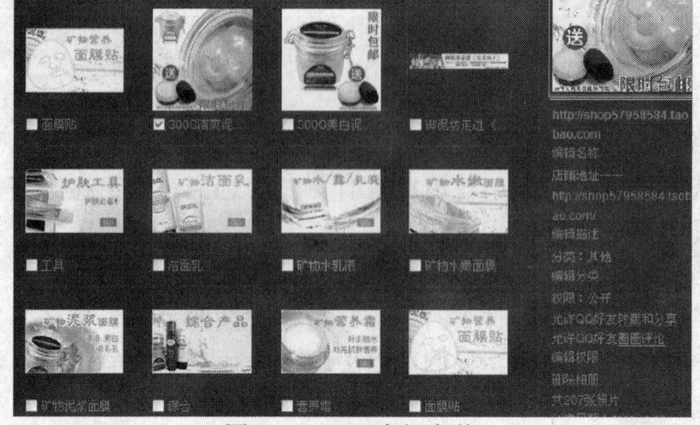

图 19-3　QQ 空间宣传

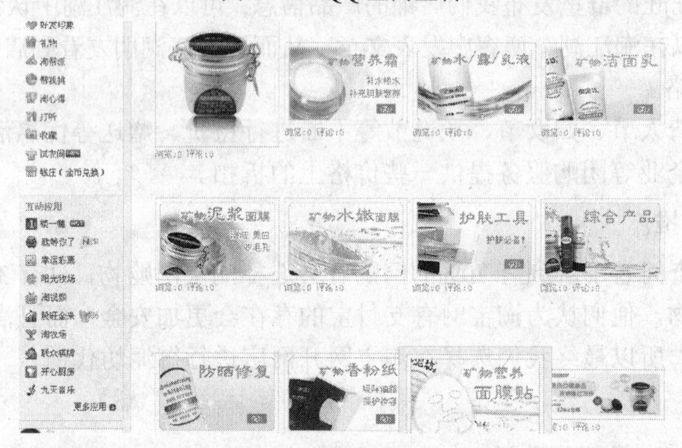

图 19-4　淘宝店铺展示

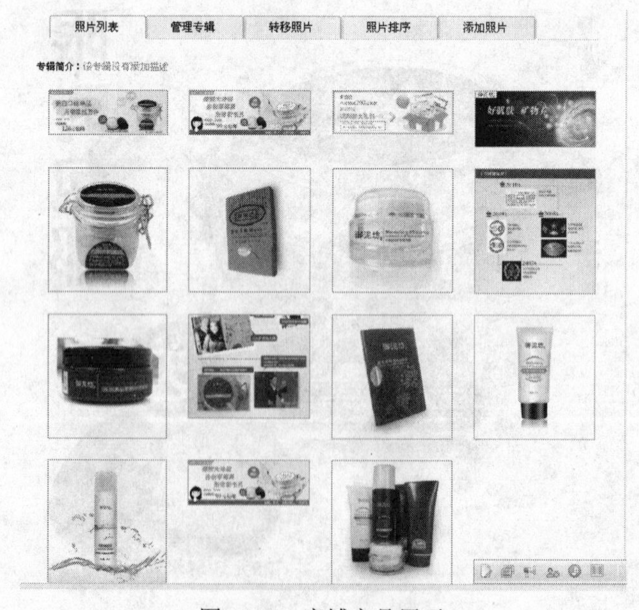

图 19-5　店铺产品展示

（3）利用学校资源进行宣传（见图 19-6、图 19-7）

图 19-6　对本校同学进行问卷调查

图 19-7　细心听取同学对我们活动的意见

19.4　竞赛成果

19.4.1　实施结果

通过我们团队的不懈努力，我们的网店有了一定的成果。我们从最初的销量只有 10 件，到现在每个月达到 50 件左右，虽然我们代销的时间还比较短，但前景却很广阔，目前也有了一定的长期客户。

1. 和讯博客

通过博客来宣传我们的御泥坊产品。如图 19-8 所示。

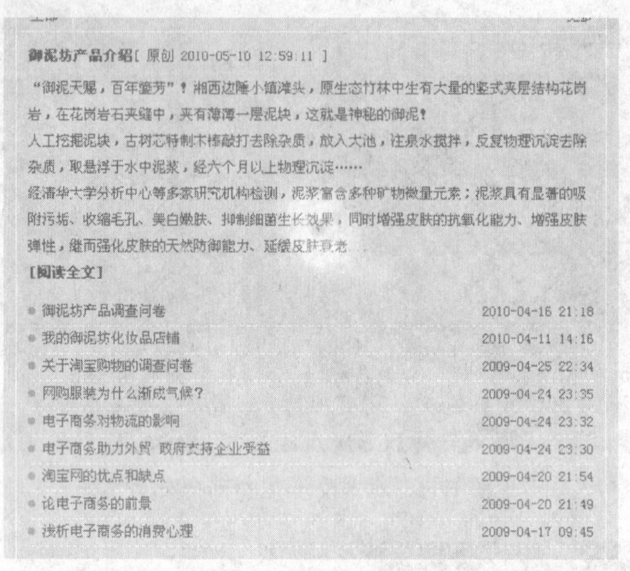

图 19-8　和讯博客宣传

2. 建立酷 6 视频

通过将网店的图片进行整理做成视频来进行宣传。如图 19-9 所示。

图 19-9　酷 6 视频宣传

19.4.2 名次结果

全国总决赛专科组网络商务创新应用一等奖。

19.5 获奖感言

我们为团队获得全国一等奖的好成绩而感到十分高兴。回想前段时间，从初赛到复赛、半决赛，最后到总决赛，一路的酸甜苦辣，我们哭过、笑过、彷徨过，但是确实收获了很多东西。

首先感谢我们的队友，是大家的互相扶持共同努力才让我们一步一步走到现在，让我们的团队取得不错的成绩。

其次要感谢我们的校领导和指导老师，在他们的帮助下，让我们团队获得了很大的物力、财力支持，并在实践方案的时候给了我们莫大的信心。

最后要感谢中国建设银行以及中国互联网协会给我们这次好机会，让我们能够将专业知识应用到比赛的方案中，让我们学到了很多课本上学不到的知识。

人生有涯而恩情无边，此时此刻充盈在我们心中的是无尽的感激。谢谢大家的支持，我们今后将会更加努力。

第20章 电子商务推广让英谈村大放异彩

作者：邢台职业技术学院　团队：e气风发

20.1　团队介绍

团队名称“e气风发”代表的含义是“我们e气风发，所以我们一起奋发”。我们希望能够在电子商务领域用我们“e气风发”团队的力量一起奋发！继承“e气风发”团队的精神，为电子商务之路提供新鲜的创意同时具备实施力的解决方案。如图20-1所示。

图20-1　团队现场答辩风采

1. 成员分工

队长：冯迎，负责问卷调查及分析和方案的整体设计及实施。

队员：陈婷，英谈新浪营主要负责人。

队员：吴越，主要负责图像处理工作。

队员：陶欢欢，英谈和讯营主要负责人。

队员：李睿敏，主要负责视频处理工作。

2. 团队宣言

“e 气风发”，一起奋发！

20.2 选题经过

英谈村位于河北省邢台市邢台县西部太行山深山区。2007 年 6 月，国家建设部、国家文物保护局将英谈村列为全国第三批“中国历史文化名村”,现为河北省重点文物保护单位。

英谈村有着源远流长的历史文化，依山就势的建筑风格，可歌可泣的红色经典，得天独厚的自然环境，浑然天成的艺术价值。但是，这个古老而文明的村庄，经济落后，信息闭塞，缺少宣传推广，需要保护和发展。

我们团队对此项目进行了可行性分析，分别从团队自身方面，市场环境方面，政策环境方面，经济环境方面进行了分析，我们认为开展推广英谈项目可以说是机遇与挑战并存。

我们团队在开展的实际问卷调查表中发现，人们对英谈的关注度不是很高，但是人们对英谈的兴趣度和期望度是非常高的。所以我们团队认为开展推广英谈是很有必要的。

由此，我们团队建立了实施线下与线上有机结合、相辅相成的宣传策略。线上主要利用各种博客来弘扬英谈村文化（广博的历史资源和深厚的历史气息），吸引更多的人来关注英谈。线下主要针对不同的客户群体来进行项目的开展工作。

20.3 方案

20.3.1 简介

电子商务推广让英谈村大放异彩方案主要是借助互联网线上平台（如酷 6 博客、和讯博客等），投放与旅游、文化、历史等相关的传真、具有吸引力和感染力的视频、图像、文字等内容。同时，利用传统的线下宣传方式，开展实地走访、发放传单、问卷调查等活动，并将线上与线下有机结合、相辅相成，让更多的人认识英谈，了解英谈，走进英谈，保护英谈！

我们的方案特色可概述为：

1）线下线上紧密配合、有的放矢的宣传策略。

2）团队提出了“环形联动模式”（以宣传英谈文化来带动旅游发展进而促进地方经济）。

3）本方案的普适性（我们是以中国历史文化名村英谈为试点，从而推动整个社会都来关注和保护国家历史文化遗产）。

4）利用个性化的博客营销和创意视频网站进行方案的营销和推广。

我们开展这个项目的目的和意义是：

（1）宣传和推广英谈

英谈有着悠久的传统文化，可歌可泣的红色历史。但当代人们对英谈的历史知之甚少。通过宣传，通过弘扬红色革命精神，重温红色经典历史，让更多的人感受当年革命气息。

（2）走进和发展英谈

虽然英谈有着悠久的文化和历史，但当今的英谈经济比较落后，百姓生活并不富裕，亟待开发。所以，我们宣传的另一个目的是让人们走进英谈，发展英谈，体验乡村独特韵味，推动地方经济发展，构建和谐文化英谈。

（3）研究和保护英谈

英谈有着依山就势的建筑风格，得天独厚的自然环境，浑然天成的艺术价值，具有十分重要的研究价值。同样，我们在研究英谈的同时，也要传承英谈和谐的民风民俗，保护英谈的文化遗产与自然环境。

20.3.2 正文

本方案主要由四个部分组成，包括可行性分析、市场与环境分析、英谈旅游 SWOT 分析、推广方案的策划与实施。

1．可行性分析

我们主要从团队自身能力、人们对英谈的关注度、当地政府对英谈的发展规划，以及相关企业对英谈的关注度等几个方面进行，如图 20-2 所示。

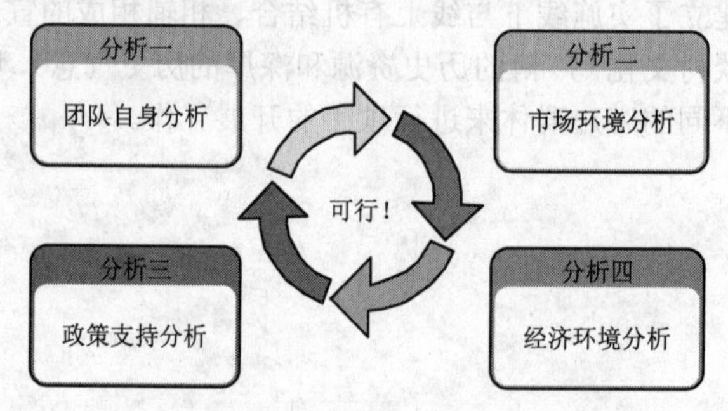

图 20-2　市场与环境分析思路

2．市场与环境分析

（1）团队自身分析

我们是电子商务专业大二的学生，已经学习了电子商务相关的基础理论知识，掌握了一些推广的技术，具备了开展电子商务相关活动的基本能力。可以充分利用电子商务专业的知识在网络上宣传推广中国历史文化名村英谈。

（2）市场环境分析

为了获取人们对英谈的认识程度，“e 气风发”团队在邢台市发放问卷调查表，总共发放 421 份，收回有效问卷 367 份，从这些反馈信息中可以了解到如图 20-3 所示的分析结果。

通过分析调查问卷结果，我们发现，知道和了解英谈的人不足 35%，而关注英谈的人仅有不足 20%，而人们期望认识英谈，走进英谈的比例却达到 60%以上。

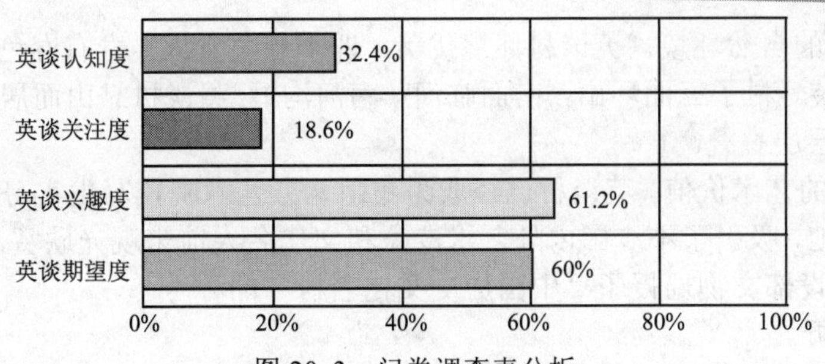

图 20-3 问卷调查表分析

（3）政策环境分析

我们对英谈村村委会进行多次走访和电话访谈，了解当地政府对英谈的发展规划和对我们开展的活动的态度。我们发现，当地政府也正在研究英谈的发展方案，英谈村村委会大力支持我们的活动，为团队提供资料、场所、人员等各方面的支持，并鼓励我们做下去。

（4）经济环境分析

为了吸引相关企业对英谈进行投资，团队屡次走访旅游、文化等相关企业，和企业负责人进行沟通交流，促使他们对英谈的文化、英谈的旅游和英谈的经济发展产生浓厚兴趣。通过这样的沟通交流，为英谈的经济发展创造了机会，也为我们的活动赢得了经济支持。

3．英谈旅游 SWOT 分析

我们利用 SWOT 分析法对项目的优势、劣势、机会和风险进行了分析。如图 20-4 所示。

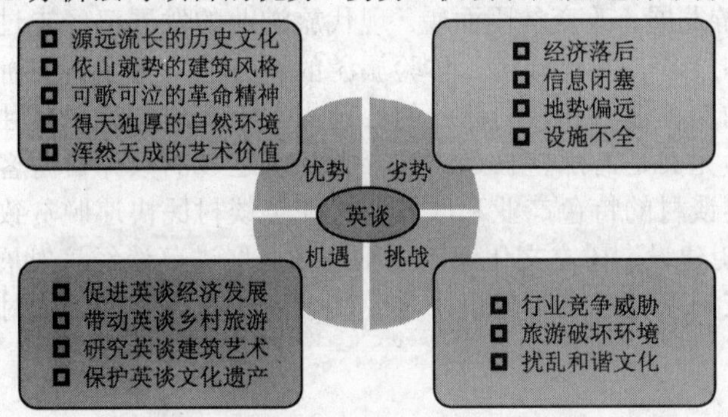

图 20-4 SWOT 分析

（1）优势分析

英谈村在风土民情、自然环境和历史背景方面都有着独特的优势。

1）源远流长的历史文化。英谈村是我国北方目前发现保存最完好的古石寨，是研究明清冀南地区风土人情的重要历史遗存。

2）依山就势的建筑风格。英谈共有院落六十七处，皆用赭红色石块沏成，多为二，三层小楼，楼型独特，状如碉堡，小门小窗，非常坚固，居说都有二、三百年的历史。环寨一道石墙，高约两丈，墙如城墙，墙顶宽约两米，可供人马行走，墙的东南西三面各有一洞门，村民谓之“城门”。

3）可歌可泣的革命精神。英谈是一个英雄居住的地方，抗日战争时期，百户人家的小村参军村民竟达三四十人之多，其中有六名在战场上光荣牺牲，成为了革命烈士，村中的八旬老人路风丽曾给邓小平当警卫员。在解放战争中，这里是八路军 129 师被服厂、造纸厂、印刷厂所在地，刘伯承元帅曾在汝霖堂住过。

4）得天独厚的自然环境。英谈村环境优美，四季景色宜人，春有春色，夏在绿荫，秋呈金黄，冬裹银装。村子三面环山，南面临河（南河沟）。英谈村靠山而居，依自然地形建设，错落有序、层层叠叠。

5）浑然天成的艺术价值。英谈村已经成为我国北方艺术院校写生实习基地和国内外艺术专家的创作基地，吸引了不少国内外艺术专家和文化名人前来观光欣赏，游客络绎不绝。2007 年被国家建设部文物局授予“中国历史文化名村”的称号。

（2）劣势分析

1）经济落后。当地村民以农业生产为主，经济来源单一，而且收入不高，整体经济水平比较落后。

2）信息闭塞。由于缺乏有效的现代化通信渠道、必要的技术性人才与宣传推广平台，即使是邢台市民对英谈也是知之甚少。

3）配套设施不完善。英谈村有着丰富的旅游资源，但是目前英谈村的旅游接待能力非常有限，其餐饮、住宿、停车、购物以及休闲等旅游配套设施都不够完善。

（3）机遇分析

1）促进乡村经济发展，构建和谐英谈。城乡差距和东西部地区差距的日益增大是造成社会不安定的隐患因素，与构建和谐社会的目标相矛盾，因此这是我国目前亟待解决的问题。通过对英谈乡村的宣传推广促进英谈的经济、文化事业的发展，打造英谈支柱产业，创造就业机会，解决社会矛盾，构建和谐英谈。

2）推动乡村旅游发展，改变贫困面貌。现代旅游业的发展已经走过了最初的观光旅游阶段，开始迈向生态旅游、文化旅游、体验旅游的新方向，而乡村旅游可以满足大部分都市人“返璞归真”的精神需求和参与体验的心理需求。乡村旅游以其独特的自然资源、田园风光和民俗风情，尤其是对那些长途奔波寻找绿色之梦的双休日游客更有吸引力。通过旅游业还可以带动英谈村的特色产业和服务业，使英谈村民快速脱贫致富。

3）推广精神文明建设，树立文化遗产保护意识。促进英谈经济发展的同时，大力推广英谈历史文化，响应国家精神文明建设，实现其崇高的教育意义的同时提高保护历史文化遗产的意识。

（4）威胁分析

1）行业竞争激烈。英谈乡村旅游只是现代旅游业发展的一个新兴分支，其他的一些新型旅游形式如工业旅游、探险旅游、体育旅游、宗教旅游等都对乡村旅游的市场份额形成了强烈的冲击，从而会影响到整个乡村旅游市场氛围和消费观念的形成，有时很难体现出乡村生活的乐趣。

2）受季节性限制较大。我国大部分地区都存在旅游旺季短、淡季长的问题，加剧了乡村旅游淡旺季之间的矛盾。而英谈旅游同样也存在着这样的问题。英谈旅游资源的季节性变化（例如自然风景的冬枯夏荣、果木的春华秋实冬萧条），继而引起旅游吸引力的季节性差异。例如，在春夏季节，前来观光参观的游人很多，管理跟不上，造成乱采乱丢现象非常严重，而冬季则门庭冷落，人迹罕至。

3）乡村旅游管理体制不健全。乡村旅游管理体制的不健全和专业人才的匮乏是目前全国乡村旅游发展的制约因素。加上乡村旅游方面的立法管理仍然是个空白，执法渠道不畅或执法手段管理制度仍然不严，许多开发和经营行为得不到应有的规制，自然环境不断遭到破坏、人文环境受到影响的现象时有发生，英谈同样面临着这样的问题。

4. 推广方案的策划与实施（见图 20-5）

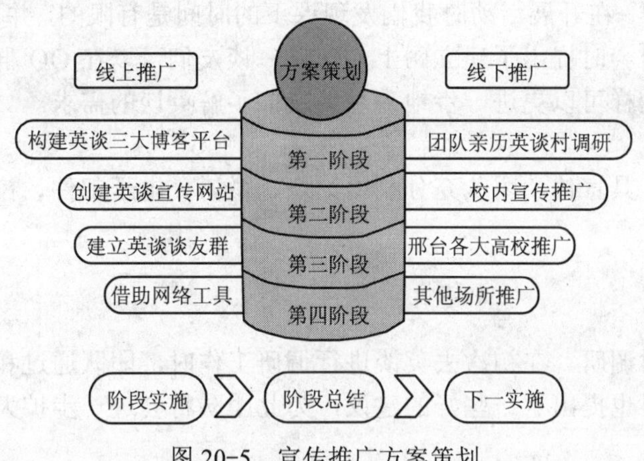

图 20-5　宣传推广方案策划

对于每一个阶段团队都尽最大努力完成，线上与线下有机结合，团队成员有效分工，每一个阶段实施完成之后，团队都会召开团队讨论会，进行阶段性的总结。对于在每一个阶段内遇到的难题，都及时请教指导老师，然后确定下一阶段的实施性工作。最后，我们决定采用线上与线下同时推广的方式来开展我们的项目。

（1）线上推广

线上推广之一

构建英谈三大博客平台。线上推广主要是构建英谈三大博客平台。通过这三大博客平台，投放与旅游企业相关的传真、具有吸引力和感染力的视频、图片和文字，给网络用户以难以忘怀的感官体验，激发其对旅游企业及其产品的强烈兴趣，达到对英谈进行推广的目的，从而提高英谈村的知名度和美誉度，加强社会各界对农村历史文化的关注及保护的意识。

我们利用酷 6、和讯及新浪的网络平台，建立了酷 6 空间、和讯博客以及新浪博客。在酷 6 空间上，我们把前期收集到的相关资料结合体验营销的理念，不断创新，制作出了能表现中国历史文化名村英谈的创意视频广告作品以及辅助视频作品。在和讯博客以及新浪博客上，从版面设计和背景音乐都充分体现了英谈的特色，从内容上有力地表现了中国历史文化名村英谈的全貌，包括历史文化、建筑风格、自然环境、艺术价值等。在其他各个板块也十分清晰，与谈友的交流同其他团队的互动都十分活跃。总的来说，我们的网络平台给网络用户带来了独有的视觉和心理感受的体验，吸引了大量的网络用户关注我们的博客平台。广大用户还可以在我们的宣传平台相互交流，进行留言，发表谈友们的看法和建议等，体现了互联网工具平台上的互动性。

线上推广之二

创建英谈宣传网站。团队主要结合学习的动态网站技术制作《游游英谈网》。网站内容充实，适于目前所有人群，拥有自己的留言系统和投票系统。根据广大网友的意见及建议进一步改善，为我们提供了一个与英谈交流的大平台；我们利用其他的辅助工具对游游英谈网进行图像处理，视频播放；利用课上所学知识对网站进行优化以获得更多的浏览量和关注度。

在我们把英谈网的设计图案及策划方案递交给公司后，公司表示十分赞同，也进一步给予肯定。双方合作达到双赢效果，并继续给予支持。

线上推广之三

构建英谈谈友群。在开展活动时我们发现课下的时间是有限的，并不能真正了解英谈。所以团队在周末研讨会时提出了建立网上 QQ 群，谈友们可以在 QQ 群里和我们进行关于英谈的交流沟通，这样可以更进一步地满足谈友们了解英谈的需求。

线上推广之四

借助其他网络工具宣传。团队充分利用论坛、微博、电子邮件、校内网各自的特点进行宣传推广。

（2）线下推广

线下推广之一

团队亲历英谈村调研。在初次去英谈进行调研工作时，团队通过和当地村委会进行沟通交流，村委会同时也提出了一些好的建议，为此团队将会进一步扩大宣传的力度。

线下推广之二

校内宣传推广。校园网上与校友们分享英谈视频；团队制作英谈宣传视频，让同学们充分感受英谈的气息，增加同学们了解英谈的积极性。在学院公告栏上张贴英谈海报，展现英谈的秀丽风光；在校园广播中给同学们讲英谈古老的故事；利用课余时间团队成员深入宿舍开展“英谈小讲师”活动。在宣传过程中同学们加深了英谈印象，激发了更多的兴趣。

线下推广之三

校外宣传推广。团队充分利用周末的时间分别走访了邢台的各大高校（邢台职业技术学院、邢台学院、河北机电职业技术学院、邢台医专高等专科学院）。在每一所高校宣传的时候，都得到了很多师生的关注和支持。经过团队的讲解，同学们热情高涨，纷纷表示今后会更加关注英谈，喜欢英谈，保护英谈。

线下推广之四

其他场所推广。在线下推广时，团队到人员流动量大的公园、商场、繁华街道和火车站进行宣讲调研。在宣讲调研中，我们发现很多人对于中国历史文化名村英谈并不是非常关注，这更加明确了我们推广英谈的意义。

经过分析，中国历史文化名村英谈的宣传推广将会带来一定的效益。在团队进行宣传推广英谈的过程中，已经引起了相关政府部门的高度重视。地方政府专门邀请了 CCTV 来进行拍片宣传，河北邢台英谈旅游开发有限公司特别制作了精美的宣传彩页，以此来吸引游客。

“e 气风发”团队相信：在接下来的日子里，只要我们认真去做，就一定会为古老而美丽的英谈带来更多的效益。

20.4 竞赛结果

20.4.1 实施结果

1．建立和讯博客

我们将博客日志分类，通过丰富多彩的内容来吸引网友关注我们的博客，进而关注中国历史文化名村英谈的相关内容。如图 20-6 所示。

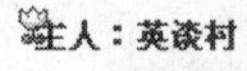

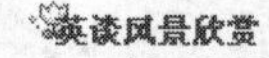

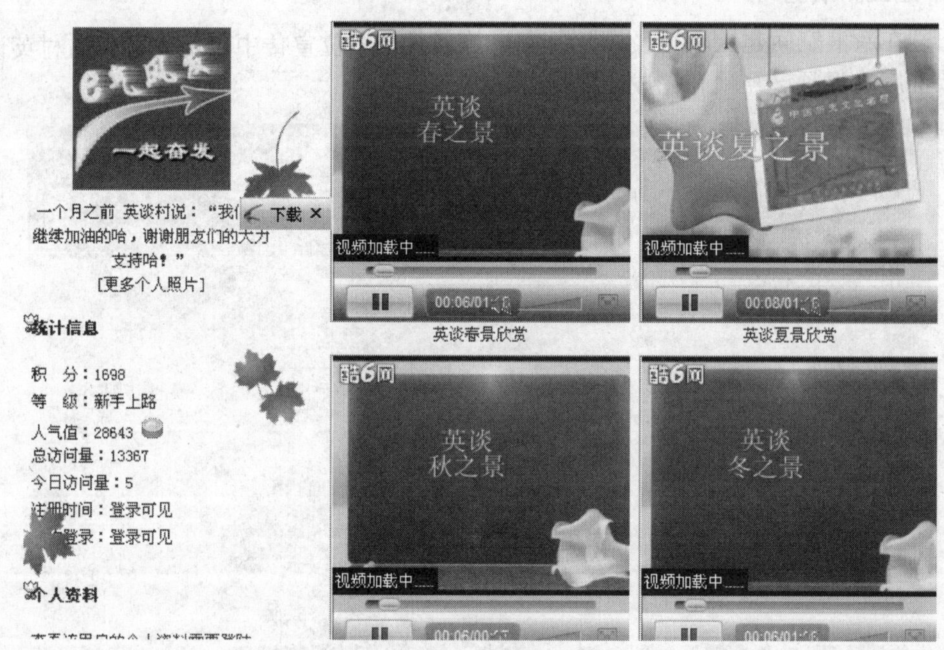

图 20-6 和讯博客展示

2. 建立酷 6 空间

通过在酷 6 空间建立视频及图片、文字等形式全方位宣传中国历史文化名村英谈，针对校园推广的视频已经顺利完成。如图 20-7 所示。

图 20-7 酷 6 空间

3. 建立新浪空间

通过在新浪空间建立视频及图片、文字等形式全方位宣传中国历史文化名村英谈，针对校园推广的视频已经顺利完成。如图 20-8 所示。

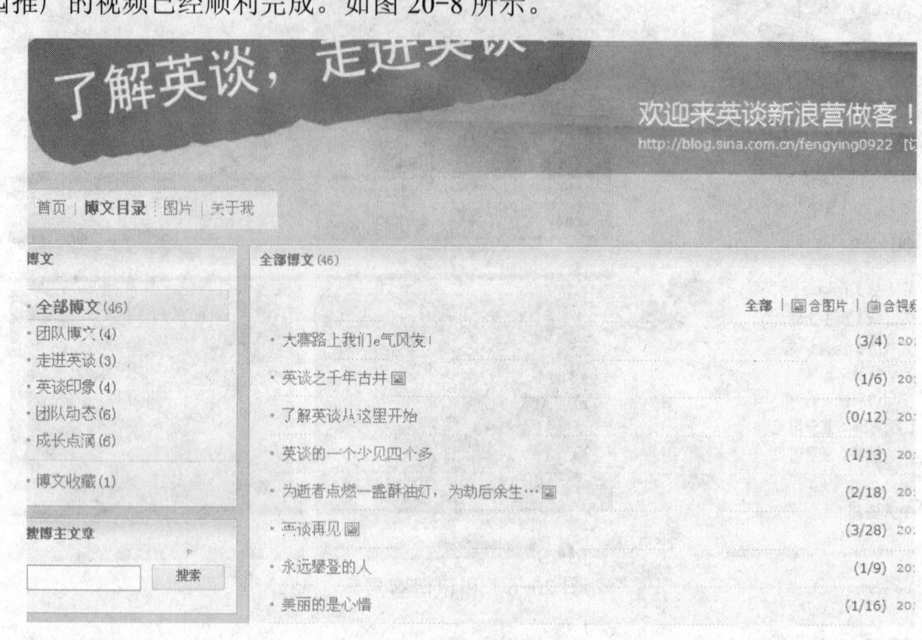

图 20-8 新浪博客

4. 方案实施

与河北邢台英谈旅游开发有限公司总经理及相关人员进行积极沟通交流，并走访了邢台市各大高校校园，如邢台学院、邢台医学高等专科学院、河北机电职业技术学院等，对方案的可实施性进行了结合实际情况的调研工作，并且根据反馈回来的结果信息及时调整了线上的实施工作。如图 20-9～图 20-11 所示。

图 20-9 团队线下活动之活动策划

图 20-10 团队线下活动之走进云石居

图 20-11 团队线下活动与《英谈》作者合影

20.4.2 名次结果

全国总决赛专科组网络商务创新应用一等奖。

20.5 方案点评

孙永道【邢台职业技术学院】时期：4/27/2010 8:33:30 PM 评分等级：★★★★★

从目前来看，你们在项目的策划实施上取得很好的效果，希望坚持！继续坚持！不仅仅是为了比赛，你们需要磨练自己，提高自己，为英谈村作出应有的贡献！相信你们的努力一定会取得更大的成绩！

对于这样一个自我发现，自我探索，自我完善，自我成长的一个项目，真正能够体现你们大学生的创新精神和奋斗精神。现实世界就这样，依靠我们不断地发现问题，分析问题和解决问题，从而不断取得成就和发展！

付强【黑龙江工商职业技术学院】时期：5/5/2010 8:54:34 PM 评分等级：★★★★

邢台职业技术学院的参赛同学你们好，很高兴能够看见你们致力于推广我国的传统文化，众所周知我国有着璀璨的历史文化，而其中的大多数就存在于你们所提到的传统村庄中，其中的很多都是值得发掘和推广的，而网络技术就是发掘和推广我国历史文化的助力，在信息时代只有将二者更好地结合才能真正地实现我们所期望的效果，希望你们能够更好地利用大赛提供的平台进行相关的推广，同时注意亮点的采集和宣传，期待你们的成功！

20.6 获奖感言

参加“e路通”大赛的这几个月来，我们“e气风发”团队收获了很多。针对“电子商务推广让英谈村大放异彩”方案，我们会把这一项目转交给我们的下一届学弟学妹们，让他们继续把这一项目开展下去。在项目的开展过程中，我们可以指导他们，在这一个过程中，他们也会得到很好的锻炼。同时，在项目的开展过程中，河北邢台英谈旅游开发有限公司和英谈相关政府部门为我们提供了技术、资料、经济方面的支持。同时，我们也遇到了很多问题，通过向指导教师以及大赛组委会的工作人员请教，都使问题得以解决。在此“e气风发”团队全体成员向给予我们支持和帮助的人们表示衷心的感谢。

通过参加“e路通”大赛，我们对自己的职业生涯、工作方向有了更加明确的定位。现在自己已经有了清晰的职业规划和明确的目标。相信一旦我们选择了自己喜欢的方向，并且为之去奋斗，历经波折终会有丰富的收获。从参加“e路通”大赛，到以后就业像经历一场破茧成蝶的蜕变，过程越艰难，越挣扎，则将来挥舞在阳光下的翅膀就越强健，越美丽。所以我们在参加大赛的过程中，不仅能力得到了充分的证明，同时也具备了面对困难、压力时勇敢克服的决心和勇气，并且也具备能够战胜它的精神！

同时，我们学校对“e路通”大赛这个真实性的挑战项目非常重视，学生们从中可以得到充分的锻炼，为将来的工作打下良好的基础。学校领导和专业老师积极地向同学们宣传大赛对我们的意义。同时，我们“e气风发”团队满载着全国大学生网络商务创新应用大赛专科组一等奖的荣誉归来时，系里更是对我们进行了大力的表彰。

我们相信第四届全国大学生网络商务创新应用大赛会举办得更加隆重而出色！希望我的学弟学妹们能够在第四届“e路通”大赛中比我们做得更优秀！

第21章 帮助中小企业在网络上进行营销

作者：九江职业大学　团队：风雨联创

21.1　团队介绍

“不经历风雨，如何见彩虹，不经历挫折，如何见证成功”这就是九江职业大学团队“风雨联创”的思想基础，体现着一种“初生牛犊不怕虎”的坚韧精神。

“风雨联创”从字面上了解，在风风雨雨中，运用我们的团结、创新精神前进拼搏，永不气馁。团队成员照如图 21-1 所示。

图 21-1　团队成员照

1．成员及分工

对长：孙晨阳，主要负责网站的日常管理及运作、市场的考察以及货物的把关。

队员：李华，负责项目博文的发表、方案的宣传以及电子杂志的编排与制作。

队员：张飘飘，负责项目的各项公关工作、各链接的完美衔接，且包括供货公司、代理店铺、实体店铺的宣传与推广。

2．团队宣言

集合所有的思想，没有做不到，只有想不到，风雨中依然能够坚强的联合，那才是创新的精髓。

21.2 选题经过

2010年3月25日，九江职业大学经济管理学院召开了建行“e路通”杯全国大学生网络商务创新应用大赛参赛动员大会，我们三个同学一拍即合，决定组建自己的团队并报名参加此次大赛。

1．为什么选择这个项目

寒暑假时，我们已经对市场进行过调查，随着近几年网络市场规模的扩大，中国网民规模呈现出持续高速发展的趋势，CNNIC报告显示，从2008年上半年开始，中国网民数量就一举超越美国成为世界上网民人数最多的国家，更何况是现在。人们的网上生活也开始与实际生活靠近，网络购物，网上银行等应用性工具走俏，网上支付和网上银行则极大地推动了网络购物的发展，早在2008年年底，上海网民的网络购物使用率达到45.2%。虚拟商场对实体商场具有重大的冲击力，网上购物可以实现一对一的营销，让消费者成为真正的上帝；网购价格透明，省去了讨价还价的时间成本；足不出户，在家享受购物乐趣，大大节省体力成本；虚拟卖场省去了很多开实体店铺的一些费用，例如工商，水电等费用，为消费者节省了货币成本；特别是为工作繁忙者提供了随时购物的环境，大大增强了他们购物的方便性和快捷性；中国消费者的购物观念产生了巨大的转变；谁先一步抢占这个市场，谁就获得了先机。随着近几年国家对中小企业的重视和金融危机对中小企业产生的种种威胁的市场背景下，原先依靠出口、或者为出口企业加工的工厂，在国外市场受阻，现在目标基本转入了国内市场。中国的这块蛋糕就成为了企业哄抢的对象。采取什么样的模式或者途径来获取这块蛋糕，就成为了企业发展壮大的命脉。传统的营销模式肯定不是最佳的方案，那么，我们就采取了传统加网络创新营销模式。最终，我们确定了选题。

2．最终确定的几大任务

1）根据目前市场的现状，如何使中小企业充分利用网络渠道来进行品牌的宣传。

2）如何更快地让消费者认知并且认可我们的产品，并提高产品在市场上的占有率。

3）根据可行性分析报告，更加准确地确定营销模式并全面地进行营销与策划。

21.3 方案

21.3.1 简介

在当今现代化加速发展的中国，各个行业竞争日趋激烈，企业间的竞争已升华到技术、人才的竞争，对于相对规模较大，资金雄厚并占有一定市场的企业来讲，他们可以通过一些宣传手段，如广告、赞助、慈善活动等来宣传其企业及企业的产品，从而扩大其企业及其产品的影响力，但对于一些中小企业来讲，特别是一些小企业，没有很多的资金投入于较有效的宣传中，因此没有一个好的途径去吸引消费者。结果，当然是一些中小企业发展缓慢，甚至是举步维艰。

但在我国的所有企业中，中小企业占 95%，如何让中小企业发展得更好是国家关注的重点之一。虽然国家近几年投入了大量的资金及政策的扶持，但依然是强者更强，弱者更弱。

那么，中小企业如何利用有限资金的投入来获取更大的市场份额呢？其实，他们还可以利用网络这个平台来宣传和营销，这是一个最佳的途径。这是因为网络还没有被广大企业充分利用。现在，特别是 80 后、90 后的人群都在频繁地利用网络，通过网络进行营销将会面对更多的市场，这里我们主要针对中小服装企业进行分析并做出可行方案。

21.3.2 正文

1．行业竞争分析

根据最新的服装市场研究报告显示：国内服装业目前已经处于饱和状态。金融危机的背景下，以前出口的服装企业大都将目光转向了国内市场；在这种情况下，竞争会更加激烈，因此只有在现有的基础上，开辟并拓展一条新的销售渠道。

2．产业转型加剧

服装行业作为传统产业，近年来淘汰率明显上升，企业数量增长的时代已经基本结束。服装市场升级对产品供给数量的要求大大降低，大多数企业已经从产品营销转向商品营销，个别企业已经走向文化营销，即强调产品的形象、品牌、口碑和附加值。众多品牌服装企业在一线城市、省会和重点城市开设了专卖店、商场专柜，占据稳定的市场，但仍需加大投资力度，进行渠道的纵深延伸。

3．国内市场成为企业发展重点，竞争加剧

受劳动力成本、原材料成本、运输成本、政策等因素的影响，我国服装出口数量增速明显放缓。据海关统计，2008 年我国纺织品服装出口增幅度较 2007 年下降 10.7%。由于国际消费市场需求低迷，2008 年我国纺织服装产品出口受阻，上半年的个别月份甚至出现负增长。全行业约 2/3 的企业一度出现亏损或处于亏损边缘，资金紧张、产品积压等问题较为严重。2009 年 1～6 月纺织品服装出口仍呈现下降趋势，同比下降 10.88%。

2008 年纺织服装外销市场需求变脸，内销市场平稳走强。在我国 2008 年批发和零售业的零售额中，服装类产品同比增长 25.9%。国家统计局公布的数据显示，2009 年 1～8 月，国内纺织零售额累计 298.6 亿元，同比增长 11.09%；服装零售额累计 1.999 亿元，同比增长 21.28%。除 2 月外其余月份的零售额都保持了正增长且逐月扩大。8 月全国百家重点大型零售企业的服装零售额同比增长 23.96%，创下了 2008 年 10 月来的最高增速。来自全国规模以上零售企业服装类商品的零售数据表明，5 月份以后，服装零售额增速达到 25%以上，特别是 10 月份以后是服装业的传统旺季，服装内销增速继续攀高。

4．品牌和市场细分时代到来

伴随着新一轮国内服装市场重新“洗牌”，品牌和市场细分已不仅仅局限于品种、档次、区域的细分，更表现在产品风格和消费群体的深度细分，深度细分的竞争焦点是文化、创新和研发，市场细分不仅仅为品牌生存发展提供了一次难得的机遇，也为企业的多品牌发展创造了条件。随着国际品牌加入竞争队伍，市场细分也成为民族品牌生存发展的迫切需求。

5．加工企业与经销商进一步分化

近年来，中国服装企业纷纷实施了“耐克”的“轻资产运营模式”，即借力于广阔的产业资源，将产品制造业务外包，达到多方共赢的目的。该模式既可使品牌在短期内实现销售收入的高增长，迅速扩张市场份额，同时又可降低企业的库存和负债率，使企业能将主要力量投入到产品研发和市场推广环节，该模式加速了专业加工企业与经销商的分化，促成了“职业经销商”的诞生和成长。目前，国内已经形成了强大的专业加工队伍，经销商队伍也在迅速发展壮大。

6．服装品牌商业发展活跃，国内外品牌商业竞争全面展开

服装品牌是整个服装行业的风向标，也是服装商业金字塔的塔尖。服装品牌的商业表现，往往带动整个行业的商业潮流；服装品牌的高商业价值，给具有自主品牌的服装企业带来丰厚的利润。通常服装加工环节，只能获得服装品牌 10%～20%的商业价值；商业渠道运营，能够获得服装品牌的 30%～40%的商业价值；而品牌运营，则可拥有 40%～50%的商业价值。

中国的服装品牌多以生产制造为主，少数基于商业流通起家的服装企业，给中国商业资本带来了新气象。目前国外一线品牌已进入中国，国际二、三线商业品牌通过开设大型自有品牌专卖店的模式抢占市场，国内外品牌的竞争全面展开。

7．产业供应链发展趋势更加成熟

21 世纪的竞争将是供应链之间的竞争，加强供应链管理已成为世界性企业进一步提高竞争力的战略选择。供应链管理利用计算机网络技术全面规划供应链中的商流、物流、信息流、资金流并对供应链各环节的活动加以协调和整合，使企业能以最快的速度将设计由概念变成产品，及时、高质量、低成本地满足用户需求，从而增强各企业的供应能力和供应链的整体竞争力。当前，在经济全球化的推动下，世界范围内的国际贸易和投资政策性壁垒的减少，国际运输和通信成本的持续降低，使得世界各地的市场变得更加容易进入，供应链管理的条件更加成熟。许多公司充分利用这些条件，积极联络上下游企业，整合、协调和充分发挥各自的优势资源，不断扩张自身的供应链环节，增强企业和供应链竞争力，寻求更多新的收入来源，占据国际市场竞争的有利地位。在我国服装行业内部，很多企业也在努力加强核心竞争力建设，营造电子商务环境，增加新的业务能力，外包非主导业务，整合、延伸供应链，大大增强了自己在国际市场的竞争能力。

目前，国内现有企业中小企业占95%，但产值仅占60%，并且占有着大部分的人力资源，而在纺织方面更是拥有许多中年且收入较低的群体。所以，国家为了解决这一问题，已大力支持纺织业。就形势来看，中小企业的发展前景较好。对于服装业的发展更是一个良好的契机。因为，服装是生活必需品，而在购买时，不用考虑一些政治、环境等其他因素，只需考虑质量、尺码、偏好的因素。目前，中国人口众多，对服装的需求也大，这刚好是服装业所期待的。就此来看，服装业发展还是有优势的，关键是如何赢得更多的消费者认可，如何获得更多的市场份额。

如图21-2所示，说明服装业也正向着供应链协同时代发展，供应链发展成为服装业的重要组成部分。

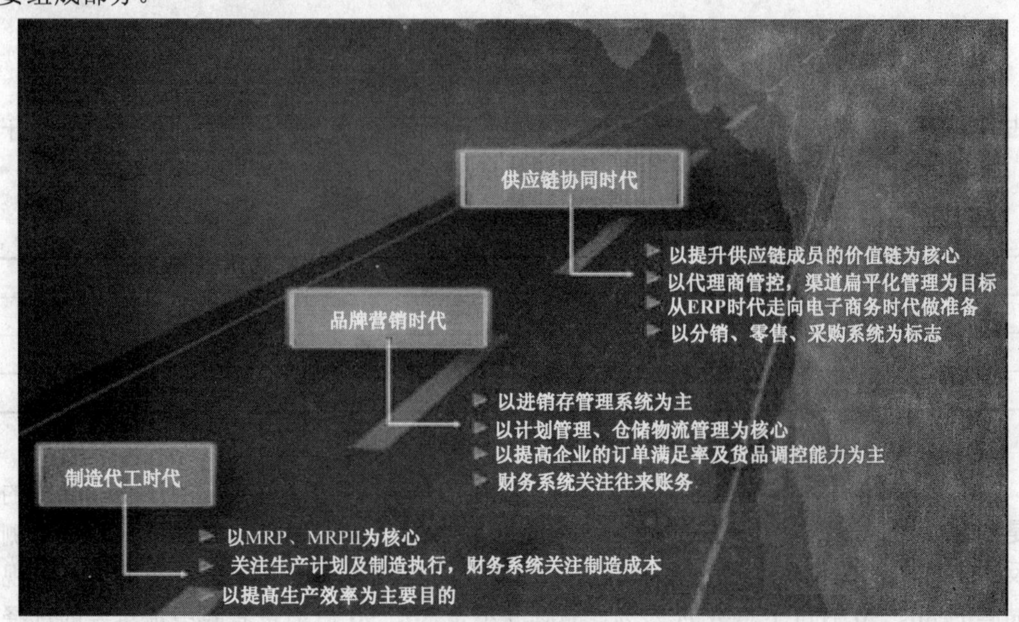

图21-2　服装行业发展及信息化历程（中国服装网）

8. 对消费者的分析

当前，80、90后的人们对服装有特别的需求，追求个性、时尚，而对产品的质量没有太高的要求，反而在价格上要求物美价廉。因此，网络就成为了他们购物的最佳平台。

以下是一些分析：

（1）对 80、90 后衣物更换频率的比较分析

问卷调查统计，22%的 80、90 后每年都会更换新衣，也就是说他们有的一件衣服只穿一季就将它搁置了，这与“新三年、旧三年，缝缝补补又三年”的传统观念形成了极大的反差。这个数据反映出这类 80、90 后极易受到现在流行趋势的影响，穿过一到两季的衣服在 80、90 后消费者眼中基本已经成了“过时货”，“过时的、不流行的”东西是他们首先要抛弃的。另有 60%的 80、90 后的衣服基本穿一到两季，这反映出，这类 80、90 后对于服装的选择是跟随流行但并非完全盲目地跟随流行的，他们能将新的和旧的衣服搭配起来穿，而不是一味盲从。这类型的 80、90 后消费者占到了总数的 60%，由此可见，持这类观点的 80、90 后是整个 80、90 后消费群体的主流。我们也看到有到 18%左右的 80、90 后衣物的更换频率可长至 2～3 年甚至是 3 年以上。

服装更换情况表如图 21-3 所示。

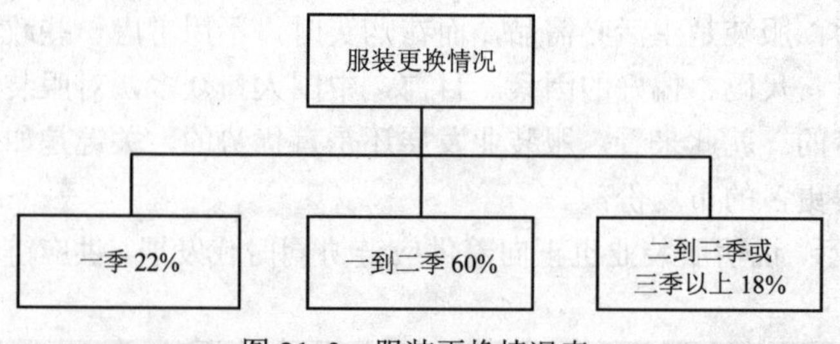

图 21-3　服装更换情况表

纵向比较男生与女生衣物的更换频率可以看出，衣物穿一年以及一至两年的比例，女生占总数的 24%，62%，男生占总数的 20%，60%，可见，女生的衣物更换频率要大于男生，也就是说，女生更注重服装的更换和潮流的变迁。见表 21-1。

表 21-1　服装更换频率

服装更换频率		
周期	一季	一季到二季
女生	24%	62%
男生	20%	60%

（2）服装选购标准的分析

当代 80、90 后在选择服装时最看重的是服装的款式，约占总人数的 34%。款式的变化是服装潮流最表面、最直接的体现，因此 80、90 后注重对服装款式的选择从一个侧面也反映出这类消费群体主观上要求紧跟服装潮流的心理需求。就服装消费来讲，重视服装品牌的 80、90 后占了总数的 22%。品牌并不是 80、90 后消费者眼中最重要的选择因素。同时，我们可以看到在购买服装时 80、90 后除去款式外，其次最为关注的就是服装的价格，占到了总人数的 24%，这说明 80、90 后对于时尚的追求也并不完全是非理性的，他们在进行消费行为的同时，也会相应地考虑到现实的因素，考虑到自己的实际购买力等问题。这其中，还有关注舒适度占 16%。但 80、90 后最为忽视的就是服装的质量，只占到总数的 4%。服装选购标准分析如图 21-4 所示。

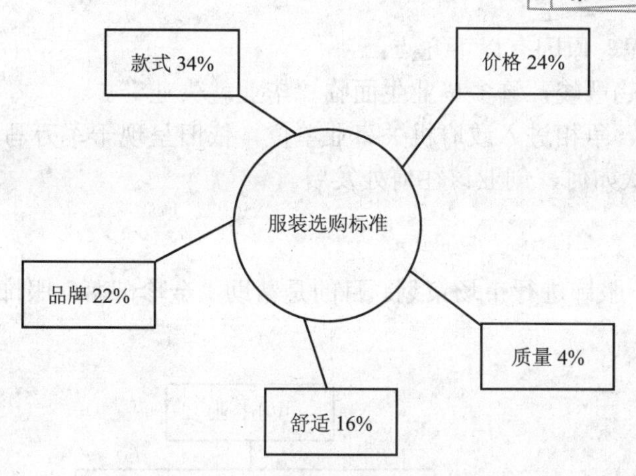

图 21-4　服装选购标准分析

同时我们也发现男女生在服装的选择标准上是存在一定差异的，女生服装选购的标准从多到少依此是：款式、价格、品牌、舒适、质量；男生服装选购的标准依此是：品牌、舒适、款式、价格、质量。女生选购服装时除了满足自己审美的心理需要，更关心的是服装价格是否适中合理，是否符合自身的消费水平，至于服装的品牌、舒适性以及服装质量，当与服装的款式与价格相冲突时，就显得不那么重要了。而男生在选购服装时关注的四个要素是服装品牌、舒适性、款式和价格，这四个方面所占的比例相差不大。好的品牌不仅便于运动、体现活力，同时在服装款式上也能跟随潮流，不会落于人后。但是男生对服装价格的关注度要明显低于女生。

与此同时，阿里巴巴、易趣、拍拍、有啊等网络平台都为网购提供了大量的交易展示平台。如图 21-5 所示。

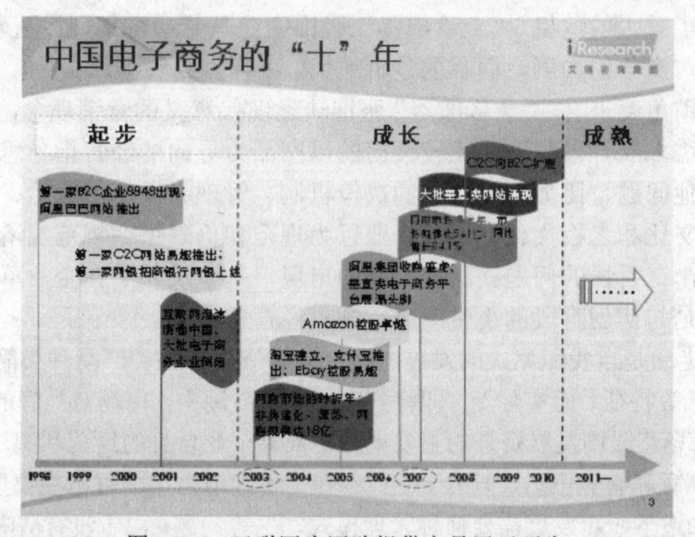

图 21-5　互联网为网购提供交易展示平台

（3）热衷创业者创业前景分析

当今社会，就业形势越发严峻，特别是对于刚毕业的大学生来讲。如今社会人才众多，但能真正找到理想工作的却是少之又少。

为什么会这样呢？原因有以下几点：

① 就业形势日趋严峻，许多毕业生面临“毕业就失业”。

② 热挤公务员、争相进入政府机关事业单位，依旧呈现千军万马争过独木桥的局面。那么大学生创业现状如何，创业该往何处发展。

9. 市场定位

为“金珍部落”服饰进行市场策划。目的是帮助“金珍部落”服饰在网络上进行营销，如图 21-6 所示。

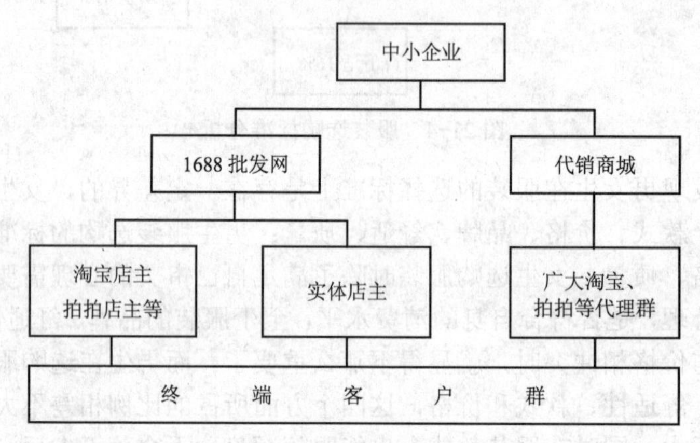

图 21-6 金珍部落服饰网上营销

10.“金珍部落”服饰面临的问题分析

中小服装企业的现状就是在国内经济全面起飞后，原来比较落后的产业结构中的三高三低企业就面临了重大的危机。“金珍部落”服饰企业是劳动密集型。随着劳动力的紧缺，工人工资的增加，竞争的加剧，面临的危机更大。

从企业的营销角度来看，“金珍部落”服饰缺乏现代意义的营销理念，它的出发点基本围绕自己的生产需求展开，表现了比较突出的以产品为导向的经营指导思想。当然，也还存在着很多的其他问题，比如缺乏科学的决策机制、管理手段简单原始、企业主和管理者界定模糊、企业文化和老板文化混淆、企业行为规范和伦理道德规范混淆、人情约束代替企业制度约束等千奇百怪的问题。这些问题的出现，基本反映了在企业草创时期的实际状况，这些问题都是与初创阶段的小生产或小规模经营相伴的。

企业的发展走的是自我积累式的发展道路，具有规模不大、产品种类简单、产品结构单薄、品牌知名度低等特征。而实际上，即将到来的消费高潮中，市场对品牌的起点要求是很高的。可是“金珍部落”服饰发展资金的主要来源是依靠企业自身的经营利润，企业的经营模式也谈不上合理、新颖和有竞争力，但由于企业存在“不知道自己的目标在哪里，不知道自己的能力有多大，不知道下一步发展需要何种管理模式？”等问题，由于没有清晰的战略目标和资金运用、控制能力，也就同步伴生了更为严重的规模与管理不匹配，导致资金链管理的危机。

企业规模不大及缺资金，无法使用大量的资金对其产品品牌进行宣传，导致无法赢得消费者过多的认知度，导致虽拥有高性价比的产品，却无法在众多的同行中占领市场先机，突破服装企业发展的瓶颈，最终导致产品的滞销或者销量不大等问题。

11．解决问题的两项可行性方案

1）建立1688批发网上的独立域名，开通诚信通、支付宝，利用阿里巴巴批发网这个平台，打开让顾客了解产品的途径，利用批发网平台的一系列活动，如“秒批”等一系列活动来提高消费者对产品的认识度，利用诚信通、支付宝等消除合作方对企业信用度的担忧。

2）建立网络代销商城，实现网络B2C无费用代理加盟，实现网商掌柜的零成本、零风险的运作，大幅度降低大众实现创业的门槛。

12．方案可行性分析

（1）与淘宝、拍拍等平台店主合作的可行性分析

1）问题的存在。随着我国在电子商务方面的发展，网络购物例如淘宝、拍拍等各家B2C平台日益为人们所熟知，并且成为了许多人，特别是年轻人生活中不可或缺的一部分，由于各平台都采用卖家信用累积的体制，使一些新开网店的竞争压力变大，由于信用度太低，唯一能够在竞争中占据优势的只有价格。而服装却是个更新换代很快的产品，一些小卖家的走单量又太小，几件、十几件的量往往无法从厂家进货，而只能寻找一些二级、三级的批发商，二、三级的批发商是要租用一定经营场所的，由此导致其批发价的增加，造成前来进货的小卖家的成本进一步增加，从而彻底失去与一些钻石、皇冠卖家竞争的能力，而反观钻石、皇冠卖家，由于起步早，已形成规模的交易量都很大，订单大，厂家愿意直接给其供货，相比较不难看出，其进货价存在很大的优势，在销售价上，可以轻松打败低信用度的卖家，最终导致两极分化，恶性循环，使得强者更强，而低信用度小卖家被打压，失去生存空间，得不到壮大和发展。

2）问题的解决。利用1688批发平台，销售定位在小额批发，作为批发商平台的进货量大，相比而言成本可比钻石，皇冠卖家还低，不需要实体店面来作为媒介，进一步降低了成本，走单量大，物流的成本能够得到进一步压缩，再次降低了买家小额进货所耗费的成本，让其在销售上有了与钻石、皇冠卖家相抗衡的资本，解决其发展壮大的瓶颈。

（2）与实体店铺商家合作的可行性分析

1）问题的存在。实体商铺进货渠道狭窄、量小，同样无法直接去厂家拿货，一般途径多为去各地批发市场，且受时间限制。价格上，没有货源生产地实惠，成本较高，还有进货时间的浪费，直接导致其实体商铺经营效益的下降。

2）问题的解决。只需一台电脑，随时随地，以最优惠的价格，最便捷的方式，实现货物的引进，在成本与时间上与别人相比都占据优势，从而很轻易地在市场上夺得先机。

（3）建立代销商城与广大创业者合作的可行性分析

1）问题的存在。面对就业形势的严峻，许多社会青年，特别是毕业大学生的就业压力大，让更多的人想到了自主创业这条发展之路，但创业意味着将有无可预知的风险，刚刚走出校门的大学生还没有在社会上站稳脚跟，手头没有太多的资金，也没有良好的人脉，抗风险能力极差，还有很多的大学生想创业，但苦于没有途径和资金，最终使自己的创业梦想被迫搁浅。

2）问题的解决。代销商城的建立实现了网络商店无费用代理加盟，只要拥有一台电脑和自己在淘宝或拍拍等一些平台的网店，即可开始创业，商城对代理者提供一件代发服务，并打包发送网店最为繁琐的产品的数据包，代理商只要进行一次批量的上传，即可销售产品，成交后直接到商城下单，并由支付宝担保交易，商城代为发货，代理商无需进货，消除了压货的风险，消除了进货成本的投入，无费用的加盟以及数据包的发送解决了创业者

创业门槛高的瓶颈，且商城依附于网络批发平台，有优惠的进货价以及物流成本，让代理商店在同行业竞争中轻松获胜。

13．实施的过程

在得知进入复赛之后，我们便开始了紧张的实施阶段。

首先，我们的指导老师带领队长孙晨阳一同去了广州进行了考察。4 月 8 日到达广州后，当天我们就去了十三行服装批发市场以及白马服装批发市场，在那里了解到了第一手有关服装市场行情、流行趋势的最新信息。

其次，我们来到了“金珍部落”在新中国大厦十一楼的企业驻点，即推广点，在与当场负责人详谈之后，负责人对我们的方案评价很高，并且很认同。于是，在指导老师与该负责人商议后，该企业答应并决定于第二天发 3000 余元的样品给我们。这给了我们后期很大的帮助。

从广州回来之后，就立即投入到了“金珍部落”的网页制作中。经过一段时间的努力，我们完成了店铺的设计，如图 21-7 所示。

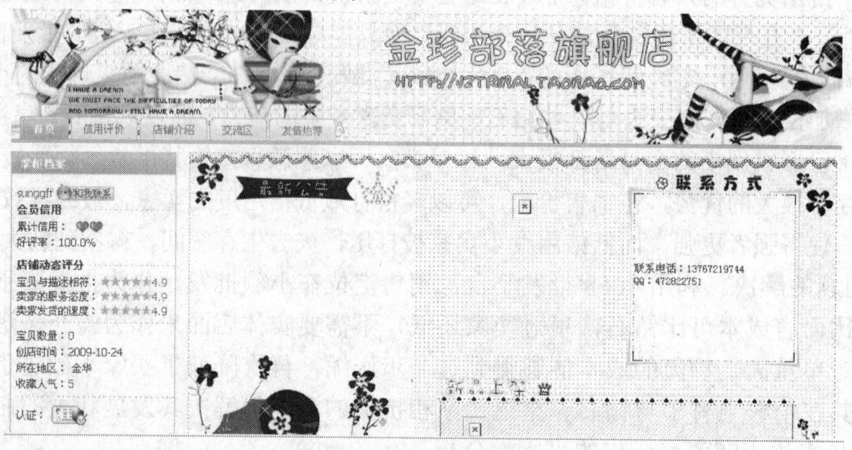

图 21-7　金珍部落旗舰店

然后，就是找实体店家进行宣传，在此过程中，我们碰到了不少麻烦。但是经过我们耐心、诚恳的交流。成果还是不错的。以下就是其中一家店铺的照片，如图 21-8 所示。

图 21-8　活动的实体店铺之一

最后，就是在网上进行宣传，我们建立了自己的代销商城，在 1688 批发平台建立自己的页面。这样，我们的平台基本完成，如图 21-9、图 21-10 所示。

图 21-9　淘宝代理店铺一

图 21-10　淘宝代理店铺二

为了达到更好的宣传效果，我们又在校园内进行了“金珍部落杯”服饰展示秀的大型比赛，得到了同学们的积极响应。在学校的大礼堂内，同学们穿着“金珍部落”的服装在台上进行展示。如图 21-11、图 21-12 所示。

图 21-11 “金珍部落杯”服饰展示秀

图 21-12 “金珍部落”的衣服走进校园

我们还表明：“只要对我们的服饰感兴趣的同学，都欢迎加入我们的团队。”在展示中，效果还是很令人欣慰的。有不少同学已经当即决定加入我们；而且，还有部分同学已经在考虑中。因此，我们让一些同学填写了参加我们团队的报名表。同时，我们还在校园发放了批发平台网址，让更多的同学了解、熟知并且认可我们。

21.4 竞赛结果

21.4.1 实施结果

1. 产品已经顺利进入了 7 家实体店，销量及评价较好（见图 21-13、图 21-14）

图 21-13 “金珍部落”的服装走进实体店铺（一）

图 21-14 “金珍部落”的服装走进实体店铺（二）

2．发展出 7 家网店代理，其中优秀代理 3 家，十几天销售额突破上千元（见图 21-15）

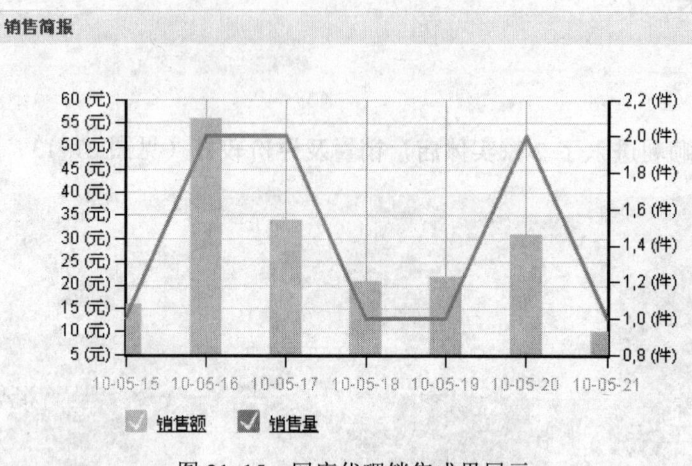

图 21-15　网店代理销售成果展示

3．博客以及网站顺利搭建完成，访问量较大（见图 21-16）

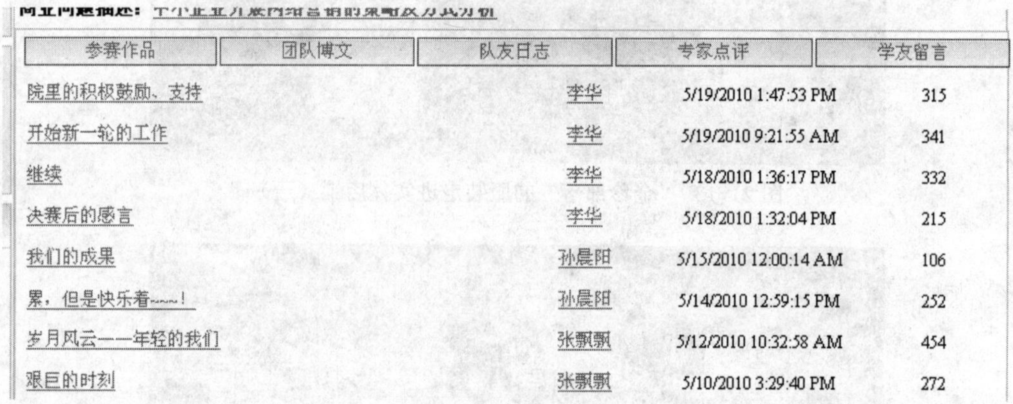

参赛作品　团队博文　队友日志　专家点评　学友留言

院里的积极鼓励、支持	李华	5/19/2010 1:47:53 PM	315
开始新一轮的工作	李华	5/19/2010 9:21:55 AM	341
继续	李华	5/18/2010 1:36:17 PM	332
决赛后的感言	李华	5/18/2010 1:32:04 PM	215
我们的成果	孙晨阳	5/15/2010 12:00:14 AM	106
累，但是快乐着~~~~！	孙晨阳	5/14/2010 12:59:15 PM	252
岁月风云——年轻的我们	张飘飘	5/12/2010 10:32:58 AM	454
艰巨的时刻	张飘飘	5/10/2010 3:29:40 PM	272

图 21-16　团队页面

4．电子杂志出版完成，获得较好评价（见图 21-17）

5．前景的展望

通过对两个平台的分析，不难发现这种销售模式的建立，直接解决了各个销售终端面临的制约其发展的瓶颈性问题。当这些问题都得以完美解决，对于产品的销售量必然会增加，从而达到我们营销的目的！在未来，我们将继续按照这样的方案和思路工作，继续加宽我们团队的销售市场，继续加大我们团队的成员。我们会不断地完善计划，把实体店与网店更好地结合。

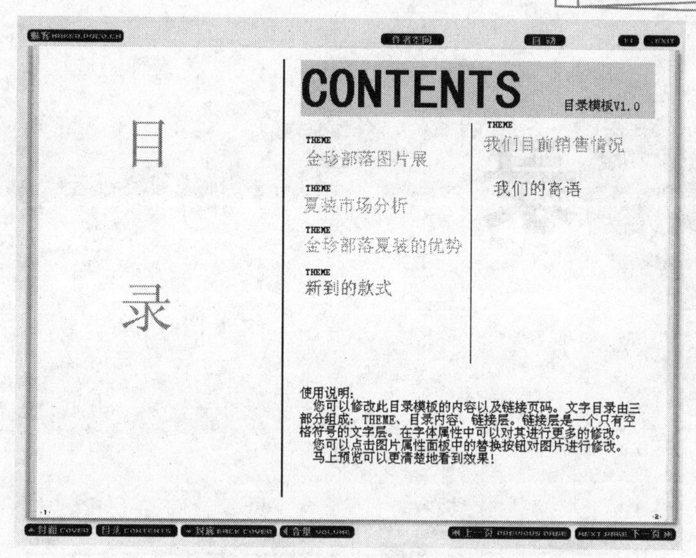

图 21-17 “金珍部落”服饰电子杂志顺利出版

21.4.2 名次结果

全国总决赛专科组网络商务创新一等奖。

21.5 获奖感言

到今日，离总决赛结束早已有一段时间了，但是，所有的比赛情节，所有的奋斗历程依然清晰地映在脑海中，历历在目。

回想，从最初的初赛，轻松进到复赛，每天一步步完善着自己的方案。联系企业，获得授权，再到艰难的推广阶段，让每个客户知道我们，认识我们的方案，直至完成最后一步，也是最关键的一步，将企业的产品销售到各个终端，给各个链条带来最为实际的效益。其中的艰辛，我想是无法用语言来形容的，我们为之付出的汗水将会是最好的证明！

一路走来，感慨颇多，当今社会，创业真的很艰辛，但不是不可能，需要的只是持久的耐力，持久的信心，当然，最重要的是不能畏惧失败。遇到荆棘时，我们唯一的选择只有坚强面对，面对它，解决它！然后接着前进。比赛也是一样，其实不管自己的起点在哪里，都不需要畏惧，“风雨联创”团队就是最好的证明，我们是大一新生，不是电子商务专业，也不是市场营销专业，我们来自听起来不着边际的工商企业管理专业，但我们却将电子商务、市场营销结合在了一起，用我们的创新商务模式，在北京，这个所有“e 路通”参赛选手所神往的地方，用我们所有的努力，所有的成绩，感动了所有专家，所有评委，最后拿到网络商务创新一等奖。

“e 路通”这个平台，让我们学到了太多，见识了太多，在这个强手如云的社会，优胜劣汰永远是所有生物生存的法则，成功，一定要付出努力。努力过，就会有所得！就比不做要好！

最后，用“风雨联创”的团队宣言再一次勉励自己，也勉励所有能够看到我们成果的人，“结合所有的思想，没有做不到，只有想不到，风雨中依然能够坚强的联合，那才是创新的精髓”！

附录

附录一　大赛协办机构说明

大赛主办方——中国互联网协会

中国互联网协会成立于2001年5月25日，由国内从事互联网行业的网络运营商、服务提供商、设备制造商、系统集成商以及科研、教育机构等70多家互联网从业者共同发起成立。中国互联网协会现任理事长为中国科协副主席胡启恒院士，现有会员300多家，大部分为团体成员，协会的业务主管单位是工业与信息化部，办公地点设在北京市。

中国互联网协会的团体成员是从事有关互联网活动的企事业单位、研究院所、高等院校、学术协会以及其他各类组织，他们具有合法的地位并且愿意加入中国互联网协会，遵守协会章程。此外，中国互联网协会还吸纳了一些在中国互联网界有较高影响的个人成员。

中国互联网协会的宗旨是：团结互联网行业的相关企业、事业单位和学术团体，组织制定行约、行规，维护行业整体利益，保护互联网用户的合法权益，加强企业与政府的交流与合作，促进相关政策与法规的实施，提高互联网应用水平，普及互联网知识，积极参与国际互联网领域的合作、交流，促进中国互联网的健康发展。

中国互联网协会的基本任务是：宣传国家政策、法律、法规，向政府部门反映会员和行业的愿望、要求；提出互联网发展政策的意见和建议；协助政府有关部门制定有关政策、法规及国家和行业标准；制订并实施互联网行业自律公约；协调会员间关系，促进会员间的交流与沟通，加强会员之间、会员与政府之间的协作；维护国家、行业和用户利益，反对不正当竞争和侵权行为，提高行业服务质量；开展行业调查和信息搜集、整理、统计与分析工作，向会员及政府部门提供互联网发展状况、市场发展趋势、经济预测等信息，做好信息咨询服务和政策、技术、产业、市场导向工作；开展互联网学术交流、教育普及和技能培训；积极参与国际互联网组织的活动和事务，加强国际合作与交流，为互联网在全球的健康发展做出贡献；承担会员单位及其他社会团体或政府部门委托的事项。

作为本届大赛的主办方，中国互联网协会希望通过大赛，可以有效推进网络商务在中国的发展、提升大学生的网络应用层次、培养网络商务人才。

大赛主协办方——中国建设银行介绍

中国建设银行股份有限公司（以下简称建行）在中国拥有长期的经营历史。其前身中国人民建设银行于 1954 年成立，1996 年更名为中国建设银行。中国建设银行股份有限公司由原中国建设银行于 2004 年 9 月成立，继承了原中国建设银行的商业银行业务及相关的资产和负债。建行总部设在北京。建行在中国内地设有分支机构 13000 多家；在中国香港、纽约、新加坡、法兰克福、约翰内斯堡、东京、首尔设有分行，在伦敦设有子银行，在悉尼设有代表处；全资拥有中国建设银行（亚洲）股份有限公司、建银国际（控股）有限公司，控股中德住房储蓄银行有限责任公司、建信基金管理有限责任公司、建信金融租赁股份有限公司。现有员工约 30 万人。

建行在四大国有银行中率先完成股份制改造、实现海外成功上市，并致力于完善公司治理结构，深化经营管理体制改革，建立现代金融企业制度，朝着建设成为世界一流银行的目标努力进取。经过股改上市后的不断发展，建行已成为盈利能力最强、资产质量最好、综合服务水平最高的大型国有控股商业银行之一，主营业务包括公司银行业务、个人银行业务、金融市场业务；截至 2009 年 6 月 30 日，资产总额突破 9 万亿，其规模位居中国银行业第二位，同时也是全球市值第二大银行；资产回报率（ROA）、股本回报率（ROE）在全球大银行中名列第一，净利润名列第二。建行是中国最大的基本建设贷款银行和最大的个人住房按揭贷款银行，银行卡、电子银行、个人理财等业务均居中国金融市场领先地位，拥有广泛的客户基础和覆盖全国的营销网络。不良贷款率多年保持中国大型商业银行的最低水平。在不断推进各项业务稳健发展的同时，建行还积极承担全面的企业公民责任，在国有大型商业银行中率先发布《企业社会责任报告》。

建行的经营管理业绩得到境内外媒体和机构的充分肯定，被国际权威媒体《欧洲货币》、《亚洲货币》杂志评为“中国最佳银行”；被《福布斯》杂志评为亚太地区最佳上市公司 50 强；连年被《亚洲周刊》评为“中国最赚钱的银行之一”；获得香港上市公司商会颁发“公司管治卓越奖”；获得美国《环球金融》杂志、新加坡《亚洲银行家》杂志、香港《资本》杂志、《上海证券报》、《21 世纪经济报道》、中国扶贫基金会、中国妇女发展基金会等媒体和机构授予的“最佳公司贷款银行”、“中国风险管理成就奖”、“中国杰出零售银行”、“最佳理财品牌”、“亚洲银行竞争力排名第 3 位”、“中国扶贫基金会 20 年特别贡献奖”、“最具社会责任企业奖”等多项荣誉。

建行 H 股于 2005 年 10 月 27 日在香港联合交易所上市交易，股票代号为 0939；A 股于 2007 年 9 月 25 日在上海证券交易所上市交易，股票代号为 601939。

协办单位介绍

淘宝网

淘宝成立于 2003 年 5 月 10 日，由阿里巴巴集团投资创办。经过 6 年的发展，截至 2009 年 6 月淘宝拥有注册会员 1.45 亿，2008 年实现年交易额 999.6 亿人民币，是亚洲最大的网络零售商圈。截至 2008 年年底，已经有 57 万人通过在淘宝开店实现了就业（国内第三方机构艾瑞统计），带动的物流、支付、营销等产业链上间接就业机会达到 162 万个（国际第三方机构 IDC 统计）。

2008年，“大淘宝战略”应运而生。秉承“开放、协同、繁荣”的理念，通过开放平台，发挥产业链协同效应，大淘宝致力于成为电子商务的基础服务提供商，为电子商务参与者提供水、电、煤等基础设施，繁荣整个网络购物市场。

推动“货真价实、物美价廉、按需定制”网货的普及是大淘宝的使命。通过压缩渠道成本、时间成本等综合购物成本，淘宝帮助更多的人享用网货，获得更高的生活品质；通过提供销售平台、营销、支付、技术等全套服务，大淘宝帮助更多的企业开拓内销市场、建立品牌，实现产业升级。

在本届大赛中，淘宝网提供C2C网络商务平台的支持，并为选手提供点评与指导意见！

网盛生意宝

浙江网盛生意宝股份有限公司（原浙江网盛科技股份有限公司）是一家专业从事互联网信息服务、电子商务和企业应用软件开发的高科技企业，是国内最大的垂直专业网站开发运营商，国内专业B2B电子商务标志性企业。2006年12月15日，网盛科技在深交所正式挂牌上市（股票代码：002095），成为“国内互联网第一股”，并创造了“A股神话”。上市之后，网盛生意宝积极拓展电子商务新领域，独创了“小门户+联盟”的电子商务新发展模式，成为中国电子商务发展的新航标。

中国移动飞信

飞信是中国移动推出的一项业务，可以实现即时消息、短信、语音、GPRS等多种通信方式，保证用户永不离线。实现无缝链接的多端信息接收，让您随时随地都可与好友保持畅快有效的沟通。

西祠胡同

西祠胡同创建于1998年4月，是目前国内唯一一家基于网络BBS创造出新的商业模式的企业，其业务范围包括提供互联网服务、电信增值业务等。西祠是中国著名的社区网站，积累了各个年龄层次、各种行业、不同兴趣爱好的大量网友，拥有网友自开讨论版80余万个，均由网友自行开版、自行管理、自行发展。

西祠的宗旨是打造中国第一“城市生活社区门户”，以本地化内容为主线，为广大网友提供全方位的生活信息互动交流平台。以超大的信息量为特点，网聚各地网友，形成具有浓厚的当地气息的互动交流平台，成为中国最大的网聚各地人气、商气的“城市生活社区门户”。

和讯网

和讯（www.hexun.com）创立于1996年，从中国早期金融证券资讯服务脱颖而出，建立了第一个财经资讯垂直网站。经过10年的发展，和讯网逐步确立了自己在业内的优势地位和品牌影响，在各类调查与评选中屡屡获奖；目前和讯网日独立访问用户超过350万，日页面浏览量超过5000万，成为中国深受投资者和金融机构信赖、具有广泛市场影响力的中国财经网络领袖和中产阶级网络家园。

和讯网将始终坚守自己的核心理念，扩大品牌优势，努力构建拥有中国最广大中产阶级用户、享有良好信誉、讲求服务质量、具有国际影响力的投资理财和品质生活的财经服务平台。

在本届大赛中，和讯提供博客商务应用主题赛的平台，为选手提供了大量丰富的奖品和礼品。和讯博客将对优秀选手的博客作品与网络广告作品予以展示和推荐。和讯还将为优秀的选手提供实习就业的机会！

酷6网

酷6网（www.ku6.com）是国内最大的视频分享网站，也是中国最大的视频媒体平台，凭借“全”、“快”、“清”的三大视频特色，在国内网络视频领域独树一帜。酷6网是由中国网络视频行业第一专家李善友先生在2006年6月创立。酷6网是第一家获得广电牌照的民营视频网站，也是唯一一家奥运点播视频分享类合作伙伴，为中国的新媒体在奥运期间得到全方面的认可作出了卓越的贡献，目前覆盖网民已超过4.6亿人次，被业界评为全球上升速度最快的互联网公司。2008年，酷6网俨然已经成为中国新媒体的代表。

酷6网始终保持着高速发展的步调向前迈进，以视频媒体为平台，结合UGA运营模式配合中国原创视频联盟的鼎力支持，为广大网民奉献一流的视频饕餮大餐。酷6网愿与所有中国网民同行，见证中国网络视频发展历程。

2009年11月，酷6网被盛大公司旗下的华友控股集团收购。

酷6网将以视频的方式，全面展示参赛选手与志愿者的创意、实践历程。指派企业专家与高校师生展开交流。酷6网还将为大赛中表现优秀的选手及大赛志愿者提供实习实践与就业机会。

附录二　分赛区承办院校

北京赛区：北京师范大学
上海赛区：上海对外贸易学院
两广赛区：电子科技大学中山学院
华东赛区：南京林业大学、山东交通学院
华北赛区：天津大学、河北大学工商学院、河北软件职业技术学院
西北赛区：西安邮电学院
西南赛区：云南师范大学
华中赛区：湖南师范大学
东北赛区：沈阳师范大学
江西独立赛区：南昌大学